大学入試 ランク順

RANK

高校 **化学** 一問一答 ［改訂版］

元・河合塾講師 **照井 俊** ［監修］

Gakken

はじめに

　本書は大学入試を目指す皆さんが，化学の重要項目を効率的に覚えられるように編まれたものです。最新の入試過去問分析を基に，編集部で検討を重ね，入試に出題される可能性の高い問題を一問一答形式にまとめました。

❶ 最新の入試過去問分析を基に「出る」問題を厳選！

　最新の過去問分析を基に，大学入試によく出題されている問題を掲載しました。本書を使って学習をすることで，最新の入試問題で実際によく出題されている問題を，効率良くインプットすることができます。

❷ 全ての見出し語に「出題ランク」付き！

　全ての見出し語には，入試出題頻度に基づき，「金」「銀」「銅」の3段階で出題ランクを示しました。まず，最頻出の「金」のランクの問題を学習し，その範囲の幹となる知識をおさえましょう。そしてつぎにやや発展的な用語である「銀」や難関レベルの「銅」のランクにチャレンジし，枝葉となる知識をインプットしていきます。情報量の多い「一問一答集」にとりくむ際は，このような「段階的な知識のインプット」を行うことが効果的です。

❸ 本書の内容に対応した無料アプリ付き！

　本書に収録されている化学の重要項目は，本書を単に読んだだけでは覚えきれるものではありません。皆さんの学習をサポートすべく，本書に対応したアプリを無料でご用意しています。本書とアプリを存分に活用して，化学の重要項目をしっかり身に付けてください。

　本書で化学を学習した皆さんが，大学入試で第一志望に合格されることを心よりお祈りしています。
　最後に，本書の刊行に当たり，内容の監修など多大なご協力をいただきました，照井俊先生に深く感謝の意を表します。

学研編集部

ランク順 化学一問一答

👑 本書の特長

本書は，最新の入試過去問分析を基に，入試に出題される可能性の高い問題を一問一答形式にまとめました。全ての見出し語には，入試出題頻度に基づき，「金」「銀」「銅」の3段階で出題ランクを示しており，自分のおさえたい問題レベルに応じて段階的に学習することも可能です。また，本書の内容に対応した無料アプリも付いているのでいつでもどこでも復習ができます。

ビジュアル要点で各テーマをおさらい！

各テーマにはビジュアル要点がついており，従来の一問一答では扱われていない，グラフの読みとり方などが学べます。

アプリを無料で用意！

本書に掲載している用語をクイズ形式で確認できるアプリを無料でご利用いただけます。スマートフォンなどに取り込めば，いつでもどこでも学習が可能です。（詳しい情報は →6ページ）

PART1 物質の三態と状態変化

THEME 01 | 原子とイオン

🏴 POINT

▶ 原子は，中心にある1個の 原子核 と，そのまわりを取り巻くいくつかの電子から構成されている。

▶ 電子は，いくつかの層に分かれて存在している。このそれぞれの層を 電子殻 という。

▶ 原子の最も外側の原子殻に入っている1〜7個の電子は，原子がイオンになったり結合したりするときに重要なはたらきをする。これらの電子を 価電子 という。

🧪 ビジュアル要点

● 原子の構造

原子核を構成する陽子は正の電荷をもち，中性子は電荷をもたない。一方，原子核のまわりを取り巻く電子は負の電荷をもっている。

〈ヘリウム原子Heの構造モデル〉

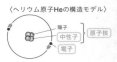

● 電子配置

電子は，基本的に原子核に近いK殻から順に入っていく。このような電子殻への電子の入り方を 電子配置 という。

〈電子配置の模式図〉

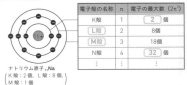

電子殻の名称	n	電子の最大数（$2n^2$）
K殻	1	2 個
L殻	2	8個
M殻	3	18個
N殻	4	32 個
⋮	⋮	⋮

ナトリウム原子 $_{11}$Na
（K殻：2個，L殻：8個，M殻：1個）

8

出題頻度に応じてランクを掲載！

全ての見出し語には，入試における出題頻度を示す
「金」「銀」「銅」のランクを明示しています。

	問題文	解答	
☑ 0001	原子は正の電荷をもつ原子核と負の電荷をもつ□□□から構成されている。　（関西学院大）	電子	物質の三態と状態変化
☑ 0002	原子核は，正の電荷をもつ□□□と，電荷をもたない中性子からできている。　（愛媛大）	陽子	熱化学
☑ 0003	電子は，原子核を取り巻くいくつかの層に存在している。この層を□□□といい，原子核に近いものから順に，K殻，L殻，M殻…と呼ばれている。　（県立広島大）	電子殻	電気分解 電池と
☑ 0004	電子殻のK殻では2個，L殻では8個，M殻では□□□個，N殻では32個まで電子が収容される。　（横浜国立大）	18	化学平衡の
☑ 0005	ハロゲンである塩素原子において，電子が収容される最も外側にある電子殻は□□□殻である。　（弘前大）	M	無機化学
☑ 0006	ナトリウム原子のL殻には電子が□□□個存在している。　（武蔵野大）	8	有機化学
☑ 0007	$_{20}$CaのN殻に存在する電子の数は□□□個である。　（神奈川大）	2	高分子化合物
☑ 0008	N原子の最外殻電子の数は□□□個である。　（奈良教育大）	5	
☑ 0009	周期表の第2周期に属する元素の原子のうち，L殻の電子の数が2個であるのは，□□□である。　（昭和大）	ベリリウム(Be)	

赤シートでの暗記チェックに対応！

本書に付属する「赤シート」を使えば，暗記テストができるようになっています。

問題文は学習効果の高いものを掲載！

見出し語に対応した問題文はその用語を問う際の一般的な問い方であることを主眼に選定しています。また，より効果的な演習をするために改題やオリジナル問題もあります。

無料アプリについて

本書に掲載されている内容を，クイズ形式で確認できるアプリを無料でご利用いただけます。

※アプリの仕様上，アプリ未収録の問題も一部ございます。

アプリのご利用方法

スマートフォンで LINE アプリを開き、「学研ランク順」を友だち追加いただくことで、クイズ形式で単語が復習できる WEB アプリをご利用いただけます。

WEB アプリ

LINE 友だち追加はこちらから

学研ランク順　Ｑ検索

※クイズのご利用は無料ですが、通信量はお客様のご負担になります。
※ご提供は予告なく終了することがあります。

1

物質の三態 と状態変化

物質は，条件が変化すると，固体・液体・気体の間で状態変化します。また，温度によって液体に溶解したり，溶液から析出したりします。このように物質のようすが変化するしくみを，原子の構造や結合の種類に基づいて理解してゆきましょう。

01 原子とイオン

🔑 POINT

▶ 原子は，中心にある1個の 原子核 と，そのまわりを取り巻くいくつか
の電子から構成されている。

▶ 電子は，いくつかの層に分かれて存在している。このそれぞれの層を
電子殻 という。

▶ 原子の最も外側の原子殻に入っている1〜7個の電子は，原子がイオン
になったり結合したりするときに重要なはたらきをする。これらの電子
を 価電子 という。

🧪 ビジュアル要点

● 原子の構造

原子核を構成する陽子は正の電荷をも
ち，中性子は電荷をもたない。一方，原
子核のまわりを取り巻く電子は負の電荷
をもっている。

〈ヘリウム原子Heの構造モデル〉

● 電子配置

電子は，基本的に原子核に近いK殻から順に入っていく。このような電子殻へ
の電子の入り方を 電子配置 という。

〈電子配置の模式図〉

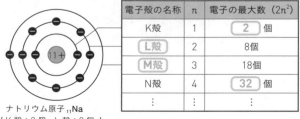

ナトリウム原子 $_{11}$Na
（K殻：2個，L殻：8個，
M殻：1個）

電子殻の名称	n	電子の最大数（$2n^2$）
K殻	1	2 個
L殻	2	8個
M殻	3	18個
N殻	4	32 個
⋮	⋮	⋮

物質の三態と状態変化

熱化学

電池と電気分解

化学反応と平衡

無機化学

有機化学

高分子化合物

☑ 0001 ☆	原子は正の電荷をもつ原子核と負の電荷をもつ［　　］から構成されている。 （関西学院大）	電子
☑ 0002 ☆	原子核は，正の電荷をもつ［　　］と，電荷をもたない中性子からできている。 （愛媛大）	陽子
☑ 0003 ☆	電子は，原子核を取り巻くいくつかの層に存在している。この層を［　　］といい，原子核に近いものから順に，K殻，L殻，M殻…と呼ばれている。 （県立広島大）	電子殻
☑ 0004 ☆	電子殻のK殻では2個，L殻では8個，M殻では［　　］個，N殻では32個まで電子が収容される。 （横浜国立大）	18
☑ 0005 ☆	ハロゲンである塩素原子において，電子が収容される最も外側にある電子殻は［　　］殻である。 （弘前大）	M
☑ 0006 ☆	ナトリウム原子のL殻には電子が［　　］個存在している。 （武蔵野大）	8
☑ 0007 ☆	$_{20}$CaのN殻に存在する電子の数は［　　］個である。 （神奈川大）	2
☑ 0008 ☆	N原子の最外殻電子の数は［　　］個である。 （奈良教育大）	5
☑ 0009 ☆	周期表の第2周期に属する元素の原子のうち，L殻の電子の数が2個であるのは，［　　］である。 （昭和大）	ベリリウム（Be）

| 0010 | 表のA，Bの元素記号はそれぞれHe，Liである。また，表のCの元素記号は □ である。　（大東文化大） | Mg |

元素	電子殻 K	電子殻 L	電子殻 M	元素記号
A	2			**He**
B	2	1		**Li**
C	2	8	2	

| 0011 | 最外殻電子は内殻電子に比べて不安定で，原子が安定化するためにイオンになったり，他の原子と結合したりするときに重要な役割を果たすことから □ とも呼ばれる。　（岡山県立大） | 価電子 |

| 0012 | 電子殻が最大数の電子で満たされている場合，この電子殻を □ という。　（秋田大） | 閉殻 |

| 0013 | フッ素原子は，□ 個の価電子をもつ。　（センター試験） | 7 |

| 0014 | 塩素原子はM殻に □ 個の価電子をもつ。　（東京農工大） | 7 |

| 0015 | 原子核に16個の中性子をもち，質量数31である原子の価電子数は □ 個である。　（福岡教育大） | 5 |

| 0016 | 原子は電気的に中性であるが，原子は電子を放出する，または受け取ることで電荷をもった □ になる。　（群馬大） | イオン |

| 0017 | アルミニウム原子から生じる安定な単原子イオンは，□ 価の陽イオンである。　（岡山大） | 3 |

| ☑ 0018 | 最外殻に[　　　]個の電子をもつ原子は電子を1個受け取ると安定となる。 （鳥取大） | 7 |

| ☑ 0019 | アルゴン原子と電子配置が同じイオンはどれか。
ア Al^{3+}　　イ Br^-　　ウ F^-　　エ K^+ （センター試験） | エ |

| ☑ 0020 | 表中の元素(A)〜(D)のうち，2価の陰イオンになったときにアルゴンと同じ電子配置をとるのはどれか。 （福岡教育大） | (D) |

		元素			
電子殻	(A)	(B)	(C)	(D)
K	2	2	2	2
L	2	6	8	8
M			2	6

| ☑ 0021 | ネオン原子と同じ電子配置を示す2価の陽イオンをイオンの化学式で表すと[　　　]となる。 （長崎大） | Mg^{2+} |

| ☑ 0022 | 次の系列の単原子イオンと同じ電子配置をもつ貴ガス原子は，[　　　]である。
Al^{3+}，Mg^{2+}，O^{2-}，Na^+，F^- （岩手大） | Ne |

| ☑ 0023 | 図は，典型元素のある原子の電子配置を示している。この原子は，何価の何イオンになりやすいか。 （センター試験） | 2価の陽イオン |

(12+)

◯ 原子核（数字は陽子の数）
• 電子

THEME 02 イオン結合とイオン結晶

☟ POINT

▶ 陽イオンと陰イオンの結びつきを イオン 結合という。

▶ イオン結合によってできる結晶を イオン 結晶という。

▶ 結晶中の粒子が規則正しく配列している構造を 結晶格子 という。

🧪 ビジュアル要点

● イオン結晶

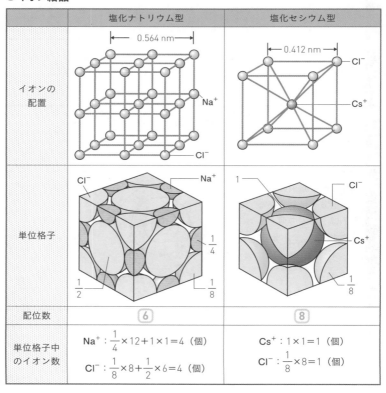

	塩化ナトリウム型	塩化セシウム型
イオンの配置	0.564 nm — Na$^+$ / Cl$^-$	0.412 nm — Cl$^-$ / Cs$^+$
単位格子	Cl$^-$ — Na$^+$ $\frac{1}{4}$ $\frac{1}{2}$ $\frac{1}{8}$	1 — Cl$^-$ / Cs$^+$ $\frac{1}{8}$
配位数	⑥	⑧
単位格子中のイオン数	Na$^+$: $\frac{1}{4} \times 12 + 1 \times 1 = 4$（個） Cl$^-$: $\frac{1}{8} \times 8 + \frac{1}{2} \times 6 = 4$（個）	Cs$^+$: $1 \times 1 = 1$（個） Cl$^-$: $\frac{1}{8} \times 8 = 1$（個）

物質の三態と状態変化

熱化学

電池と電気分解

化学反応と平衡

無機化学

有機化学

高分子化合物

計算問題は，特に指定のない場合は四捨五入により有効数字
2桁で解答し，必要があれば，次の値を使うこと。

Na＝23，Cl＝35.5

アボガドロ定数 N_A＝6.02×10^{23} /mol

☑ 0024 ☐	塩化ナトリウムのように陽イオンと陰イオンの静電気力（クーロン力）による結合を□□□という。　　　（高知大）	イオン結合
☑ 0025 ☐	陽イオンと陰イオンが□□□で引きつけあってできた結合を，イオン結合という。　　　（神戸学院大）	静電気力（**クーロン力**）
☑ 0026 ☐	下記のうちイオン結合をもつものはいくつあるか。 Na$_2$O　　CuO　　H$_2$S　　HCl　　NH$_4$Cl ア　1つ　　　　　イ　2つ ウ　3つ　　　　　エ　4つ　　　　　（自治医科大）	ウ
☑ 0027 ☐	イオン結合によって規則正しく配列している固体を□□□という。　　　（山梨大）	イオン結晶
☑ 0028 ☐	イオン結晶について正しいのはどれか。 ア　融点が低い。　　　　イ　固体は電気を導く。 ウ　組成式を用いて表す。　エ　結晶全体で電荷をもつ。 　　　　　（東邦大）	ウ
☑ 0029 ☐	塩化ナトリウムの結晶では，ナトリウムイオンNa$^+$と塩化物イオンCl$^-$が□□□で結合している。（センター試験）	静電気力（**クーロン力**）
☑ 0030 ☐	イオン結晶は一般的に融点が□□□く，硬い。また，イオン結晶そのものは電気を通さないが，水溶液や融解したものは電気を通す。　　　（高知大）	高

☑ 0031 ☐	一般にイオン結晶は，力を加えると ⬚ 性質がある。 （奈良女子大）	壊れやすい
☑ 0032 ☐	結晶が<u>イオン結晶でないもの</u>を，次のア〜エのうちから1つ選べ。 ア　二酸化ケイ素　　イ　硝酸ナトリウム ウ　塩化銀　　　　　エ　酸化カルシウム （センター試験）	ア
☑ 0033 ☐	結晶がイオン結晶であるものを，次のア〜エのうちから1つ選べ。 ア　硫化亜鉛　　　　イ　ドライアイス ウ　単体のケイ素　　エ　二酸化ケイ素　　（東京電機大）	ア
☑ 0034 ☐	イオン結晶の構造は，粒子が三次元空間に規則正しく配列した結晶格子を考えるとわかりやすい。結晶格子の最小単位を ⬚ という。（奈良女子大）	単位格子
☑ 0035 ☐	$NaCl$結晶はイオン結晶であり，一方のイオンに着目すると面心立方格子型の構造となる。この単位格子中には，Na^+とCl^-がそれぞれ ⬚ 個ずつ含まれる。（明治大）	4

🔍 解説　$Na^+ : \dfrac{1}{4} \times 12 + 1 \times 1 = 4$個　　$Cl^- : \dfrac{1}{8} \times 8 + \dfrac{1}{2} \times 6 = 4$個

（p.12の図を参照）

☑ 0036 ☐	塩化ナトリウムの単位格子において，塩化物イオンと最近接しているナトリウムイオンは ⬚ 個である。 （大阪教育大） 塩化ナトリウムの単位格子 ●：Na^+　○：Cl^-	6

物質の三態と状態変化

熱化学

電池と電気分解

化学反応と平衡

無機化学

有機化学

高分子化合物

☑ 0037

X^+とY^-がつくるイオン結晶は配位数 6 の**NaCl**型構造である。単位格子の一辺の長さが0.56 nm，Y^-の半径が0.17 nmのとき，X^+の半径は何nmか。 （東邦大）

0.11 nm

🔍 解説

X^+の半径をx〔nm〕とすると

$2x + 2 \times 0.17 = 0.56$　よって　$x = 0.11$ nm

☑ 0038

NaCl結晶の単位格子の一辺の長さをa nm，アボガドロ定数をNとすると，この結晶の密度は□ g/cm^{3}となる。 （明治大）

$\dfrac{234}{a^3 N} \times 10^{21}$

🔍 解説

$\dfrac{(23+35.5) \times 4}{N} \times \dfrac{1}{(a \times 10^{-7})^3} = \dfrac{234}{a^3 N} \times 10^{21}$ g/cm^3

☑ 0039

右の図は**NaCl**の結晶の単位格子である。アボガドロ定数を用いてこの結晶の密度を求めよ。（成蹊大）

5.6×10^{-8} cm

Na$^+$
Cl$^-$

2.2 g/cm^3

🔍 解説

$\dfrac{(23+35.5) \times 4}{6.02 \times 10^{23}} \times \dfrac{1}{(5.6 \times 10^{-8})^3} \fallingdotseq 2.2$ g/cm^3

---

03 分子と共有結合

🔑 POINT

▶ 2個の原子の間で，価電子を出し合って，両方の原子で共有することで
  できる結合を 共有 結合という。

▶ 1組の共有電子対による共有結合を 単 結合という。また，2組，3組
  の共有電子対による共有結合をそれぞれ二重結合，三重結合という。

▶ 1個の原子から出る線の数は 原子価 といい，不対電子の数と等しい。

🧪 ビジュアル要点

● 水分子のなりたち

酸素原子がもつ 2 個の不対電子と，水素原子がもつ 1 個の不対電子が，
それぞれ共有電子対を1組ずつつくって水分子が形成される。

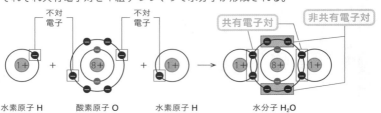

● 電子式と原子価

	族	1	14	15	16	17
原子	第1周期	H·				
	第2周期	Li·	·C̈·	·N̈·	·Ö·	:F̈·
	第3周期	Na·	·S̈i·	·P̈·	·S̈·	:C̈l·
価電子の数		1 個	4 個	5 個	6 個	7 個
不対電子の数		1 個	4 個	3 個	2 個	1 個
原子価		1 価	4 価	3 価	2 価	1 価

物質の三態と状態変化

熱化学

電池と電気分解

化学反応と平衡

無機化学

有機化学

高分子化合物

| ☑ 0040 ☐ | いくつかの原子が結びついてできた粒子を[___]という。 (県立広島大) | 分子 |

| ☑ 0041 ☐ | 原子の最外殻電子のうち，2個で対となった電子を電子対といい，対になっていない電子を[___]という。 (北里大) | 不対電子 |

| ☑ 0042 ☐ | N原子が最外殻にもつ不対電子の数は[___]個である。 (秋田大) | 3 |

| ☑ 0043 ☐ | 2個の原子が電子を出し合って生じる結合を[___]結合という。 (センター試験) | 共有 |

| ☑ 0044 ☐ | 2個の原子間で，互いの不対電子が組み合わさってできた電子対を共有することによって生じる結合を共有結合といい，共有されている電子対を[___]という。(北里大) | 共有電子対 |

| ☑ 0045 ☐ | 各原子は電子を出し合って共有電子対をつくるが，結合に関与しない[___]が存在する場合もある。 (岩手大) | 非共有電子対 |

| ☑ 0046 ☐ | 塩素原子2個が結びつき塩素分子ができるときには，両方の塩素原子が電子を[___]個ずつ出し合い共有することで共有結合が形成される。 (弘前大) | 1 |

| ☑ 0047 ☐ | 非共有電子対が存在しない分子またはイオンとして最も適当なものを，次のア〜エのうちから1つ選べ。
ア H_2O　イ OH^-　ウ NH_3　エ NH_4^+
(センター試験) | エ |

☑ 0048 ⛶	分子が非共有電子対を4組もつものとして最も適当なものを，次のア～エのうちから1つ選べ。 ア 塩化水素　　　イ アンモニア ウ 二酸化炭素　　エ 窒素　　　　　（センター試験）	ウ
☑ 0049 ⛶	N_2は□□□組の非共有電子対をもつ。 　　　　　　　　　　　　　　　　　　　　（京都女子大）	2
☑ 0050 ⛶	共有電子対が2組だけ存在する分子またはイオンとして最も適当なものを，次のア～エのうちから1つ選べ。 ア H_2O　　イ OH^-　　ウ NH_3　　エ NH_4^+ 　　　　　　　　　　　　　　　　　　（センター試験）	ア
☑ 0051 ⛶	2個の同じ原子Xからなる分子X_2の電子式を右に示した。X_2として適当なものを，次のうちから1つ選べ。　　:X::X: ア H_2　　　イ N_2　　　ウ O_2　　　エ F_2 　　　　　　　　　　　　　　　　　　（センター試験）	イ
☑ 0052 ⛶	単結合のみからなる分子を，次のうちから1つ選べ。 ア N_2　　イ O_2　　ウ H_2O　　エ CO_2 　　　　　　　　　　　　　　　　　　（センター試験）	ウ
☑ 0053 ⛶	三重結合をもつ分子を，次のうちから1つ選べ。 ア N_2　　イ CO_2　　ウ O_2　　エ NH_3 　　　　　　　　　　　　　　　　　　（九州産業大）	ア
☑ 0054 ⛶	原子価は，その元素のもつ□□□の数に等しい。 　　　　　　　　　　　　　　　　　　（武蔵野大）	不対電子

☑ 0055	炭素の原子価は [　　　] 価である。 （東京理科大）	4
☑ 0056	水分子中の酸素原子は非共有電子対をもち，これを水素イオンに提供して共有結合を形成し，オキソニウムイオンとなる。このようにしてできる共有結合を [　　　] 結合という。 （群馬大）	配位
☑ 0057	次の物質のうち，配位結合が含まれるものはどれか。 ア　CH_4　イ　CO_2　ウ　Cl_2　エ　NH_4Cl （神奈川大）	エ
☑ 0058	$[Cu(NH_3)_4]^{2+}$ や $[Ag(NH_3)_2]^+$ では，銅（Ⅱ）イオンおよび銀イオンにアンモニア分子が配位結合している。このようなイオンを [　　　] という。 （熊本大）	錯イオン
☑ 0059	塩化クロム（Ⅲ）は組成式が $CrCl_3 \cdot 6H_2O$ で H_2O または塩化物イオンが配位している正八面体 6 配位の塩である。このように分子やイオンが配位している塩を [　　　] という。 （順天堂大）	錯塩
☑ 0060	ヘキサシアニド鉄（Ⅱ）酸イオンの化学式は [　　　] である。 （大阪教育大）	$[Fe(CN)_6]^{4-}$

熱化学

電池と電気分解

化学反応と平衡

無機化学

有機化学

高分子化合物

THEME 04 電気陰性度と極性

POINT

▶ 共有結合している 2 原子間において，それぞれの原子が共有電子対を引きつけようとする強さの程度を表した値を 電気陰性度 という。

▶ 共有結合している原子間に電荷のかたよりがあることを，極性 があるという。

▶ 極性がある分子を 極性 分子，極性がない分子を 無極性 分子という。

ビジュアル要点

● 電気陰性度

一般に，電気陰性度は，周期表の 右上 にあるものほど大きく，左下 にあるものほど小さい傾向がある。ただし，貴ガスはこれにあてはまらない。

〈電気陰性度と周期表（化学便覧改訂5版による）〉

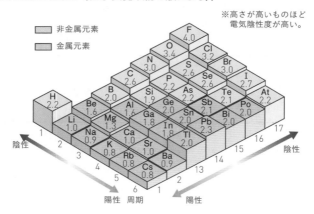

● 分子の極性

2 個の原子からなる分子では，共有結合の極性がそのまま分子の極性になるが，3 個以上の原子からなる分子では，分子の形によって極性が決まる。

物質の三態と状態変化

熱化学

電池と電気分解

化学反応と平衡

無機化学

有機化学

高分子化合物

無極性分子	水素H₂ （直線形）	塩素Cl₂ （直線形）	二酸化炭素CO₂ （直線形）	メタンCH₄ （正四面体形）
極性分子	水H₂O （折れ線形）	塩化水素HCl （直線形）	アンモニアNH₃ （三角錐形）	→ は結合の極性の向きを示す

※1　同じ直線形でも，H₂やCl₂のように同じ2個の原子からなる分子には極性がないが，HClのように異なる2個の原子からなる分子には極性がある。

※2　異なる原子からなる分子でも，CO₂のように2つの共有結合の極性が正反対の方向を向いている場合は，互いに打ち消し合って全体として無極性となる。

0061	異なる原子間で共有結合が形成されると，電子対は一方の原子の方により引きつけられる。この電子対を引きつける強さを示す尺度を原子の◻︎◻︎◻︎という。　（群馬大）	電気陰性度
0062	貴ガスを除けば，一般に元素の周期表の◻︎◻︎◻︎に位置する元素ほど，電気陰性度は大きくなる。　（福井県立大）	右上
0063	結合に極性があるために分子全体として電荷のかたよりがある分子を◻︎◻︎◻︎分子という。　（福井県立大）	極性
0064	共有電子対は，塩素Cl₂では2つの塩素原子に等しく共有されているが，塩化水素HClでは◻︎◻︎◻︎原子の方に強く引きつけられている。　（北里大）	塩素
0065	無極性分子であるものを，次のうちから1つ選べ。ア CO₂　イ HF　ウ CH₃Cl　エ H₂O　（センター試験）	ア
0066	分子が直線形であるものを，次のうちから1つ選べ。ア CH₄　イ H₂O　ウ CO₂　エ NH₃　（センター試験）	ウ

THEME 05 分子結晶

🔑 POINT

▶ 分子が分子間力によって規則正しく配列している結晶を, [分子] 結晶という。

▶ 一般に, 分子結晶は融点が [低] く, 軟らかい。

▶ 分子結晶は, 二酸化炭素（ドライアイス）, ヨウ素, ナフタレンなどのように, 常温で [昇華] するものが多い。

🧪 ビジュアル要点

● 分子間力

分子の間にはたらく弱い引力を分子間力という。分子間力には, すべての分子間にはたらく [ファンデルワールス力] や, 水素原子を介して生じる [水素結合] などがある。

〈二酸化炭素の分子結晶〉　　　　〈ヨウ素の分子結晶〉

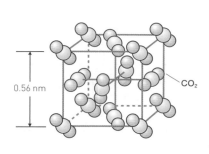

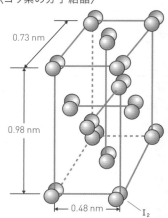

二酸化炭素やヨウ素の分子結晶では, 分子どうしが [ファンデルワールス力] によって引き合っている。

物質の三態と状態変化

熱化学

電池と電気分解

化学反応と平衡

無機化学

有機化学

高分子化合物

〈氷（水）の分子結晶〉

　氷は，水分子どうしが 水素結合 によって引き合っ
てできる分子結晶である。

　氷の結晶はすき間の多い正四面体構造をとってい
るため，液体の水から固体の氷になると，体積が
増え る。そのため，氷は水よりも密度が 小さい 。

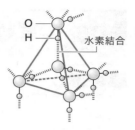

☑ 0067	分子からなる結晶を□□□□□結晶という。　　　　　（成蹊大）	分子
☑ 0068	分子結晶は多数の分子同士が□□□□力により結びつけられて構成されているため，一般に融点が低く，軟らかい。また，昇華性のものが多い。　　　　（高知大）	分子間 （**ファンデルワールス**）
☑ 0069	ヨウ素は，分子間力により弱く結びつけられているため，金属結合，イオン結合，共有結合による結晶に比べて融点や沸点が□□□い傾向がある。　　　（東京学芸大）	低
☑ 0070	ドライアイス中における二酸化炭素分子は，互いに弱い引力である□□□□力によって結びついており，規則正しく配列された結晶を形成する。　　　　（静岡大）	分子間 （**ファンデルワールス**）
☑ 0071	固体が分子結晶であるものを，次のうちから1つ選べ。 ア　黒鉛　　　　　イ　ケイ素 ウ　ミョウバン　　エ　ヨウ素　　　　（センター試験）	エ
☑ 0072	分子結晶となる物質を，次のア〜エのうちから1つ選べ。 ア　二酸化ケイ素　　　イ　窒素 ウ　塩化ナトリウム　　エ　銅　　　　　（麻布大）	イ

THEME 06 共有結合の結晶

🔑 POINT

▶ 非金属元素の原子が，次々に共有結合してできる結晶を 共有結合の結晶 という。

▶ ダイヤモンドは，炭素原子どうしが共有結合して， 正四面体 形の構造 が繰り返された立体構造をしている。

▶ 共有結合の結晶は，非常に 硬く ，融点が 高い ものが多い。

🧪 ビジュアル要点

　同じ炭素Cの結晶でも，ダイヤモンドと黒鉛は結合の状態が異なっているので構造や性質に違いがある。このように同じ元素からなるが，性質が異なる単体どうしを 同素体 という。

● ダイヤモンドC

無色透明で非常に硬く，融点が高い。
電気伝導性はない。

正四面体の形の構造が繰り返されている。

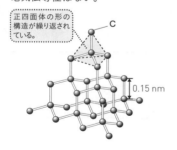

0.15 nm

● 黒鉛C（グラファイト）

もろくはがれやすい。
電気伝導性がある。

網目状の平面構造が層状に重なっている。層の間はファンデルワールス力で結びついているためはがれやすい。

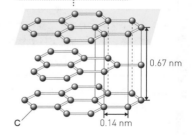

0.67 nm

0.14 nm

C

● ケイ素Si

融点が高く，硬くてもろい。

正四面体の形の構造が繰り返されている。

Si

0.23 nm

● 二酸化ケイ素SiO₂

融点が高く，硬い。石英・水晶・けい砂などとして天然に存在している。

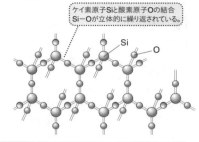

ケイ素原子Siと酸素原子Oの結合Si—Oが立体的に繰り返されている。

Si

O

物質の三態と状態変化

熱化学

電池と電気分解

化学反応と平衡

無機化学

有機化学

高分子化合物

☑ 0073 ⟳	炭素とケイ素は周期表の14族に属する非金属元素である。これらの原子は一般に次々に共有結合して共有結合の□□□□をつくる。　　　　　　　　　（名古屋市立大）	結晶
☑ 0074 ⟳	炭素原子どうしが□□□□結合だけで結びついたダイヤモンドの結晶は，比較的硬く，融点が高い。　　　（岩手大）	共有
☑ 0075 ⟳	ダイヤモンドは各炭素原子同士が共有結合することで，□□□□形を基本単位とした立体網目構造の結晶を形成している。　　　　　　　　　　　　　　　　　（高知大）	正四面体
☑ 0076 ⟳	□□□□は，炭素原子のつくる正六角形が無限につながった平面構造が一定の距離間を保って層状に重なった構造をもっている。　　　　　　　　　　　（岡山県立大）	黒鉛 **（グラファイト）**
☑ 0077 ⟳	黒鉛（グラファイト）は，平面構造内の炭素原子が共有結合で結びついているのに対して，平面構造と平面構造の間は□□□□力で結びついている。　　　（秋田大）	ファンデルワールス
☑ 0078 ◼	ケイ素の結晶の単位格子は，ダイヤモンド型(右図)である。この単位格子中のケイ素の原子数は□□□□個である。　（九州工業大）	8

07 金属結合と金属

♀ POINT

▶ 一般に，金属原子は陽性が強いため，金属原子が集まると，価電子が原子から離れ，電子殻を伝わって自由に移動する。このような価電子を [自由電子] という。

▶ 金属原子どうしの自由電子による結合を [金属] 結合という。

▶ 金属は，薄く広げることができる [展性] という性質や，引き延ばすことができる [延性] という性質を示す。

🧪 ビジュアル要点

● 金属の結晶格子

体心立方格子，面心立方格子，六方最密構造（六方最密充填）の3つがある。

	体心立方格子	面心立方格子	六方最密構造
原子の配置	単位格子	単位格子	単位格子
単位格子	$\frac{1}{8}$ / 1	$\frac{1}{8}$ / $\frac{1}{2}$	$\frac{1}{6}$ / $\frac{1}{2}$ / あわせて 1
配位数	(8)	(12)	(12)

物質の三態と状態変化

熱化学

電池と電気分解

化学反応と平衡

無機化学

有機化学

高分子化合物

	体心立方格子	面心立方格子	六方最密構造
単位格子中の原子数	頂点：$\frac{1}{8} \times 8 = 1$（個） 中心：$1 \times 1 = 1$（個） よって， 　$1 + 1 = 2$（個）	頂点：$\frac{1}{8} \times 8 = 1$（個） 中心：$\frac{1}{2} \times 6 = 3$（個） よって， 　$1 + 3 = 4$（個）	頂点：$\frac{1}{6} \times 12 = 2$（個） 上下面：$\frac{1}{2} \times 2 = 1$（個） 中間部：$1 \times 3 = 3$（個） よって， 　$(2+1+3) \times \frac{1}{3} = 2$（個）
充填率	⑥⑧ %	⑦④ %	⑦④ %
例	Na, K, Fe	Al, Cu, Ag, Au	Mg, Zn, Co

計算問題は，特に指定のない場合は四捨五入により有効数字
2桁で解答し，必要があれば，次の値を使うこと。
Al＝27
アボガドロ定数 N_A＝6.02×10^{23} /mol

☑ 0079	すべての金属は自由電子を介する□□□結合によってできており，電気伝導性を示す。　（鹿児島大）	金属
☑ 0080	金属結晶を構成する元素は□□□性が強く，価電子は原子から離れやすい。そのため，価電子は電子殻を伝わって自由に移動できる。　（成蹊大）	陽
☑ 0081	鉄や銅などの金属は陽性が強く，電子が原子から離れやすい。離れた電子は□□□と呼ばれ，金属原子どうしを結びつけている。　（岩手大）	自由電子
☑ 0082	単体のアルミニウムは銀白色の軽くて軟らかい物質であり，□□□性や延性を示す。これらの性質は金属結合の特徴である。　（愛媛大）	展
☑ 0083	面心立方格子と六方最密構造（六方最密充填）は，空間に金属原子が最も密につまった構造であるため□□□構造と呼ばれる。　（奈良女子大）	最密 （最密充填）

☑ 0084 ☖	1つの金属原子に接している隣接する金属原子の数を□□□という。 (奈良女子大)	配位数
☑ 0085 ☖	図のような六方最密構造（六方最密充塡構造）において，単位格子中に含まれる原子の数は□□個である。 (長崎県立大) 六方最密構造	2
☑ 0086 ☖	体心立方格子では，各原子は□□個の原子と接している。 (工学院大)	8
☑ 0087 ☖	金属ナトリウムの単位格子は体心立方格子をとる。単位格子1個あたりにナトリウム原子は，□□個含まれる。 (東京農工大)	2
☑ 0088 ☖	体心立方格子における金属の半径rを体心立方格子の一辺の長さaを用いて表すと，$r=$□□となる。 (奈良女子大)	$\dfrac{\sqrt{3}}{4}a$

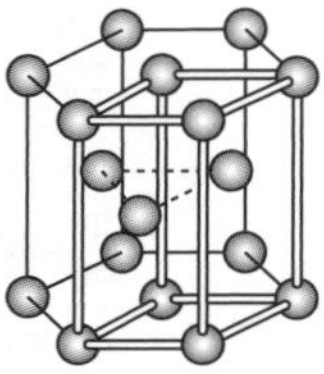

🔍解説 単位格子の対角線（長さ$\sqrt{3}a$）上で原子が3個接しており，その長さは$r+2r+r=4r$なので

$$\sqrt{3}a=4r \quad よって \quad r=\frac{\sqrt{3}}{4}a$$

☑ 0089 ☖	金属アルミニウムは面心立方格子をとる。この単位格子中に含まれるアルミニウム原子の数は□□個である。 (センター試験) 面心立方格子	4

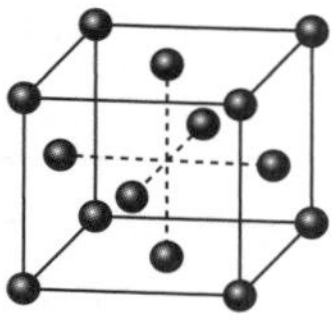

物質の三態と
状態変化

熱化学

電池と
電気分解

化学反応と
平衡

無機化学

有機化学

高分子化合物

0090

面心立方格子では，各原子は　　　　個の原子と接して
いる。
（工学院大）

12

0091

面心立方格子における金属の半径rを面心立方格子の一
辺の長さaを用いて表すと，$r=$　　　　となる。
（奈良女子大）

$\dfrac{\sqrt{2}}{4}a$

解説 単位格子を正面から見ると，対角線上で原子が3個接しているので

$$(4r)^2 = a^2 + a^2 \quad よって \quad r = \dfrac{\sqrt{2}}{4}a$$

0092

銅の単位格子の一辺の長さを3.6×10^{-8} cmとすると，1.0 molの
銅原子からなる結晶の体積は約
　　　　cm^{3}である。
（大阪教育大）

7.0

銅の単位格子

解説 単位格子には4個の原子が含まれているから

$$\dfrac{1.0 \times 6.02 \times 10^{23}}{4} \times (3.6 \times 10^{-8})^3 \fallingdotseq \mathbf{7.0} \ cm^3$$

0093

単体のアルミニウムの結晶格子は面心立方格子である。
この単位格子の一辺の長さが4.0×10^{-8} cmであるとす
ると，この結晶1.0 cm^{3}あたりの質量は何gか。　（愛媛大）

2.8 g

解説 単位格子には4個の原子が含まれているから，密度は

$$\dfrac{27}{6.02 \times 10^{23}} \times 4 \times \dfrac{1}{(4.0 \times 10^{-8})^3} \fallingdotseq \mathbf{2.8} \ g/cm^3$$

0094

ガラスは一定の融点をもたず，ガラス中の原子は不規則
に配列している。このような物質の状態を　　　　とい
う。
（九州工業大）

アモルファス
（無定形，非晶質）

THEME 08 | 粒子の熱運動

📌 POINT

▶ 物質が自然に全体に広がる現象を 拡散 という。

▶ 物質を構成している粒子は，温度に応じた運動エネルギーをもって常に
運動している。このような運動を 熱運動 という。

▶ 密閉容器内に気体分子を入れると，熱運動によって気体分子が器壁に衝
突し，器壁を外側に押す力がはたらく。単位面積あたりにはたらくこの
力を気体の 圧力 という。

🧪 ビジュアル要点

● 気体分子の速さ

熱運動によって飛びまわる気体分子の速さは，分子によってさまざまであるが，
その分布は温度によって決まっている。すなわち，温度が高いほど，速さの大き
な分子の数の割合は 大きく なる。

〈気体分子の速さの分布〉

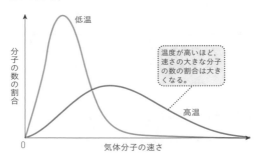

温度一定のとき，気体分子がもつ運動エネルギーは，分子によってさまざまで
あるが，すべての気体分子の運動エネルギーの総和は 一定 である。

また，温度が高いほど，大きな運動エネルギーをもつ分子の数の割合は
大きく なる。

物質の三態と
状態変化

熱化学

電池と
電気分解

化学反応と
平衡

無機化学

有機化学

高分子化合物

☑ 0095 ☐	風がなくてもカレーのにおいが周囲に広がるような現象を何というか，答えよ。 (旭川医科大)	拡散
☑ 0096 ☐	物質を構成している原子，分子，イオンといった粒子は，状態にかかわらず常に運動している。このような粒子の運動を ☐ という。 (北里大)	熱運動
☑ 0097 ☐	閉め切った部屋の中に花を置くと，風が吹かなくても自然に香りが部屋に広がる。これは，香りのもととなる粒子が ☐ しているためである。 (埼玉大)	熱運動
☑ 0098 ■	温度 T_1 と T_2 での分子の速さと分子の数の割合との関係を示した右図において，T_1 と T_2 の関係は T_1 ☐ T_2 である。 分子の数の割合 T_1 T_2 分子の速さ (センター試験)	<
☑ 0099 ☐	密閉容器の中を飛びまわっている気体分子が器壁に衝突するとき，器壁を外側に押す力が生じる。この力が原因となって，気体の ☐ が生み出される。 (甲南大)	圧力
☑ 0100 ☐	変形しない密閉容器中では，単位時間に気体分子が容器の器壁に衝突する回数は，分子の速さが大きいほど ☐ なる。これは，温度を高くしたときに，容器内の圧力が高くなる現象と関連している。 (センター試験)	多く

THEME 09 状態変化とエネルギー

🔑 POINT

▶ 固体1molが液体になるときに吸収する熱量を 融解熱，液体1molが固体になるときに放出する熱量を 凝固熱 という。

▶ 液体1molが気体になるときに吸収する熱量を 蒸発熱，気体1molが液体になるときに放出する熱量を 凝縮熱 という。

▶ 固体1molが気体になるときに吸収する熱量を 昇華熱 という。

🧪 ビジュアル要点

● 純物質の状態変化

純物質に，単位時間あたり一定の熱量を加え続けると，融解 や 沸騰 の間は，温度が一定に保たれる。これは，加えた熱エネルギーがすべて，状態変化だけに使われるためである。

〈加熱による水の状態変化〉

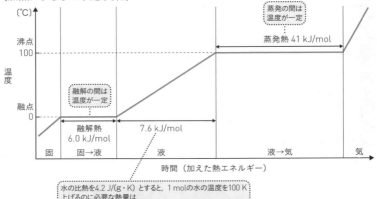

計算問題は，特に指定のない場合は四捨五入により有効数字
2桁で解答し，必要があれば，次の値を使うこと。
H＝1.0，O＝16

物質の三態と状態変化

熱化学

電池と電気分解

化学反応と平衡

無機化学

有機化学

高分子化合物

□ 0101	物質は一般に固体・液体・気体の三態をもつ。物質がどの状態をとるかは，温度と ◻ によって決まる。 （筑波大）	圧力
□ 0102	物質の状態には，固体・液体・気体の3つの状態がある。これを物質の ◻ という。物質の状態は温度と圧力に対応して定まる。（早稲田大）	三態
□ 0103	大気圧下である純物質に時間あたり一定の熱を加える。このとき，物質が融解している間や沸騰している間に加えられた熱は，物質の ◻ に使われる。（東京学芸大）	状態変化
□ 0104	1 molの固体が液体になるときに吸収する熱量は融解熱と呼ばれる。同様に，ある温度で1 molの液体が蒸発して，同じ温度の気体になるときに吸収する熱量は，◻ と呼ばれる。（甲南大）	蒸発熱
□ 0105	固体が液体の状態を経ずに直接気体になるときに吸収する固体1 molあたりの熱量を ◻ という。（明治大）	昇華熱
□ 0106	物質が蒸発するときに ◻ する熱量を蒸発熱という。蒸発熱は，物質の種類によって異なり，ふつう物質1 molあたりの大気圧（1.013×10^5 Pa）での値をkJ単位で表す。（日本女子大）	吸収
□ 0107	物質の状態変化は，熱の出入りを伴う。固体が完全に液体になるときに ◻ する固体1 molあたりの熱量を融解熱という。（明治大）	吸収

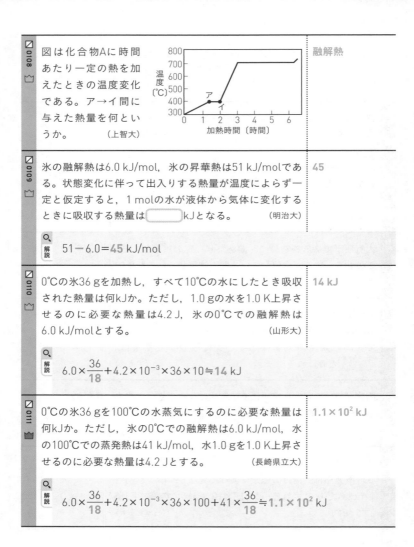

0108	図は化合物Aに時間あたり一定の熱を加えたときの温度変化である。ア→イ間に与えた熱量を何というか。 (上智大)	融解熱
0109	氷の融解熱は6.0 kJ/mol，氷の昇華熱は51 kJ/molである。状態変化に伴って出入りする熱量が温度によらず一定と仮定すると，1 molの水が液体から気体に変化するときに吸収する熱量は◻️kJとなる。 (明治大)	45
	🔍解説 $51-6.0=$ **45** kJ/mol	
0110	0℃の氷36 gを加熱し，すべて10℃の水にしたとき吸収された熱量は何kJか。ただし，1.0 gの水を1.0 K上昇させるのに必要な熱量は4.2 J，氷の0℃での融解熱は6.0 kJ/molとする。 (山形大)	14 kJ
	🔍解説 $6.0 \times \dfrac{36}{18} + 4.2 \times 10^{-3} \times 36 \times 10 \fallingdotseq$ **14** kJ	
0111	0℃の氷36 gを100℃の水蒸気にするのに必要な熱量は何kJか。ただし，氷の0℃での融解熱は6.0 kJ/mol，水の100℃での蒸発熱は41 kJ/mol，水1.0 gを1.0 K上昇させるのに必要な熱量は4.2 Jとする。 (長崎県立大)	1.1×10^2 kJ
	🔍解説 $6.0 \times \dfrac{36}{18} + 4.2 \times 10^{-3} \times 36 \times 100 + 41 \times \dfrac{36}{18} \fallingdotseq$ **1.1×10^2** kJ	

物質の三態と状態変化

熱化学

電池と電気分解

化学反応と平衡

無機化学

有機化学

高分子化合物

☐ 0112

0℃の氷33.3 gに24.0 kJの熱を加えて状態変化させた。変化後の温度は何℃か。ただし、0℃での氷の融解熱：6.00 kJ/mol、100℃での蒸発熱：40.7 kJ/mol、0～100℃での水の比熱：4.20 J/(g・K) とする。　（上智大）

92℃

🔍 解説

変化後の温度をx（℃）とすると

$$6.00 \times \frac{33.3}{18} + 4.2 \times 10^{-3} \times 33.3 \times x = 24.0 \quad よって \quad x \fallingdotseq 92℃$$

☐ 0113

24℃の金500 gを融解したい。このために必要な熱量は何Jか。ただし、金の融点を1064℃、固体の金の比熱を1.30×10^{-1} J/(g・K)、金1 gを融解させるのに必要な熱量を65.0Jとする。　（東京理科大）

1.0×10^5 J

🔍 解説

$1.30 \times 10^{-1} \times 500 \times (1064-24) + 65 \times 500 \fallingdotseq 1.0 \times 10^5$ J

THEME 10 物理的性質と三態

🔑 POINT

▶ 一般に，無極性分子の場合，分子量が大きくなるほど，ファンデルワールス力が強くなるため，融点や沸点は 高く なる。

▶ 極性分子と無極性分子を比べると，極性分子の方が分子間に静電気力がはたらくため，融点や沸点は 高く なる。

▶ NH_3，HF，H_2Oのように分子間に 水素結合 がある分子は，沸点が大きい傾向がある。

🧪 ビジュアル要点

● 水素化合物の沸点

　周期表の14〜17族の水素化合物の分子量と沸点との関係を比較すると，分子量，分子の極性，水素結合が沸点に影響を及ぼすことがわかる。

〈水素化合物の沸点〉

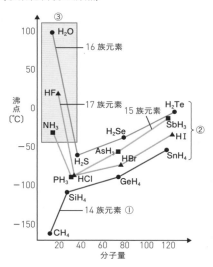

① 無極性分子である14族元素の水素化合物は，分子量が大きいほど ファンデルワールス力 が強くなり，沸点が高くなる。

② 無極性分子である14族元素の水素化合物に比べて，極性分子である15，16，17族元素の水素化合物は，極性 をもつため，沸点が高い。

③ 分子間に 水素結合 がはたらく NH_3，HF，H_2Oは，他の水素化合物に比べて沸点が高い。

物質の三態と状態変化

熱化学

電池と電気分解

化学反応と平衡

無機化学

有機化学

高分子化合物

☑ 0114	分子の間には［　　　］と呼ばれる弱い引力がはたらき，分子どうしが互いに集合しようとする傾向がある。 （群馬大）	分子間力
☑ 0115	物質がどのような状態をとるかは，その物質の構成分子の間にはたらく比較的弱い力である分子間力と，構成分子の不規則な運動である［　　　］の２つの作用に依存する。 （上智大）	熱運動
☑ 0116	（低温　高温）では，分子の熱運動が弱くなり，分子間力の影響が強くなる。 （富山大）	低温
☑ 0117	分子間力には，極性の有無によらず，すべての分子どうしの間にはたらく弱い引力のファンデルワールス力と，それより強い［　　　］がある。 （上智大）	水素結合
☑ 0118	分子の間の相互作用の影響は，物質の状態に強く現れる。低温では，各分子は［　　　］によって束縛され，一定の位置に固定されている。この状態が固体である。（上智大）	分子間力
☑ 0119	一般に構造が類似した分子では，分子量が大きくなるにしたがってファンデルワールス力は，どのように変化するか。 （長崎県立大）	大きくなる
☑ 0120	第３〜５周期の同じ族の水素化合物では，分子量が大きくなると沸点が高くなる。これは，分子間に［　　　］がより強くはたらくためである。 （センター試験）	ファンデルワールス力
☑ 0121	Ne，Ar，Krの沸点の高低を正しく示しているのは，次のうちどれか。 ア　Ne＜Ar＜Kr　　イ　Ne＜Kr＜Ar ウ　Kr＜Ne＜Ar　　エ　Kr＜Ar＜Ne （東京理科大）	ア

☑ 0122 ☐	16族元素の水素化合物の中では，水の沸点が高い。これは分子間に ☐ が強くはたらくためである。 （センター試験）	水素結合
☑ 0123 ☐	フッ化水素の沸点は他のハロゲン化水素と比べて ☐ 。これはフッ素の電気陰性度が大きいことで，フッ化水素は強い極性をもち，分子間の水素結合が強くはたらくためである。 （青山学院大）	高い
☑ 0124 ◢	16族元素の周期と，その原子1個と水素からなる化合物の沸点を示す。図の化合物A，Bはそれぞれ何か。 ア　A NH_3　　B PH_3 イ　A HF　　　B HCl ウ　A CH_4　　B SiH_4 エ　A H_2O　　B H_2S （明治大）	エ
☑ 0125 ☐	極性分子からなる物質は，無極性分子からなる物質に比べると分子間にはたらく力が（強く　弱く），一般に融点や沸点が高い傾向がある。 （東京学芸大）	強く
☑ 0126 ☐	固体の融点は，それを構成している粒子間の相互作用の強さによって決まる。互いの構造がよく似ている分子の場合，どのように決まるか。 ア　分子量が大きく，極性が大きい方が高い。 イ　分子量が大きく，極性が小さい方が高い。 ウ　分子量が小さく，極性が大きい方が高い。 エ　分子量が小さく，極性が小さい方が高い。 （早稲田大）	ア

沸点（縦軸）／周期（横軸）。横軸の目盛りは2, 3, 4, 5。点A（周期2，高い沸点），点B（周期3，低い），点C（周期4），点D（周期5）。

物質の三態と
状態変化

熱化学

電池と
電気分解

化学反応と
平衡

無機化学

有機化学

高分子化合物

| 0127 ☑ ☑ | プロパンとエタノールは同程度の分子量をもつにもかかわらず，エタノールの沸点の方が異常に高い。これは，エタノールがプロパンよりも◻が大きいからである。 (群馬大) | 極性 |
| 0128 ☑ ☑ | 臭化ナトリウム$NaBr$は，塩化ナトリウム$NaCl$と比べてイオン間の距離が長いため，融点が（高い　低い）。 (上智大) | 低い |

THEME 11 ｜ 気体・液体間の状態変化

POINT

▶ 蒸発する分子の数と凝縮する分子の数が等しく，見かけ上では蒸発も凝縮も起こっていない状態を 気液平衡 という。

▶ 液体と蒸気が気液平衡にあるときの蒸気の圧力のことを，その液体の 飽和蒸気圧（蒸気圧） という。

▶ 蒸気圧が外圧と等しくなったとき，内部からさかんに蒸発が起こるようになる。この現象を 沸騰 という。

ビジュアル要点

● 蒸気圧

蒸気圧は，温度が高くなるほど 大きく なる。また，温度が一定のとき，気体が占める体積に関係なく，蒸気圧は一定である。

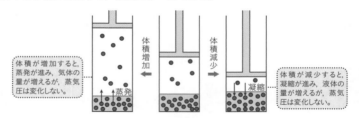

体積が増加すると，蒸発が進み，気体の量が増えるが，蒸気圧は変化しない。

体積増加

体積減少

体積が減少すると，凝縮が進み，液体の量が増えるが，蒸気圧は変化しない。

蒸発

凝縮

● 蒸気圧曲線

液体の蒸気圧と温度との関係を示したグラフの曲線を 蒸気圧曲線 という。

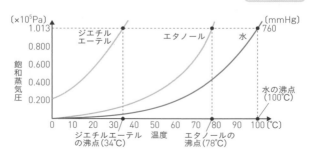

〔×10⁵Pa〕
1.013
0.800
0.600
0.400
0.200

飽和蒸気圧

ジエチルエーテル　エタノール　水

〔mmHg〕
760

水の沸点（100℃）

0　10　20　30　40　50　60　70　80　90　100〔℃〕
ジエチルエーテルの沸点（34℃）　温度　エタノールの沸点（78℃）

物質の三態と状態変化

熱化学

電池と電気分解

化学反応と平衡

無機化学

有機化学

高分子化合物

| ☑ 0129 | 液体の表面では常に [　　　] が起こっている。
（センター試験） | 蒸発 |

| ☑ 0130 | 容積一定の密閉容器に水を入れ温度を一定に保った。しばらくして容器内は水（液体）と水蒸気（気体）がそれぞれ一定量で存在する状態となった。この状態を何というか。　　　（広島市立大） | 気液平衡 |

| ☑ 0131 | 一定の温度に保った真空の密閉容器の中に液体を入れて放置すると，やがて単位時間に [　　　] する分子の数と凝縮する分子の数が等しくなる。このような状態のことを気液平衡という。　　　（慶應義塾大） | 蒸発 |

| ☑ 0132 | 蒸発する水分子と，[　　　] する水分子の数が等しく，見かけ上，変化がない状態を気液平衡という。　（徳島大） | 凝縮 |

| ☑ 0133 | 気液平衡にある気体の圧力を [　　　] という。
（広島市立大） | 飽和蒸気圧
（蒸気圧） |

| ☑ 0134 | 飽和蒸気圧（蒸気圧）は，気液平衡が達成されている密閉容器の体積とどのような関係があるか。
ア　密閉容器の体積に比例して大きくなる。
イ　密閉容器の体積に反比例して小さくなる。
ウ　密閉容器の体積によらず一定である。　　（慶應義塾大） | ウ |

| ☑ 0135 | 一般に，温度を高くした場合，飽和蒸気圧（蒸気圧）は（大きく　小さく）なる。　　　（徳島大） | 大きく |

☑ 0136 ☁	飽和蒸気圧（蒸気圧）は，気液平衡が達成されている密閉容器内に他の気体が共存している場合，どうなるか。 ア 大きくなる。　イ 小さくなる。　ウ 変わらない。 （慶應義塾大）	ウ
☑ 0137 ☁	体積一定の容器に27℃である物質の液体と気体が共存している。この容器から単位時間あたり一定の物質量の気体を取り出すとき，容器中の気体の圧力はどのように変化するか。 ア　しばらく一定に保たれるが，やがて一定の割合で減少していく。 イ　しばらく一定に保たれるが，やがて一定の割合で増加する。 ウ　一定の割合で減少していく。 エ　一定の割合で増加していく。　（富山大）	ア
☑ 0138 ☁	液体から気体になるときの温度を，沸点という。沸点では，液体の表面だけでなく内部からも水蒸気が気泡となって発生している。この現象を□□□という。（山形大）	沸騰
☑ 0139 ☁	液体を加熱していくと，液体の表面だけでなく内部からも蒸発が起こるようになる。この現象を沸騰といい，□□□が外圧と等しくなる温度で起こる。　（筑波大）	飽和蒸気圧 (蒸気圧)
☑ 0140 ☁	純水の沸点は通常約100℃であるが，標高の高い山頂などでは，純水は100℃よりも（高い　低い）温度で沸騰する。　（徳島大）	低い
☑ 0141 📖	図の3種類の物質の蒸気圧曲線A，B，Cのうち，$5.0×10^4$ Paでの沸点が最も低い物質の蒸気圧曲線はどれか。 （筑波大）	A

蒸気圧 (Pa)　$10×10^4$　$5×10^4$　0
温度（K）　275　300　325　350　375
A　B　C

物質の三態と状態変化

熱化学

電池と電気分解

化学反応と平衡

無機化学

有機化学

高分子化合物

☑ 0142

下図で，外圧が40 kPaのとき，図中の4つの物質のうち最も沸点が高いのは□□□□である。 ： 酢酸

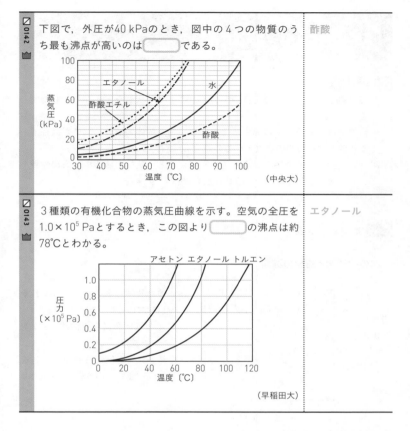

（中央大）

☑ 0143

3種類の有機化合物の蒸気圧曲線を示す。空気の全圧を1.0×10^5 Paとするとき，この図より□□□□の沸点は約78℃とわかる。 ： エタノール

アセトン エタノール トルエン

圧力（×10^5 Pa）

（早稲田大）

THEME 12 状態図

POINT

▶ 純物質が，それぞれの温度や圧力でどのような状態をとるかを示した図を 状態図 という。

▶ 純物質は，ある特定の温度・圧力において，固体・液体・気体が共存する状態となる。この温度・圧力の点を 三重点 という。

▶ 純物質は，ある特定の温度・圧力を超えると，気体と液体の両方の性質をもつ状態となる。このような状態を 超臨界状態 という。

ビジュアル要点

● 水の状態図と曲線の種類

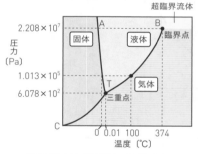

・固体と液体を区切る曲線（AT）を 融解 曲線という。

・液体と気体を区切る曲線（BT）を 蒸気圧 曲線という。

・固体と気体を区切る曲線（CT）を 昇華圧 曲線という。

● 二酸化炭素の状態図と状態変化

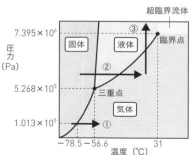

① 1.013×10^5 Paで温度を上げると，固体→気体へと変化する。

② 5.268×10^5 Paより大きい圧力のもとで，温度を上げると，固体→液体→気体へと変化する。

③ 常温で圧力を上げると，気体→液体へと変化する。

☐ 0144 ☐	固体・液体・気体のそれぞれが安定な温度と圧力の領域を表した図を[　　]といい，通常，縦軸に圧力，横軸に温度をとる。 （早稲田大）	状態図
☐ 0145 ☐	水の状態図を示した右図で，領域a～cにおける水の状態はそれぞれ何か。 ア　a 固体　b 液体　c 気体 イ　a 固体　b 気体　c 液体 ウ　a 液体　b 固体　c 気体 エ　a 液体　b 気体　c 固体　　（大阪教育大）	ア
☐ 0146 ☐	水の状態図を表した右図において，液体と気体を区切る曲線QXを[　　]という。 （山形大）	蒸気圧曲線
☐ 0147 ☐	状態図において，固体・液体・気体の3つの状態が同時に存在する温度と圧力の点を[　　]という。 （早稲田大）	三重点
☐ 0148 ☐	物質の温度と圧力がともにある点よりも高いとき，物質は気体と液体の区別がつかない状態になる。このような点を[　　]という。 （群馬大）	臨界点
☐ 0149 ☐	二酸化炭素の温度，圧力が304.21 K，$7.395×10^6$ Paを超えると気体とも液体とも区別のつかない状態となる。この状態を[　　]という。 （富山大）	超臨界状態
☐ 0150 ☐	臨界点よりも高い温度と圧力の状態を超臨界状態といい，その状態における物質を[　　]という。 （早稲田大）	超臨界流体

（領域0145の図）a，b，c の領域を示す圧力-温度の状態図。縦軸 圧力，横軸 温度。

（領域0146の図）圧力（Pa）を縦軸，温度（℃）を横軸とし，固体・液体・気体の領域，点X，点Qを示す状態図。

物質の三態と状態変化

熱化学

電池と電気分解

化学反応と平衡

無機化学

有機化学

高分子化合物

☑ 0151	水の状態図について，矢印X，Yで示された状態変化をそれぞれ何というか。 ア X 凝固 Y 凝縮 イ X 凝固 Y 凝華 ウ X 凝縮 Y 凝固 エ X 凝縮 Y 凝華 （群馬大）	ア
☑ 0152	水の状態図について，状態変化（ア）の名称は□□□である。（福岡教育大）	凝華
☑ 0153	水の状態図について，状態Ⅰから Ⅱ の状態変化は□□と呼ばれている。（愛媛大）	融解
☑ 0154	図は，水の状態図である。氷は，□□□Paよりも低い圧力で昇華する。（早稲田大）	6.1×10^2

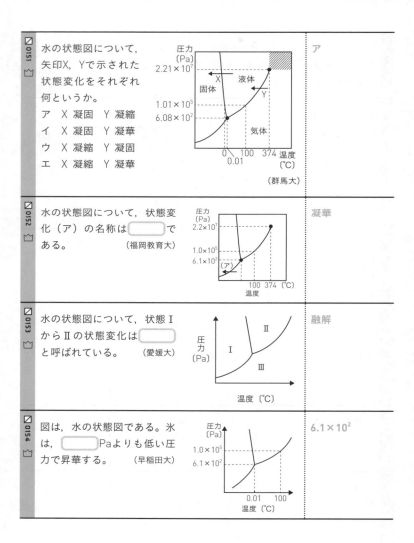

物質の三態と状態変化

熱化学

電池と電気分解

化学反応と平衡

無機化学

有機化学

高分子化合物

☑ 0155

右図について，温度一定の条件のもとで気体の二酸化炭素を液体に変える操作として適当なものはどれか。ただし，T_Tは三重点の温度である。

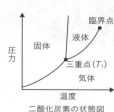

二酸化炭素の状態図

ア　T_Tより低い温度で，圧力を低くする。
イ　T_Tより低い温度で，圧力を高くする。
ウ　T_Tより高い温度で，圧力を低くする。
エ　T_Tより高い温度で，圧力を高くする。

（センター試験）

エ

☑ 0156

図は物質Xの状態図である。図中の点のうち，点　　　はある圧力における融点である。

（大阪市立大）

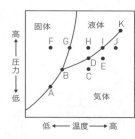

G

☑ 0157

CO_2の固体は液体よりも密度が大きい。CO_2を三重点の温度より高く，臨界点の温度未満の一定温度で三重点よりも低い圧力から加圧を続けた場合，状態はどのように変化するか。

ア　固体→液体→気体の順に変化する。
イ　液体→固体の順に変化する。
ウ　気体→固体の順に変化する。
エ　気体→液体→固体の順に変化する。

（早稲田大）

エ

THEME 13 気体の体積の変化

🔑 POINT

▶ 温度が一定のとき，一定の物質量の気体の体積Vは圧力Pに 反比例 する。
 この関係を ボイル の法則という。

▶ 圧力が一定のとき，一定の物質量の気体の体積Vは絶対温度Tに 比例 する。この関係を シャルル の法則という。

▶ 一定の物質量の気体の体積Vは，圧力Pに 反比例 し，絶対温度Tに 比例 する。この関係を ボイル・シャルル の法則という。

🧪 ビジュアル要点

● ボイルの法則

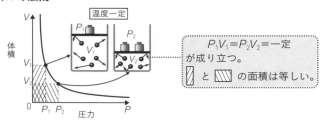

$P_1V_1 = P_2V_2 =$一定
が成り立つ。

▨ と ▧ の面積は等しい。

● シャルルの法則

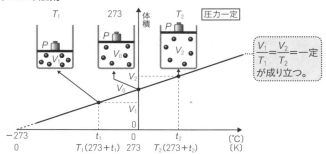

$\dfrac{V_1}{T_1} = \dfrac{V_2}{T_2} =$一定
が成り立つ。

● ボイル・シャルルの法則

ボイルの法則とシャルルの法則をまとめると，$\dfrac{P_1V_1}{T_1} = \dfrac{P_2V_2}{T_2} =$一定　となる。

計算問題は，特に指定のない場合は四捨五入により有効数字
2桁で解答せよ。

物質の三態と状態変化

熱化学

電池と電気分解

化学反応と平衡

無機化学

有機化学

高分子化合物

☑ 0158 温度が一定の理想気体について，その圧力と体積の関係
を[　　　]の法則という。 　　　　　　　　　(東北学院大)

ボイル

☑ 0159 物質量と温度を一定とする。圧力（x）と体積（y）の
関係を表すグラフはどれか。

④

①
y
x

②
y
x

③
y
x

④
y
x

(東洋大)

☑ 0160 1 molの理想気体について，一定の温度で圧力を1.0×10^6 Paから2.0×10^6 Paへ変化させると，圧力と体積の
積は変化前と比べてどうなるか。

ウ

ア　$\dfrac{1}{2}$倍になる。　　イ　2倍になる。

ウ　変わらない。 　　　　　　　　　　　　(上智大)

☑ 0161 理想気体の場合，密閉された容器に一定量の気体を入れ，
温度を変えずに容積を半分にすると圧力は[　　　]倍に
なる。これはボイルの法則として知られる。 (芝浦工業大)

2

☑ 0162 77℃，1.0×10^5 Paで，7.0 Lの気体がある。この初期状
態から，温度を変えずに圧力を5.0×10^5 Paにすると，
体積は[　　　]Lになる。 　　　　　　　　　(中京大)

1.4

🔍 解説　求める体積をV〔L〕とすると，**ボイル**の法則より
$$1.0 \times 10^5 \times 7.0 = 5.0 \times 10^5 \times V \quad よって \quad V = 1.4 \text{ L}$$

49

☑ 0163	図のコックを開き，容器aとb内の圧力が等しくなったあとコックを閉じた。容器b内の圧力を求めよ。　　（筑波大）	$1.5×10^5$ Pa

$3.0×10^5$ Pa 酵素　コック　真空

容器 b
22.4 L
0℃

容器 a
22.4 L
0℃

🔍 解説　容器b内の圧力をP〔Pa〕とすると，ボイルの法則より
$$3.0×10^5×22.4=P×22.4×2　よって　P=1.5×10^5 \text{ Pa}$$

☑ 0164	図はある気体について，一定圧力の下での温度と体積の関係を表したもので，　　　の法則を示している。　　（神戸学院大）	シャルル

V〔L〕　　　　0　　　t〔℃〕

☑ 0165	一定体積の容器に入れた窒素を27℃から127℃になるまで加熱すると，この気体の圧力は何倍になるか。　　（神奈川大）	1.3 倍

🔍 解説　はじめの圧力をP_1〔Pa〕，加熱後の圧力をP_2〔Pa〕とすると
$$\frac{P_1}{27+273}=\frac{P_2}{127+273}　よって　P_2≒1.3 P_1$$

☑ 0166	温度が27℃，圧力が$1.0×10^5$ Paで体積が10 Lの気体がある。この気体を圧力が$1.0×10^5$ Paのまま，温度を327℃にした場合，気体の体積は何Lになるか。　（東洋大）	$2.0×10$ L

🔍 解説　求める体積をV〔L〕とすると，シャルルの法則より
$$\frac{10}{27+273}=\frac{V}{327+273}　よって　V=20 \text{ L}$$

☑ 0167 ☐	1 molの気体において，圧力は体積に反比例し，絶対温度に比例する。この法則を[____]という。　（工学院大）	ボイル・シャルルの法則
☑ 0168 ☐	1 molの理想気体に関して正しいグラフはどれか。Tは絶対温度，Pは圧力，Vは体積で，$T_1>T_2$，$P_1>P_2$とする。 （東北学院大） 	②
☑ 0169 ☐	27℃，1.2×10^7 Paで1.5 m³の水素ガスを，77℃で1.0×10^5 Paにしたときの体積は[____] m³である。　（成蹊大）	2.1×10^2

🔍 解説　求める体積をV〔L〕とすると，ボイル・シャルルの法則より
$$\frac{1.2\times10^7\times1.5}{27+273}=\frac{1.0\times10^5\times V}{77+273}　よって　V=2.1\times10^2 \text{ m}^3$$

物質の三態と状態変化

熱化学

電池と電気分解

化学反応と平衡

無機化学

有機化学

高分子化合物

THEME 14 気体の状態方程式

POINT

▶ $PV = nRT$ で表される関係式を気体の 状態方程式 という。

▶ 気体の状態方程式 $PV = nRT$ において，R を 気体定数 という。

▶ 気体の質量を m (g)，モル質量を M (g/mol) とし，これを気体の状態方程式に代入すると，式 $M = \dfrac{mRT}{PV}$ より気体の分子量を求めることができる。

ビジュアル要点

● 気体の状態方程式

圧力P，体積V，温度T，物質量nのうちの３つが決まれば，気体の状態方程式より残りの１つの量を求めることができる。

$$PV = nRT \quad \left(\begin{array}{l}\text{気体定数} \\ R = 8.31 \times 10^3 \text{ Pa·L/(K·mol)}\end{array}\right)$$

圧力 (Pa)　体積 (L)
物質量 (mol)　気体定数　絶対温度 (K)

※温度Tには絶対温度，圧力Pや体積Vには，気体定数Rと同じ単位の値を用いなければならない。

● 分子量の算出

気体の質量をm (g)，モル質量をM (g/mol) とすると，物質量n (mol) は $n = \dfrac{m}{M}$ (mol) と表せる。これを気体の状態方程式に代入すると，気体の分子量が求められる。

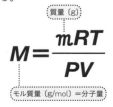

$$M = \frac{mRT}{PV}$$

質量 (g)

モル質量 (g/mol) ＝分子量

※モル質量：物質を構成する粒子 1 molあたりの質量のこと。原子量・分子量・式量の値に単位 g/molをつけて表す。

物質の三態と状態変化

熱化学

電池と電気分解

化学反応と平衡

無機化学

有機化学

高分子化合物

計算問題は，特に指定のない場合は四捨五入により有効数字
2桁で解答し，必要があれば，次の値を使うこと。
H＝1.0，N＝14，O＝16，Ne＝20，Cl＝35.5
気体定数$R＝8.31×10^3$ Pa・L/(K・mol)

☑ 0170

気体の圧力P，体積V，温度Tの関係を表す関係式は気体の[　　　]と呼ばれ，1 molあたりの関係式は，気体定数Rを用いると$PV＝RT$で与えられる。 （甲南大）

状態方程式

☑ 0171

温度T〔K〕，圧力P_i〔Pa〕の下で，n〔mol〕の理想気体が体積V_i〔L〕であるとき，この理想気体はどのような状態方程式に従うか。ただし，気体定数はR〔Pa・L/(K・mol)〕とする。 （旭川医科大）

$P_iV_i＝nRT$

☑ 0172

4.5 gの水を容積30 Lの密閉容器に入れ600 Kに保った。このときの容器内の圧力は何Paか。ただし，容器内の水はすべて水蒸気になったものとする。 （広島市立大）

$4.2×10^4$ Pa

🔍
解説　求める圧力をP〔Pa〕とすると，気体の状態方程式$PV＝nRT$より

$$P×30＝\frac{4.5}{18}×8.31×10^3×600　よって　P≒4.2×10^4 \text{ Pa}$$

☑ 0173

容積V〔L〕の容器に気体Aが圧力P〔Pa〕で入っている。気体の温度をT〔K〕，気体定数をR〔Pa・L/(K・mol)〕とすると，気体Aの物質量〔mol〕はどのように表せるか。 （東京理科大）

$\dfrac{PV}{RT}$

☑ 0174

0℃，$1.013×10^5$ Paで5.6 Lの気体の質量を測定したところ，8.0 gであった。この気体の化学式は何か。
ア　Cl_2　　イ　N_2　　ウ　O_2　　エ　Ne （神戸学院大）

ウ

🔍
解説　この気体の分子量をxとすると，気体の状態方程式$PV＝\dfrac{m}{M}RT$より

$$1.013×10^5×5.6＝\frac{8.0}{x}×8.31×10^3×273　よって　x≒32$$

THEME 15 混合気体

🔑 POINT

▶ 混合気体全体が示す圧力を 全圧 という。

▶ 混合気体の各成分気体が全体積を単独で占めるときに示す圧力を 分圧 という。

▶ 混合気体の全圧は，各成分気体の分圧の和に等しい。この関係を ドルトンの分圧の法則 という。

🧪 ビジュアル要点

● ドルトンの分圧の法則

混合気体の全圧は，各成分気体の分圧の和に等しい。

混合気体の全圧＝成分気体の分圧の和

| 気体 A の分圧 P_A | 気体 B の分圧 P_B | 全圧 P （$=P_A+P_B$） |

○ 気体分子 A　n_A〔mol〕　　● 気体分子 B　n_B〔mol〕　　○ 気体分子 A　n_A〔mol〕
● 気体分子 B　n_B〔mol〕

| 状態方程式 $P_AV=n_ART$ | 状態方程式 $P_BV=n_BRT$ | 状態方程式 $PV=(n_A+n_B)RT$ |

※体積V，温度Tは一定

● 水上置換

水上置換で捕集された気体は，水蒸気との混合気体になっている。したがって，捕集気体の分圧P_xは，大気圧Pから水の飽和蒸気圧P_{H_2O}を引いて求めることができる。

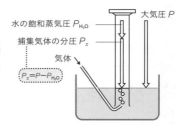

大気圧 P
水の飽和蒸気圧 P_{H_2O}
捕集気体の分圧 P_x
気体
$P_x=P-P_{H_2O}$

計算問題は，特に指定のない場合は四捨五入により有効数字
2桁で解答し，必要があれば，次の値を使うこと。
H＝1.0，He＝4.0，C＝12，N＝14，O＝16，Ar＝40
気体定数R＝8.31×10^3 Pa・L/(K・mol)
また，0℃，1.013×10^5 Paにおける気体1 molの体積を22.4 L
とする。

物質の三態と状態変化

熱化学

電池と電気分解

化学反応と平衡

無機化学

有機化学

高分子化合物

☑ 0175 混合気体が理想気体としてふるまう場合，混合気体が示す圧力は，その成分気体の分圧の◯◯◯◯となる。

(甲南大)

和

☑ 0176 窒素と酸素の混合気体の圧力が1.01×10^5 Paであった。混合気体中の窒素と酸素の物質量を，それぞれn_1〔mol〕，n_2〔mol〕とした場合，混合気体中の酸素の分圧〔Pa〕をn_1，n_2を用いて表せ。

(甲南大)

1.01×10^5

$\times \dfrac{n_2}{n_1+n_2}$ 〔Pa〕

解説 混合気体中の成分気体の分圧は，全圧に**モル分率**（全物質量に対する成分気体の物質量の割合）をかけることで求められる。

☑ 0177 300 Kにおいて，10 Lの密閉容器に0.20 molのエタンと0.80 molの酸素を封入してある。このとき，混合気体の全圧は◯◯◯◯Paである。ただし，各気体は理想気体であると仮定する。

(東京理科大)

2.5×10^5

解説 混合気体の全圧をP〔Pa〕とすると
$$P \times 10 = (0.20 + 0.80) \times 8.31 \times 10^3 \times 300$$
よって
$$P \fallingdotseq 2.5 \times 10^5 \text{ Pa}$$

0178

27℃，2.0×10^5 Pa の酸素3.0 Lと27℃，1.0×10^5 Paの
ヘリウム3.0 Lを6.0 Lの容器に入れて87℃にした。混合
気体の全圧は◯◯◯である。

ア　1.8×10^5 Pa　　　　イ　2.1×10^5 Pa
ウ　3.0×10^5 Pa　　　　エ　1.2×10^6 Pa

ア

（東北学院大）

🔍 **解説**

酸素の物質量をn_{O_2}，ヘリウムの物質量をn_{He}とすると

$$n_{O_2} = \frac{2.0 \times 10^5 \times 3.0}{8.31 \times 10^3 \times (27 + 273)}, \quad n_{He} = \frac{1.0 \times 10^5 \times 3.0}{8.31 \times 10^3 \times (27 + 273)}$$

このとき，混合気体の全圧をP〔Pa〕とすると

$$P \times 6.0 = (n_{O_2} + n_{He}) \times 8.31 \times 10^3 \times (87 + 273)$$

よって

$$P = 1.8 \times 10^5 \text{ Pa}$$

0179

容器Aに1.0×10^5 PaのHe，容器
Bに5.0×10^5 PaのArを入れた。
コックを開いたあとの混合気体の
全圧を選べ。容器A，B中の気体
の温度は同じであり，混合の前後
で変わらないものとする。

ウ

コック

4.0 L　　1.0 L

容器A　　容器B

ア　1.0×10^5 Pa　　　　イ　1.2×10^5 Pa
ウ　1.8×10^5 Pa　　　　エ　4.2×10^5 Pa

（センター試験）

🔍 **解説**

ヘリウムの分圧をP_{He}〔Pa〕，アルゴンの分圧をP_{Ar}〔Pa〕，全圧をP〔Pa〕
とすると

$$P_{He} = 1.0 \times 10^5 \times \frac{4.0}{4.0 + 1.0} = 8.0 \times 10^4 \text{ Pa},$$

$$P_{Ar} = 5.0 \times 10^5 \times \frac{1.0}{4.0 + 1.0} = 1.0 \times 10^5 \text{ Pa}$$

よって

$$P = P_{He} + P_{Ar}$$
$$= 1.8 \times 10^5 \text{ Pa}$$

物質の三態と状態変化

熱化学

電池と電気分解

化学反応と平衡

無機化学

有機化学

高分子化合物

☑ 0180

27℃でコックを閉じ，Aに3.0 ×10^4 Paのメタン，Bに6.0× 10^4 Paの酸素を入れた。コックを開けたあとの酸素の分圧を求めよ。混合による温度変化はないものとする。

（成蹊大）

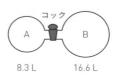

コック

A B

8.3 L   16.6 L

4.0×10^4 Pa

🔍 解説

酸素の分圧をP_{O_2}〔Pa〕とすると
$$6.0 \times 10^4 \times 16.6 = P_{O_2} \times (8.3 + 16.6)$$
よって
$$P_{O_2} = 4.0 \times 10^4 \text{ Pa}$$

☑ 0181

酸素O_2 8.0 gと，窒素N_2 28 gを容積V〔L〕の密閉容器に入れて温度をT〔K〕に保ったところ，全圧がP〔Pa〕であった。酸素の分圧はいくらか。

（駒澤大）

$\dfrac{1}{5}P$ 〔Pa〕

🔍 解説

酸素の物質量は$\dfrac{8.0}{32} = 0.25$，窒素の物質量は$\dfrac{28}{28} = 1.0$より，酸素の分圧は
$$P \times \frac{0.25}{0.25 + 1.0} = \frac{1}{5}P \text{ 〔Pa〕}$$

☑ 0182

容積が8.0 Lの密閉容器に0.20 gのヘリウムと0.80 gのアルゴンが入っている。混合気体の温度を47℃にしたとき，ヘリウムの分圧は□□□Paになる。ただし，気体はすべて理想気体とする。

（琉球大）

1.7×10^4

🔍 解説

ヘリウムの分圧をP_{He}〔Pa〕とすると
$$P_{He} \times 8.0 = \frac{0.20}{4.0} \times 8.31 \times 10^3 \times (47 + 273)$$
よって
$$P_{He} \fallingdotseq 1.7 \times 10^4 \text{ Pa}$$

0183

0°C，1.013×10^5 Paで5.6 Lの質量がそれぞれ7.0 gと8.0 gである2種の気体がある。これらの分子量の総和はいくらか。

ア　15　　イ　30　　ウ　45　　エ　60　　（東北学院大）

エ

解説

2種の気体の分子量はそれぞれ，$7 \times \dfrac{22.4}{5.6} = 28$，$8 \times \dfrac{22.4}{5.6} = 32$より，

これらの分子量の総和は，

$$28 + 32 = 60$$

0184

酸素と窒素からなる混合気体がある。この混合気体7.75 gは27℃，1.01×10^5 Paで6.17 Lの体積を占めた。この混合気体の平均分子量を求めよ。　　（岐阜大）

31

解説

平均分子量をMとすると

$$1.01 \times 10^5 \times 6.17 = \dfrac{7.75}{M} \times 8.31 \times 10^3 \times (27 + 273)$$

よって　$M \fallingdotseq 31$

0185

4.0 Lの容器Aに25℃で3.0×10^5 Paの水素が，3.0 Lの容器Bに25℃で1.0×10^5 Paの窒素が入っている。両者をつなぐコックを開いて混合気体としたときの平均分子量は　　　　である。

ア　2.4　　イ　3.6　　ウ　7.2　　エ　7.8

（東北学院大）

ウ

解説

気体定数をR，温度をT，水素と窒素の物質量をそれぞれn_{H_2}〔mol〕，n_{N_2}〔mol〕とすると

$$n_{H_2} = \dfrac{3.0 \times 10^5 \times 4.0}{RT} = \dfrac{1.2 \times 10^6}{RT}$$

$$n_{N_2} = \dfrac{1.0 \times 10^5 \times 3.0}{RT} = \dfrac{3.0 \times 10^5}{RT}$$

$n_{H_2} : n_{N_2} = 4 : 1$なので，平均分子量は，

$$\dfrac{2.0 \times 4 + 28 \times 1}{4 + 1} = 7.2$$

物質の三態と状態変化

熱化学

電池と電気分解

化学反応と平衡

無機化学

有機化学

高分子化合物

0186

水素を水上置換で集めた。温度をT [K]，体積をV [L]，圧力をp [Pa]，水蒸気圧をp_{H_2O} [Pa]，Rを気体定数とすると，水素の物質量は何molか。　　　　　　（東洋大）

$\dfrac{(p-p_{H_2O})V}{RT}$

🔍 解説　水上置換で捕集した気体は水蒸気との混合気体なので，水素の分圧は

$p-p_{H_2O}$ [Pa]

であるため，水素の物質量をn [mol] とすると

$$n=\dfrac{(p-p_{H_2O})V}{RT} \text{ [mol]}$$

0187

酸素を水上置換でメスシリンダー内に捕集する。メスシリンダー内の気体の体積が27℃，1.013×10^5 Paで150 mLのとき酸素の物質量は何molか。ただし，27℃での水の飽和蒸気圧は3.6×10^3 Paとする。（センター試験）

5.9×10^{-3} mol

🔍 解説　水上置換で捕集した気体は水蒸気との混合気体なので，酸素の分圧は

$(1.013\times10^5-3.6\times10^3)$ [Pa]

であるため，酸素の物質量をn [mol] とすると

$$n=\dfrac{PV}{RT}$$

$$=\dfrac{(1.013\times10^5-3.6\times10^3)\times0.150}{8.31\times10^3\times(27+273)}$$

$$\fallingdotseq5.9\times10^{-3} \text{ mol}$$

THEME 16 理想気体と実在気体

🔑 POINT

▶ あらゆる条件下で気体の状態方程式が成り立つ仮想的な気体を，[理想気体]という。

▶ 気体の状態方程式が厳密には成り立たない，実際に存在する気体を，[実在気体]という。

▶ 実在気体のふるまいが理想気体から外れるのは，気体の分子自身に[体積]があり，分子間に[分子間力]がはたらくためである。

🧪 ビジュアル要点

● 圧力変化に伴う理想気体からのずれ

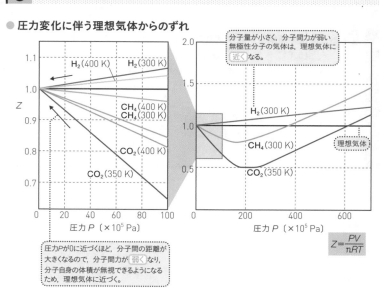

分子量が小さく，分子間力が弱い無極性分子の気体は，理想気体に[近く]なる。

圧力Pが0に近づくほど，分子間の距離が大きくなるので，分子間力が[弱く]なり，分子自身の体積が無視できるようになるため，理想気体に近づく。

$$Z = \frac{PV}{nRT}$$

物質の三態と状態変化

熱化学

電池と電気分解

化学反応と平衡

無機化学

有機化学

高分子化合物

● **温度変化に伴う理想気体からのずれ**

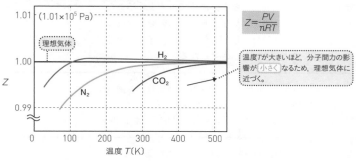

$$Z=\frac{PV}{nRT}$$

温度 T が大きいほど，分子間力の影響が 小さく なるため，理想気体に近づく。

☑ 0188 ☐	分子間力がはたらかず，分子自身の体積がないと考えた仮想的な気体を _____ という。　　　　　　　（群馬大）	理想気体
☑ 0189 ☐	実際に存在する気体は _____ と呼ばれ，理想気体の状態方程式に必ずしも従わないことが知られている。　　　　（甲南大）	実在気体
☑ 0190 ☐	実際の気体では，_____ の存在や分子自身に体積があることから，理想気体の状態方程式には厳密には従わない。　　　（成蹊大）	分子間力
☑ 0191 ☐	分子間力に注目すると，低温では分子の熱運動が弱くなり，分子間力の影響が大きくなるので，実在気体の体積は，理想気体の状態方程式による計算値に比べて（大きく　小さく）なる。　　　　　　　　　　　　　　（富山大）	小さく
☑ 0192 ☐	実在気体は，圧力が低く，温度が（高い　低い）場合には理想気体として扱える。　　　　　　　　　　　　（工学院大）	高い

☑ 0193 ☐	分子自身の体積に注目すると，高圧では単位体積あたりの分子数が増えるので，分子自身の体積の影響が強くなり，実在気体の体積は，理想気体の状態方程式による計算値に比べて（大きく 小さく）なる。 (富山大)	大きく
☑ 0194 ☐	次のア～エのうち，0℃，1.013×10^5 Paにおける実在気体1 molの体積が最も小さいものを選べ。 ア H_2　イ N_2　ウ O_2　エ NH_3 (京都女子大)	エ
☑ 0195 ☐	温度Tでの気体の圧力をP，体積をV，物質量をn，気体定数をRとし，気体の状態方程式から$Z = \dfrac{PV}{nRT}$とする。あらゆる温度，圧力，体積で$Z = \boxed{}$になる気体を理想気体と呼ぶ。 (神奈川大)	1
☑ 0196 ☐	右図で示される圧力の範囲では，圧力が高くなるとCO_2の$\dfrac{PV}{nRT}$の値は減少し，理想気体からのずれが大きくなる。これは温度，圧力，物質量が等しい条件下では，CO_2の体積が理想気体と比べて$\boxed{}$ことを示している。 (群馬大) 	小さい
☑ 0197 ☐	右の図において，圧力が上昇すると二酸化炭素の$\dfrac{PV}{nRT}$が理想気体からずれるのは$\boxed{}$の影響が現れるからである。(群馬大) 	分子間力

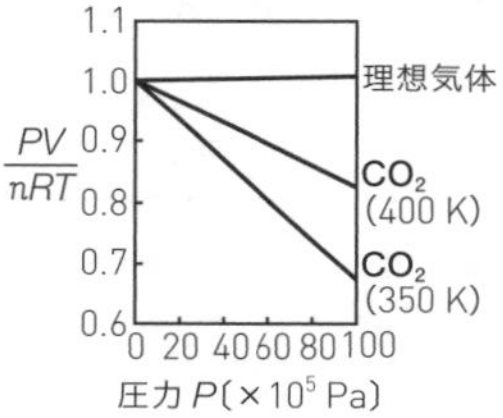

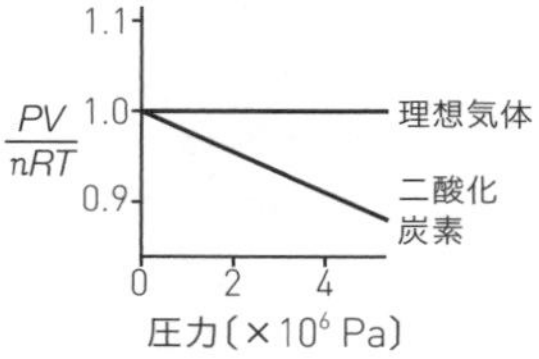

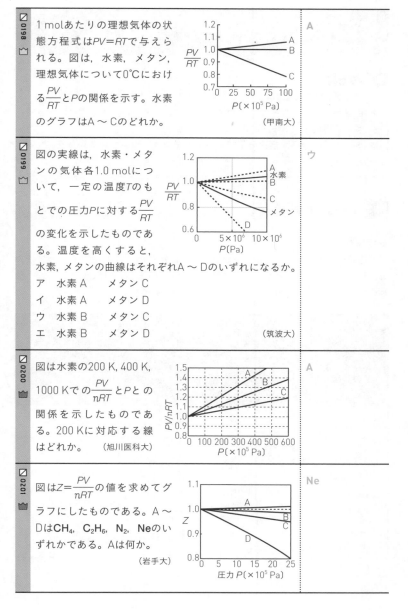

物質の三態と状態変化

熱化学

電気分解と電池

化学反応と平衡

無機化学

有機化学

高分子化合物

0198

1 molあたりの理想気体の状態方程式は$PV=RT$で与えられる。図は，水素，メタン，理想気体について0℃における$\frac{PV}{RT}$とPの関係を示す。水素のグラフはA～Cのどれか。

（甲南大）

A

0199

図の実線は，水素・メタンの気体各1.0 molについて，一定の温度Tのもとでの圧力Pに対する$\frac{PV}{RT}$の変化を示したものである。温度を高くすると，水素，メタンの曲線はそれぞれA～Dのいずれになるか。

ア　水素A　メタンC
イ　水素A　メタンD
ウ　水素B　メタンC
エ　水素B　メタンD

（筑波大）

ウ

0200

図は水素の200 K，400 K，1000 Kでの$\frac{PV}{nRT}$とPとの関係を示したものである。200 Kに対応する線はどれか。　（旭川医科大）

A

0201

図は$Z=\frac{PV}{nRT}$の値を求めてグラフにしたものである。A～DはCH$_4$，C$_2$H$_6$，N$_2$，Neのいずれかである。Aは何か。

（岩手大）

Ne

THEME 17 溶解とそのしくみ

🔑 POINT

▶ 物質が液体中で拡散し，均一な混合物になることを 溶解 という。

▶ 物質が水溶液中でイオンとなることを 電離 といい，水に溶けたとき電離する物質を 電解質 という。

▶ 水中で溶媒分子が極性分子である水分子を強く引きつける現象を 水和 という。

🧪 ビジュアル要点

● 溶解性

2種類の物質が溶け合うかどうかは，一般に分子の 極性 の大小によって決まる。極性の大きい分子どうし，極性の小さい分子どうしは溶け合いやすいが，極性の大きい分子と極性の小さい分子とは溶け合いにくい。

	溶媒	
溶質	極性 （水 H_2O エタノール C_2H_5OH など）	無極性 （ベンゼン C_6H_6 四塩化炭素 CCl_4 ヘキサン C_6H_{14} など）
イオン結晶 （塩化ナトリウム $NaCl$ など）	溶ける	溶けない
分子結晶　極性物質 （塩化水素 HCl グルコース $C_6H_{12}O_6$ スクロース $C_{12}H_{22}O_{11}$ など）	溶ける	溶けない
無極性物質 （ヨウ素 I_2 ナフタレン $C_{10}H_8$）	溶けない	溶ける

物質の三態と状態変化

熱化学

電池と電気分解

化学反応と平衡

無機化学

有機化学

高分子化合物

● イオン結晶の溶解のモデル

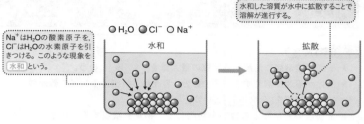

Na⁺はH₂Oの酸素原子を、Cl⁻はH₂Oの水素原子を引きつける。このような現象を 水和 という。

○ H₂O ● Cl⁻ ○ Na⁺

水和

水和した溶質が水中に拡散することで溶解が進行する。

拡散

☑ 0202 ☐	液体に固体物質が均一に溶けて混ざっているとき，物質を溶かしている液体を◻◻◻，溶け込んだ物質を溶質という。　　　　　　　　　　　　　　　（甲南大）	溶媒
☑ 0203 ☐	固体の状態のイオン結晶は電気を通さないが，水に溶解すると電離して，陽イオンと陰イオンとが自由に動けるようになるので，電気をよく通す。このような物質を◻◻◻という。　　　　　　　　　　　　　　（上智大）	電解質
☑ 0204 ☐	溶質粒子が溶媒分子にとり囲まれる現象を溶媒和という。溶媒分子が水分子である場合は，特に◻◻◻と呼ばれる。　　　　　　　　　　　　　　（高知大）	水和
☑ 0205 ☐	ヨウ素のような◻◻◻分子は，水にはほとんど溶けないが，ベンゼンなどの無極性溶媒には溶けやすい。　　　　　　　　　　　　　　（慶應義塾大）	無極性
☑ 0206 ■	物質の溶解性について，正しく述べている文はどれか。 ア　水にヨウ化カリウムは溶けにくい。 イ　ベンゼンにヘキサンはよく溶ける。 ウ　グルコースはヘキサンによく溶ける。 エ　スクロースは水に溶けにくい。　　　　　（日本女子大）	イ

THEME

18 溶解度

🔑 POINT

▶ 一定量の溶媒に溶解する溶質の最大量を[溶解度]という。

▶ 固体が溶液に溶解する粒子の数と，溶液から析出する粒子の数がつり合っている状態を[溶解平衡]という。

▶ 溶解度の温度による違いを利用して，物質を精製する操作を[再結晶]という。

🧪 ビジュアル要点

● 溶解平衡

飽和溶液では，見かけ上溶質の溶解は起こっていないが，溶液に溶解する粒子の数と溶液から析出する粒子の数がつり合っている。この状態を溶解平衡という。

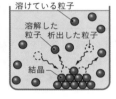

溶解平衡のとき，

● 溶解度曲線（再結晶）

物質の溶解度と温度との関係を表した曲線を溶解度曲線という。

＜硝酸カリウムの析出＞

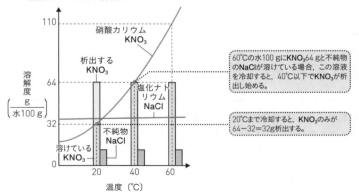

60℃の水100 gにKNO₃64 gと不純物のNaClが溶けている場合，この溶液を冷却すると，40℃以下でKNO₃が析出し始める。

20℃まで冷却すると，KNO₃のみが64－32＝32g析出する。

計算問題は，特に指定のない場合は四捨五入により有効数字
2桁で解答し，必要があれば，次の値を使うこと。
$H=1.0$, $C=12$, $N=14$, $O=16$, $Na=23$, $S=32$,
$Cl=35.5$, $K=39$, $Cu=63.5$

☑ 0207	ほとんどの物質は，一定温度で一定量の溶媒に溶ける量に限度があり，それ以上多くの量を溶かすことができない。この限度に達した溶液を◻️という。　（北里大）	飽和溶液
☑ 0208	溶媒に過剰な固体物質を加えると，やがて固体から溶け出す粒子数と溶液中から析出する粒子数が等しくなる。このように見かけ上溶解が止まった状態を◻️という。　（佐賀大）	溶解平衡
☑ 0209	100 gの溶媒に溶かすことができる溶質のグラム単位の質量の数値を固体の◻️という。　（甲南大）	溶解度
☑ 0210	一般に，固体の液体への溶解度は温度が高いほど（大きく　小さく）なる傾向がある。　（成蹊大）	大きく
☑ 0211	液体に対する固体の溶解度は，飽和溶液中の溶媒100 gあたりに溶けている◻️の質量〔g〕の数値で表す。　（岐阜大）	溶質
☑ 0212	固体の溶解度は，溶媒◻️gに溶かすことのできる物質の質量〔g〕の数値で表す。　（北里大）	100
☑ 0213	安息香酸は水100 gに95℃で6.8 g溶ける。安息香酸5 gを溶かすのに95℃の水は何g必要か。　（奈良教育大）	74 g

🔍 解説　安息香酸1 gを溶かすのに必要な水は$\dfrac{100}{6.8}$ gなので，$\dfrac{100}{6.8}×5≒74$ g

67

☑ 0214 ☐	少量の不純物を含んだ固体物質を適当な液体（溶媒）に溶かし，温度による溶解度の変化などにより固体の物質中の不純物を除く操作を ☐ という。 （武蔵野大）	再結晶
☑ 0215 ☐	再結晶は，混合物を適切な溶媒に溶かし，温度による ☐ の変化や溶媒を蒸発させるなどして，純粋な結晶を得る操作である。 （慶應義塾大）	溶解度
☑ 0216 ☐	塩化アンモニウムNH_4Clの飽和溶液を60℃で100 g調製した。この溶液を20℃まで冷却したとき，析出するNH_4Clは何gか。ただし，NH_4Clは水100 gに，20℃で37.0 g，60℃で55.0 g溶けるものとする。 （高知大）	12 g
	解説 $100 \times \dfrac{55.0}{100+55.0} - 100 \times \dfrac{100}{100+55.0} \times \dfrac{37.0}{100} \fallingdotseq 12$ g	
☑ 0217 ☐	硝酸カリウムの水に対する溶解度は40℃で64である。40℃の硝酸カリウムの飽和水溶液82 gから水を完全に蒸発させると，何gの結晶が析出するか。 （工学院大）	32 g
	解説 $82 \times \dfrac{64}{100+64} = 32$ g	
☑ 0218 ◧	硫酸銅(Ⅱ)の水に対する溶解度は20℃で20，80℃で56である。80℃の飽和硫酸銅(Ⅱ)水溶液78 gを20℃まで冷却すると，硫酸銅(Ⅱ)五水和物の結晶が ☐ g析出する。 （岐阜大）	32
	解説 飽和硫酸銅(Ⅱ)水溶液78 gに溶けている$CuSO_4$の質量は $$78 \times \frac{56}{100+56} = 28 \text{ g}$$ 析出する硫酸銅(Ⅱ)五水和物の質量をx 〔g〕とすると $$\frac{28 - \dfrac{159.5}{249.5}x}{78-x} = \frac{20}{100+20} \quad \text{よって} \quad x \fallingdotseq 32 \text{ g}$$	

物質の三態と状態変化

熱化学

電池と電気分解

化学反応と平衡

無機化学

有機化学

高分子化合物

| 0219 | ［　　　　　］は溶液に含まれる溶質の質量の割合を百分率で表した濃度である。　　　　　　　　　　　　　　（上智大） | 質量パーセント濃度 |

| 0220 | 水溶液150 g中に含まれる塩化ナトリウムが25 gである水溶液の質量パーセント濃度は何％か。　　　（大東文化大） | 17% |

解説　$\dfrac{25}{150} \times 100 \fallingdotseq 17\%$

| 0221 | ［　　　　　］とは，溶液1 Lあたりに溶けている溶質の物質量〔mol〕である。　　　　　　　　　　　　　　（成蹊大） | モル濃度 |

| 0222 | グルコース$C_6H_{12}O_6$ 36 gを水に溶かして500 mLとした溶液のモル濃度は何mol/Lか　　　　　　　　　　（大東文化大） | 0.40 mol/L |

解説　グルコースの分子量180，水 $\dfrac{5.00 \times 10^2}{10^3} = 0.500$ Lより

$$\dfrac{\dfrac{36}{180}}{0.500} = 0.40 \text{ mol/L}$$

| 0223 | ［　　　　　］とは，溶媒1 kgあたりに溶けている溶質の物質量〔mol〕である。　　　　　　　　　　　　（成蹊大） | 質量モル濃度 |

0224	グルコース $C_6H_{12}O_6$ 18.0 g を水 5.00×10^2 g に溶かした溶液の質量モル濃度は何mol/kgか。　　　　　　（南山大）	0.20 mol/kg

解説　グルコースの分子量180，水 $\dfrac{5.00 \times 10^2}{10^3} = 0.500$ kgより

$$\dfrac{\dfrac{18.0}{180}}{0.500} = 0.20 \text{ mol/kg}$$

0225	飽和溶液の質量パーセント濃度をモル濃度に換算するためには，溶質の分子量または式量と，飽和溶液の◯◯◯◯◯が必要である。　　　　　　　　（甲南大）	密度

0226	ある溶液の質量パーセント濃度〔％〕を，質量モル濃度〔mol/kg〕に変換する際，計算に必要となる数値は次のうちどれか。 ア　溶質のモル質量〔g/mol〕 イ　溶媒のモル質量〔g/mol〕 ウ　溶媒の密度〔g/cm³〕 エ　溶液の密度〔g/cm³〕　　　　　　　（金沢工業大）	ア

0227	質量パーセント濃度が46.0％の酢酸水溶液の密度は1.05 g/cm³である。この溶液のモル濃度は何mol/Lか。　　　　　　　　　　（武蔵野大）	8.1 mol/L

解説　酢酸の式量60より

$$\dfrac{1.05 \times 1000 \times \dfrac{46}{100}}{60} \fallingdotseq 8.1 \text{ mol/L}$$

☑ 0228

モル濃度が18.0 mol/Lの濃硫酸（密度1.80 g/cm³）の質量パーセント濃度は何％か。 （南山大）

98%

🔍 解説
$$\frac{18.0 \times 98}{1000 \times 1.80} \times 100 = 98\%$$

☑ 0229

硝酸カリウムの水に対する溶解度は20℃で32である。20℃における硝酸カリウムの飽和水溶液の質量パーセント濃度〔％〕を求めよ。 （工学院大）

24%

🔍 解説
$$\frac{32}{100+32} \times 100 \fallingdotseq 24\%$$

☑ 0230

水への硝酸カリウムの溶解度を20℃で32 g/水100 gとする。20℃の硝酸カリウム飽和水溶液のモル濃度は何mol/Lか。次のア～エのうちから１つ選べ。ただし，この飽和水溶液の密度は1.2 g/cm³とする。

ア　2.7 mol/L　　　　イ　2.9 mol/L
ウ　3.2 mol/L　　　　エ　3.4 mol/L　　　（成蹊大）

イ

🔍 解説
硝酸カリウムの式量101より

$$\frac{\dfrac{32}{101}}{(100+32) \times \dfrac{1}{1.2} \times 10^{-3}} \fallingdotseq 2.9 \text{ mol/L}$$

THEME 19 気体の溶解度

� POINT

▶ 一般に，気体の水への溶解度は，温度が 高く なるほど小さくなる。

▶ 溶媒に溶ける気体の量と圧力との間に成り立つ関係を ヘンリー の法則という。

▶ 一定温度で，一定量の溶媒に溶ける気体の質量（または物質量）は，溶媒に接している気体の 圧力 （混合気体の場合は分圧）に 比例 する。

⚗ ビジュアル要点

● ヘンリーの法則と質量・体積の関係

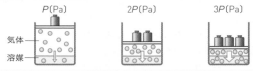

		P(Pa)	$2P$(Pa)	$3P$(Pa)
一定量の溶媒に溶ける気体	質量	a (g)	$2a$ (g)	$3a$ (g)
	物質量	n (mol)	$2n$ (mol)	$3n$ (mol)

⬇ 溶解していた気体を取り出して考える。

溶解時の圧力での体積	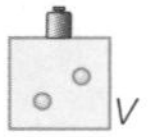 V	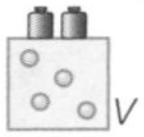 V	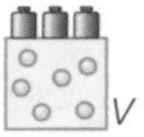 V
一定圧力の下での体積	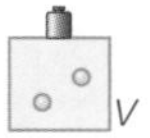 V	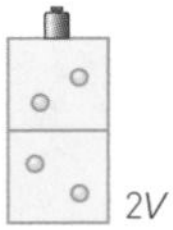 $2V$	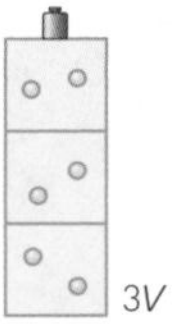 $3V$

　一定量の溶媒に溶けた気体の体積を，溶解時の圧力の下で測定すると，その体積はすべて等しくなる。

　一方で，一定量の溶媒に溶けた気体の体積を，一定圧力の下で測定すると，その体積は溶解時の圧力に比例する。

物質の三態と状態変化

熱化学

電池と電気分解

化学反応と平衡

無機化学

有機化学

高分子化合物

計算問題は，特に指定のない場合は四捨五入により有効数字2桁で解答せよ。

0231

液体に対する気体の溶解度は，その気体の圧力（混合気体のときは分圧）が$1.01×10^5$ Paのとき溶媒〔　　　〕Lに溶ける気体の物質量で表す。　　　　　　　　　　（岐阜大）

1

0232

溶解度の小さい気体が一定量の溶媒に溶けるとき，気体の溶解量はその〔　　　〕に比例する。これをヘンリーの法則という。　　　　　　　　　　　　　　　　　（高知大）

圧力

0233

37℃の水への酸素の溶解度S_{O_2}は，酸素分圧が$P_{O_2}=$20.0 kPaのとき$S_{O_2}=7.20$ mg/Lであり，$P_{O_2}=0.00$ kPaでは$S_{O_2}=0.00$ mg/Lである。S_{O_2}を，P_{O_2}を用いて表せ。　　　　　　　　　　　　　　　　　（宇都宮大）

$0.36P_{O_2}$

解説 ヘンリーの法則より，酸素の溶解度は酸素の分圧に比例するので

$$S_{O_2}=\frac{7.20}{20.0}×P_{O_2}$$

よって

$$S_{O_2}=0.36P_{O_2}$$

0234

27℃，$1.01×10^5$ Paにおいて1.00 Lの水に溶解する酸素の物質量は$1.22×10^{-3}$ molである。27℃において，水2.50 Lに酸素を$1.01×10^5$ Paで飽和させたとき，水に溶けている酸素の物質量〔mol〕を求めよ。　　　（岐阜大）

$3.1×10^{-3}$ mol

解説 ヘンリーの法則より，水に溶けている酸素の物質量は

$$1.22×10^{-3}×\frac{2.50}{1.00}×\frac{1.01×10^5}{1.01×10^5}≒3.1×10^{-3}\text{ mol}$$

20 希薄溶液の性質

💡 POINT

▶ 不揮発性の物質を溶かした希薄溶液の蒸気圧は, 純溶媒の蒸気圧より 低く なる。この現象を 蒸気圧降下 という。

▶ 不揮発性の物質を溶かした希薄溶液の沸点は純溶媒の沸点より 高く なる。この現象を 沸点上昇 という。

▶ 不揮発性の物質を溶かした希薄溶液の凝固点は純溶媒の凝固点より 低く なる。この現象を 凝固点降下 という。

🧪 ビジュアル要点

● 沸点上昇度

溶液と純溶媒の沸点の差 Δt 〔K〕を沸点上昇度という。希薄溶液の沸点上昇度は, 溶質の種類に無関係で, 溶液の質量モル濃度 m 〔mol/kg〕に比例する。

$$\Delta t = K_b m$$

$\binom{K_b \text{〔K・kg/mol〕は溶媒の}}{\text{種類によって決まる比例定数}}$

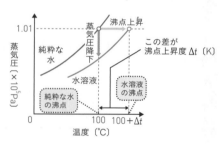

● 凝固点降下度

溶液と純溶媒の凝固点の差 Δt 〔K〕を凝固点降下度という。希薄溶液の凝固点降下度は, 溶質の種類に無関係で, 溶液の質量モル濃度 m 〔mol/kg〕に比例する。

$$\Delta t = K_f m$$

$\binom{K_f \text{〔K・kg/mol〕は溶媒の}}{\text{種類によって決まる比例定数}}$

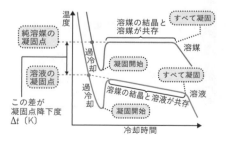

計算問題は，特に指定のない場合は四捨五入により有効数字2桁で解答し，必要があれば，次の値を使うこと。
H＝1.0，C＝12，N＝14，O＝16，S＝32，Cl＝35.5，
K＝39，Ca＝40，Cu＝63.5
気体定数R＝8.31×10^3 Pa・L/(K・mol)

物質の三態と状態変化

熱化学

電池と電気分解

化学反応と平衡

無機化学

有機化学

高分子化合物

☑ 0235 ⤴	純水に不揮発性の物質を溶かして水溶液にした場合，同じ温度の純水と比較して，蒸気圧は低くなる。この現象を◻◻◻という。 （徳島大）	蒸気圧降下
☑ 0236 ⤴	スクロースなどの不揮発性物質を溶媒に溶かした溶液の沸点は，純溶媒の沸点より高くなる。この現象を◻◻◻という。 （中京大）	沸点上昇
☑ 0237 ⤴	不揮発性の溶質を溶かした溶媒の蒸気圧は，純溶媒に比べて◻◻◻。そのため，大気圧下での溶液の沸点は純溶媒より高くなる。この現象を沸点上昇という。（高知大）	小さい
☑ 0238 ⤴	食塩水が沸騰すると，蒸気には水のみが含まれるため液体の組成は食塩の濃度が増加する方向に変化する。このため食塩水の沸点は徐々に◻◻◻する。 （金沢工業大）	上昇
☑ 0239 ⤴	希薄溶液において，純水と水溶液の沸点の温度差は，水溶液の◻◻◻に比例する。 （徳島大）	質量モル濃度
☑ 0240 ⤴	不揮発性物質を溶かした希薄溶液の沸点は純溶媒の沸点より高くなり，モル沸点上昇定数K_bと質量モル濃度mを用いると，溶媒と溶液の沸点の差は$\Delta t＝$◻◻◻の式で表される。 （滋賀県立大）	$K_b m$

☑ 0241 ☐	2.00×10^{-1} mol/kgのグルコース水溶液の沸点に対して，3.00×10^{-1} mol/kgの尿素水溶液Aと2.00×10^{-1} mol/kgの塩化ナトリウム水溶液Bの沸点はどうなるか。次のア〜エのうちから1つ選べ。 ア　水溶液Aは高く，水溶液Bは低くなる。 イ　水溶液Aは高く，水溶液Bは等しくなる。 ウ　水溶液Aは低く，水溶液Bは高くなる。 エ　水溶液Aと水溶液Bの両方とも高くなる。　　（南山大）	エ
☑ 0242 ☐	20℃の水100 gに，結晶水を含まない硝酸カリウム，硫酸銅(Ⅱ)，硫酸アンモニウムをそれぞれ1 g溶かした。これらの水溶液の中で最も高い温度で沸騰するのはどれか。　　（佐賀大）	硫酸アンモニウム
☑ 0243 ☐	質量モル濃度が1.00×10^{-1} mol/kgのグルコース水溶液の沸点は100.053℃であった。純粋な水の沸点が100.00℃のとき，水のモル沸点上昇〔K・kg/mol〕を求めよ。　　（埼玉大）	5.3×10^{-1} K・kg/mol
🔍 解説	モル沸点上昇をK_b〔K・kg/mol〕とすると， 　　　$100.053 - 100.00 = K_b \times 0.100$ よって 　　　$K_b = 5.3 \times 10^{-1}$ K・kg/mol	
☑ 0244 ☐	液体を冷却していくと，温度が凝固点以下になっても液体の状態を保ったまま，すぐに凝固しない場合がある。この不安定な状態を◯◯◯状態という。　　（千葉大）	過冷却
☑ 0245 ☐	純溶媒の冷却曲線において，凝固が始まる点をア〜エから1つ選べ。　　（法政大）	ウ

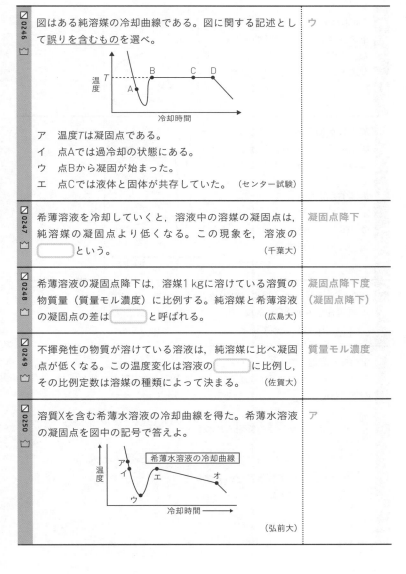

0246 図はある純溶媒の冷却曲線である。図に関する記述として誤りを含むものを選べ。

ア 温度Tは凝固点である。
イ 点Aでは過冷却の状態にある。
ウ 点Bから凝固が始まった。
エ 点Cでは液体と固体が共存していた。 （センター試験）

ウ

0247 希薄溶液を冷却していくと，溶液中の溶媒の凝固点は，純溶媒の凝固点より低くなる。この現象を，溶液の □□□ という。 （千葉大）

凝固点降下

0248 希薄溶液の凝固点降下は，溶媒1kgに溶けている溶質の物質量（質量モル濃度）に比例する。純溶媒と希薄溶液の凝固点の差は □□□ と呼ばれる。 （広島大）

凝固点降下度（凝固点降下）

0249 不揮発性の物質が溶けている溶液は，純溶媒に比べ凝固点が低くなる。この温度変化は溶液の □□□ に比例し，その比例定数は溶媒の種類によって決まる。 （佐賀大）

質量モル濃度

0250 溶質Xを含む希薄水溶液の冷却曲線を得た。希薄水溶液の凝固点を図中の記号で答えよ。 （弘前大）

ア

物質の三態と状態変化

熱化学

電池と電気分解

化学反応と平衡

無機化学

有機化学

高分子化合物

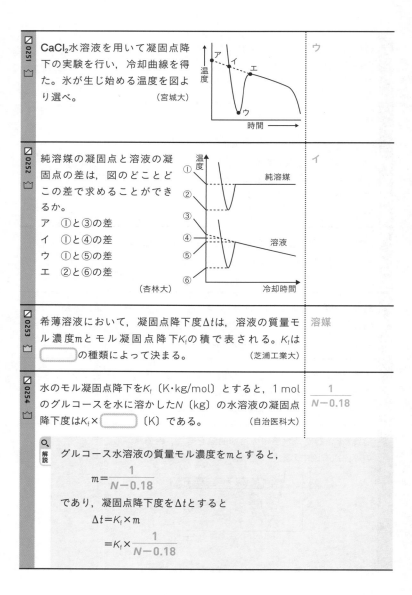

☑ 0251 ☐	$CaCl_2$水溶液を用いて凝固点降下の実験を行い，冷却曲線を得た。氷が生じ始める温度を図より選べ。　　（宮城大）	ウ
☑ 0252 ☐	純溶媒の凝固点と溶液の凝固点の差は，図のどことどこの差で求めることができるか。 ア　①と③の差 イ　①と④の差 ウ　①と⑤の差 エ　②と⑥の差 　　　　　　　（杏林大）	イ
☑ 0253 ☐	希薄溶液において，凝固点降下度Δtは，溶液の質量モル濃度mとモル凝固点降下K_fの積で表される。K_fは□□の種類によって決まる。　　（芝浦工業大）	溶媒
☑ 0254 ☐	水のモル凝固点降下をK_f〔K・kg/mol〕とすると，1 molのグルコースを水に溶かしたN〔kg〕の水溶液の凝固点降下度は$K_f \times$□□〔K〕である。　　（自治医科大）	$\dfrac{1}{N-0.18}$

🔍 解説　グルコース水溶液の質量モル濃度をmとすると，

$$m = \frac{1}{N-0.18}$$

であり，凝固点降下度をΔtとすると

$$\Delta t = K_f \times m$$
$$= K_f \times \frac{1}{N-0.18}$$

0255　モル質量M〔g/mol〕の非電解質x〔g〕を溶媒10 mLに溶かした溶液の凝固点は純溶媒よりΔt〔K〕低下した。溶媒のモル凝固点降下をK_f〔K・kg/mol〕とすると溶媒の密度は何g/cm³か。

ア　$\dfrac{M\Delta t}{100xK_f}$　　イ　$\dfrac{100xK_f}{M\Delta t}$

ウ　$\dfrac{100K_fM}{x\Delta t}$　　エ　$\dfrac{x\Delta t}{100K_fM}$

（センター試験）

イ

0256　次に示す3種類の液体および水溶液を，1.0×10^5 Paにおける凝固点が高い順に並べよ。

a　純水　　b　0.10 mol/kgの塩化ナトリウム水溶液
c　0.10 mol/kgの尿素水溶液

ア　a＞b＞c　　　イ　a＞c＞b
ウ　b＞a＞c　　　エ　b＞c＞a

（岐阜大）

イ

0257　濃度不明の$CaCl_2$水溶液の融点は-2.85℃であった。この水溶液の質量パーセント濃度を求めよ。ただし，水のモル凝固点降下は1.90 K・kg/molとする。　（宮城大）

5.3%

🔍
解説　この水溶液の質量パーセント濃度をx〔%〕とすると

$$0-(-2.85)=1.90\times\dfrac{\dfrac{x}{111}}{(100-x)\times10^{-3}}\times 3$$

よって
$$x\fallingdotseq 5.3\%$$

0258　化合物の分子量は，その溶液の沸点上昇や凝固点降下を測定することにより求めることができる。ただし，分子量が　　　　化合物については，実際に測定することは困難である。　（明治大）

大きい

物質の三態と状態変化

熱化学

電池と電気分解

化学反応と平衡

無機化学

有機化学

高分子化合物

0259

水100 gに非電解質である化合物X8.55 gを溶かした水溶液の沸点は，純水と比較して0.130 K高くなった。この化合物Xの分子量を整数で求めよ。水のモル沸点上昇は0.52 K·kg/molとする。

(徳島大)

342

解説 化合物Xの分子量をMとすると

$$0.130 = 0.52 \times \frac{\dfrac{8.55}{M}}{100 \times 10^{-3}} \quad \text{よって} \quad M = 342$$

0260

ある非電解質17.1 gを水100 gに溶かした水溶液の凝固点をはかると−0.925℃であった。この物質の分子量を整数で求めよ。水のモル凝固点降下は1.85 K·kg/molとする。

(高知大)

342

解説 この物質の分子量をMとすると

$$0 - (-0.925) = 1.85 \times \frac{\dfrac{17.1}{M}}{100 \times 10^{-3}} \quad \text{よって} \quad M = 342$$

0261

ある非電解質0.550 gをベンゼン10.0 mLに溶かした溶液の凝固点は3.40℃であった。この物質の分子量を整数で求めよ。ベンゼンの凝固点は5.53℃，モル凝固点降下は5.12 K·kg/mol，密度は0.880 g/mLとする。

(芝浦工業大)

150

解説 この物質の分子量をMとすると

$$5.53 - 3.40 = 5.12 \times \frac{\dfrac{0.550}{M}}{10.0 \times 0.880 \times 10^{-3}} \quad \text{よって} \quad M \fallingdotseq 150$$

物質の三態と状態変化

熱化学

電池と電気分解

化学反応と平衡

無機化学

有機化学

高分子化合物

0262 ☑ 〼	デンプンやタンパク質のような大きな分子は通さないが，水のような小さな分子は自由に通すセロハン膜のような膜を[　　]という。 (千葉大)	半透膜
0263 ☑ 〼	U字管に半透膜を固定し，その片側に何らかの水溶液，もう一方に水を，液面の高さが等しくなるように入れて放置すると，水分子が水溶液中に[　　]していくため圧力が生じる。 (愛媛大)	浸透
0264 ☑ 〼	定温・定圧下で，同じ1 mol/kgの食塩とグルコースの水溶液では，浸透圧はどちらの方が大きいか。 ア　食塩の水溶液の方が大きい。 イ　グルコースの水溶液の方が大きい。 ウ　どちらも等しい。 (自治医科大)	ア
0265 ☑ 〼	同じモル濃度のスクロースと塩化ナトリウムの希薄水溶液の浸透圧を比較すると，[　　]の希薄水溶液の方が高い。 (センター試験)	塩化ナトリウム
0266 ☑ 〼	純水とスクロース水溶液を半透膜で仕切り，液面の高さをそろえて放置すると，スクロース水溶液の体積が（増加　減少）する。 (センター試験)	増加
0267 ☑ 〼	大気圧下，温度300 Kで，非電解質の水溶液100 mLを，中央が半透膜で仕切られたU字管の一方の側に入れた。また，他方の側には水100 mLを入れた。十分に時間が経過するとどうなるか。 ア　水溶液の液面の方が高くなる。 イ　水の液面の方が高くなる。 ウ　どちらの液面の高さも等しくなる。 (明治大)	ア
0268 ☑ 〼	グルコースの希薄水溶液の浸透圧は，モル濃度と[　　]に比例する。 (センター試験)	絶対温度

希薄溶液の浸透圧 Π〔Pa〕は，溶液中の溶質粒子のモル濃度 C〔mol/L〕と絶対温度 T〔K〕に比例し，溶媒や溶質の種類によらない。この法則を◻️◻️◻️の法則という。　　　　　　　　　　　　　　　　　（神戸大）

ファントホッフ

質量パーセント濃度が1.8％のグルコース $C_6H_{12}O_6$ の水溶液がある。この水溶液の密度を 1.0 g/cm^3 とした場合，この水溶液の浸透圧は，27℃で何Paか。　　（茨城大）

2.5×10^5 Pa

🔍 **解説**　水溶液のモル濃度は，

$$1000 \times 1.0 \times \frac{1.8}{100} \times \frac{1}{180} = 0.10 \text{ mol/L}$$

であり，浸透圧は

$$0.10 \times 8.31 \times 10^3 \times (27+273) \fallingdotseq 2.5 \times 10^5 \text{ Pa}$$

0.90 gのグルコース $C_6H_{12}O_6$ を水に溶かして100 mLとした。この水溶液の液面の上昇を起こさないためには，27℃で何Paの圧力を加える必要があるか。　　（千葉大）

1.2×10^5 Pa

🔍 **解説**　水溶液のモル濃度は，

$$\frac{0.90}{180} \times \frac{1}{100 \times 10^{-3}} = 0.05 \text{ mol/L}$$

であり，浸透圧は

$$0.05 \times 8.31 \times 10^3 \times (27+273) \fallingdotseq 1.2 \times 10^5 \text{ Pa}$$

☑ 0272

半透膜で仕切ったU字管の右側に0.10 gのタンパク質が
溶けた水溶液10 mLを入れ，左側に同じ容量の水を入れ
たところ，浸透圧が27℃で8.31×10² Paだった。このタン
パク質の分子量を答えよ。 　　　　　　　　　　（愛媛大）

3.0×10⁴

Q 解説

タンパク質の分子量をMとすると，タンパク質のモル濃度は

$$\frac{0.10}{M} \times \frac{1}{10 \times 10^{-3}} = \frac{10}{M} \, (\text{mol/L})$$

浸透圧が8.31×10² Paなので

$$\frac{10}{M} \times 8.31 \times 10^3 \times (27 + 273) = 8.31 \times 10^2$$

よって

$$M = 3.0 \times 10^4$$

☑ 0273

タンパク質40 gを水に溶かして1.00 Lの水溶液をつくっ
た。この水溶液の浸透圧は37℃で1.66×10³ Paであった。
このタンパク質の分子量はいくらか。 　　　　　（上智大）

6.2×10⁴

Q 解説

タンパク質の分子量をMとすると，タンパク質のモル濃度は

$$\frac{40}{M} \times \frac{1}{1.00} = \frac{40}{M} \, (\text{mol/L})$$

浸透圧が1.66×10³ Paなので，

$$\frac{40}{M} \times 8.31 \times 10^3 \times (37 + 273) = 1.66 \times 10^3$$

よって

$$M \fallingdotseq 6.2 \times 10^4$$

熱化学

電池と
電気分解

化学反応と
平衡

無機化学

有機化学

高分子化合物

THEME 21 コロイド溶液

🔑 POINT

▶ 直径$10^{-9} \sim 10^{-7}$ m程度の大きさの粒子をコロイド粒子といい, コロイド粒子が物質中に均一に分散したものを コロイド という。

▶ コロイド粒子が液体中に分散した溶液を コロイド溶液 という。

▶ 水との親和力が小さいコロイドを 疎水コロイド , 水との親和力が大きいコロイドを 親水コロイド という。

🧪 ビジュアル要点

● コロイド粒子の大きさ

コロイド粒子は, ろ紙は通過できるが, セロハン膜のような半透膜は通過できない。

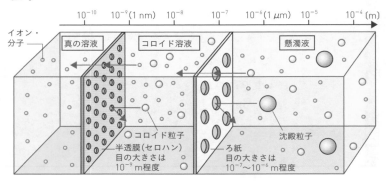

● 凝析と塩析

疎水コロイドは 少量 の電解質によって沈殿する。この現象を 凝析 という。一方, 親水コロイドは 多量 の電解質によって沈殿する。この現象を 塩析 という。

〈凝析のしくみ〉

疎水コロイド

反発力により分散している。

少量の電解質

凝析

反発力を失って沈殿する。

〈塩析のしくみ〉

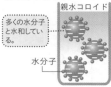

親水コロイド

多くの水分子と水和している。

水分子

多量の電解質

塩析

水和している水分子が引き離されて沈殿する。

☑ 0274 ☐	通常の分子やイオンより大きな粒子が分散している溶液を，□□□という。 (成蹊大)	コロイド溶液
☑ 0275 ☐	デンプン分子のように直径10^{-9}〜10^{-7}m程度の大きさの微粒子を□□□という。 (千葉大)	コロイド粒子
☑ 0276 ☐	大気中には海塩粒子という海水の液滴が蒸発して生じる微小な粒子が浮遊している。このように，気体中に固体や液体が浮遊したコロイドを何と呼ぶか。 (日本女子大)	エーロゾル（エアロゾル）
☑ 0277 ☐	コロイド粒子を含む溶液が加熱により流動性を失い固まったものを□□□という。 (高知大)	ゲル
☑ 0278 ☐	セッケンの分子をある濃度以上水に溶かすと，□□□を形成してコロイド粒子をつくる。 (中央大)	ミセル

物質の三態と状態変化

熱化学

電池と電気分解

化学反応と平衡

無機化学

有機化学

高分子化合物

☑ 0279 ♡	セッケンの炭化水素基部分は疎水性であり，カルボキシ基部分は親水性である。そのため水溶液中のセッケンは ◻ 部分を中心に集合し，球状のコロイド粒子として存在する。 （宮崎大）	疎水性
☑ 0280 ♡	コロイド溶液に強い光線を当てると光の通路が明るく見える現象を，◻ という。 （センター試験）	チンダル現象
☑ 0281 ♡	コロイド溶液はコロイド粒子が不規則な運動をしている。これを ◻ という。 （成蹊大）	ブラウン運動
☑ 0282 ♡	ブラウン運動は，◻ 分子が熱運動してコロイド粒子に衝突するために起こる。 （京都女子大）	分散媒 (水)
☑ 0283 ♡	半透膜を用いてコロイド粒子と小さい分子を分離する操作を，◻ という。 （センター試験）	透析
☑ 0284 ♡	コロイド粒子は半透膜であるセロハン膜を透過（する しない）ので，透析で精製できる。 （神戸学院大）	しない
☑ 0285 ♡	コロイド溶液に直流電圧をかけたとき，電荷をもったコロイド粒子が移動する現象を，◻ という。 （センター試験）	電気泳動
☑ 0286 ♡	コロイド溶液をU字管に入れて（直流電流 交流電流）をかけると，コロイド粒子はいずれかの電極に移動する。この現象を電気泳動という。 （成蹊大）	直流電流

☑ 0287 ☁	あるコロイド粒子は直流電流をかけると電気泳動により陽極側に動いた。このため，このコロイドは□□□に帯電している。 (高知大)	負
☑ 0288 ☁	U字管に水酸化鉄(III)などのコロイド粒子を加え，電極を溶液に浸して直流電圧をかけると，水酸化鉄(III)は□□□極側に移動する。 (愛媛大)	陰
☑ 0289 ☁	少量の電解質を加えると，疎水コロイドの粒子が集合して沈殿する現象を□□□という。 (センター試験)	凝析
☑ 0290 ☁	□□□に少量の電解質を加えると沈殿が生じる。このことを凝析（凝結）という。 (高知大)	疎水コロイド
☑ 0291 ☁	水酸化鉄(III)コロイド溶液に（多量 少量）の電解質を加えると，その電解質から生じるイオンによって，コロイド粒子は集合して沈殿する。 (宇都宮大)	少量
☑ 0292 ▣	浄水場において，河川の水に塩化アルミニウムや硫酸アルミニウムを添加して濁り（主に無機物）を除去する。この方法に関連する用語を1つ選べ。 ア 塩析　　　　イ 凝析 ウ 透析　　　　エ 保護コロイド (芝浦工業大)	イ
☑ 0293 ▣	次の電解質の水溶液のうち，最も低いモル濃度で水酸化鉄(III)コロイドを沈殿させるものを1つ選べ。 ア ヘキサシアニド鉄(II)酸カリウム イ 塩化カルシウム ウ 硝酸ナトリウム エ 硫酸ナトリウム (岡山大)	ア

☑ 0294 ♡	少量の電解質を加えても沈殿しないコロイドを[ ]コロイドという。 (中央大)	親水
☑ 0295 ♡	脂肪酸のナトリウム塩はセッケンと呼ばれ，その水溶液に多量の電解質を加えると沈殿の生成がみられる。この現象を[ ]という。 (愛媛大)	塩析
☑ 0296 ♡	卵白の水溶液に多量の電解質を加えた場合，沈殿物は（生じる　生じない）。 (上智大)	生じる
☑ 0297 ♠	東京湾で，汚染物（主に有機物）を含んだ淡水が河川や下水から流れ込み，海水の塩分によって汚染物が海底にヘドロとして沈殿する。この現象に関連する用語を1つ選べ。 ア　塩析　　　　イ　凝析 ウ　透析　　　　エ　保護コロイド　　（芝浦工業大）	ア
☑ 0298 ♡	[ ]は，少量の電解質では疎水コロイドが沈殿しないようにはたらく。 (神戸学院大)	保護コロイド
☑ 0299 ♠	マヨネーズに含まれている卵黄，アイスクリームに含まれているゼラチン，牛乳に含まれているカゼイン。これらの物質に関連する用語を1つ選べ。 ア　塩析　　　　イ　凝析 ウ　透析　　　　エ　保護コロイド 　　　　　　　　　　（芝浦工業大）	エ

熱化学

物質の状態変化や化学変化には，熱や光の吸収・放出といったエネルギーの出入りが伴います。このようなエネルギーの変化は，反応の前後の物質がもつ化学エネルギーの差から生じることを，ヘスの法則や結合エネルギーなどのキーワードとともに学びましょう。

THEME 22 反応エンタルピーと化学反応式

POINT

▶ 化学反応のうち, 熱を放出する反応を [発熱] 反応, 熱を吸収する反応を [吸熱] 反応という。

▶ 物質がもつエネルギーは, [エンタルピー] (記号：H, 単位：J) という量で表される。

▶ 化学反応に伴い, 放出または吸収される熱量はエンタルピーの変化量 ΔH で表され, これを [反応エンタルピー] という。反応の種類によって, 燃焼エンタルピー, 生成エンタルピー, 溶解エンタルピー, 中和エンタルピーなどがある。

ビジュアル要点

● 発熱反応と吸熱反応

	エンタルピーの関係	エンタルピー変化	熱の出入り
発熱反応	反応物＞生成物	$\Delta H < 0$ （負）	熱を放出
吸熱反応	反応物＜生成物	$\Delta H > 0$ （正）	熱を吸収

〈発熱反応〉

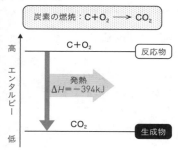

炭素の燃焼：$C+O_2 \longrightarrow CO_2$

高 ← エンタルピー → 低

$C+O_2$ ……反応物
発熱 $\Delta H = -394kJ$
CO_2 ……生成物

〈吸熱反応〉

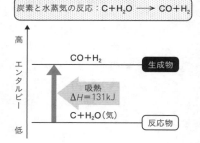

炭素と水蒸気の反応：$C+H_2O \longrightarrow CO+H_2$

高 ← エンタルピー → 低

$CO+H_2$ ……生成物
吸熱 $\Delta H = 131kJ$
$C+H_2O$(気) ……反応物

物質の三態と状態変化

熱化学

電池と電気分解

化学反応と平衡

無機化学

有機化学

高分子化合物

● 反応エンタルピーを書き加えた化学反応式

反応エンタルピーを書き加えた化学反応式は，反応物と生成物の間の量的関係を表すだけでなく，化学反応に関わる各物質がもつ エンタルピー の関係も表す。

● 反応エンタルピーを書き加えた化学反応式のつくり方

次の3ステップでつくるとよい。

① 化学反応式を書く。

$$C + O_2 \longrightarrow CO_2$$ ……………………… 着目する物質の係数を「1」にする。

② 反応エンタルピー ΔH を右辺の後に書き加える。

$$C + O_2 \longrightarrow CO_2 \quad \Delta H = -394 \text{ kJ}$$ ……… ΔHの符号は，発熱反応のときには「－」，吸熱反応のときには「＋」となる。

③ 物質の状態を書く。

$$C(黒鉛) + O_2(気) \longrightarrow CO_2(気) \quad \Delta H = -394 \text{ kJ}$$ ……… 固体は（固），液体は（液），気体は（気）のように書く。

必要があれば，次の値を使うこと。
H＝1.0，C＝12，N＝14，O＝16，Na＝23，K＝39

☑ 0300 ☐	化学反応の進行に伴って，放出または吸収されるエネルギーを　　　　　エンタルピーという。また，熱を放出する反応を発熱反応といい，熱を吸収する反応を吸熱反応という。　　　　　　　　　　　　　　　　　　（上智大）	反応
☑ 0301 ☐	生成物のもつエンタルピーが反応物のもつエンタルピーより（大きい　小さい）場合は，その差が熱になって吸収されるので，吸熱反応となる。　　　　　　　（甲南大）	大きい
☑ 0302 ☐	物質が状態変化するとき，熱の放出，または吸収が生じる。この状態変化は　　　　　　を書き加えた化学反応式で表すことができる。　　　　　　　　　　　　　　（香川大）	反応エンタルピー
☑ 0303 ☐	次式はアンモニア合成反応を表したものである。この反応は（発熱　吸熱）反応である。 $N_2(気) + 3H_2(気) \longrightarrow 2NH_3(気) \quad \Delta H = -92 \text{ kJ}$　（成蹊大）	発熱

☑ 0304 ☐	酸化カルシウム（固）は水と反応して水酸化物（固）をつくる。このときの反応エンタルピーは酸化カルシウム 1 molあたり−65 kJになる。この反応を反応エンタルピーを書き加えた化学反応式で示せ。 （日本女子大）	$CaO(固)+H_2O(液)$ $\longrightarrow Ca(OH)_2(固)$ $\Delta H=-65\ kJ$
☑ 0305 ☐	窒素と酸素から一酸化窒素が生成する反応における反応エンタルピーを書き加えた化学反応式を答えよ。ただし、一酸化窒素の生成エンタルピーを90.3 kJ/molとする。 （静岡大）	$\frac{1}{2}N_2(気)+\frac{1}{2}O_2(気)$ $\longrightarrow NO(気)$ $\Delta H=90.3\ kJ$
☑ 0306 ☐	反応エンタルピーを書き加えた化学反応式においては各物質の状態を化学式に付記する必要がある。これは状態の変化によっても熱の〔　　　〕があるためである。 （岐阜大）	出入り
☑ 0307 ☐	物質が完全燃焼するときの物質1 molあたりの反応エンタルピーを〔　　　〕エンタルピーという。 （明治大）	燃焼
☑ 0308 ☐	水素の燃焼エンタルピーは−286 kJ/molである。水素の燃焼反応の反応エンタルピーを書き加えた化学反応式を答えよ。ただし、生じる水は液体とする。 （奈良女子大）	$H_2(気)+\frac{1}{2}O_2(気)$ $\longrightarrow H_2O(液)$ $\Delta H=-286\ kJ$
☑ 0309 ☐	CH_4の燃焼エンタルピーは−891 kJ/molである。CH_4の燃焼を表す反応エンタルピーを書き加えた化学反応式を答えよ。ただし、生じる水は液体とする。 （高知大）	$CH_4(気)+2O_2(気)$ $\longrightarrow CO_2(気)+2H_2O(液)$ $\Delta H=-891\ kJ$
☑ 0310 ☐	プロパンの完全燃焼を表す反応エンタルピーを書き加えた化学反応式を答えよ。なおプロパンの燃焼エンタルピーは−2220 kJ/molとし、生じる水は液体とする。 （金沢大）	$C_3H_8(気)+5O_2(気)$ $\longrightarrow 3CO_2(気)+4H_2O(液)$ $\Delta H=-2220\ kJ$

☑ 0311 🎱	100℃で0.5 molの水素（気）が，燃焼して水蒸気ができたとき，121 kJの熱が放出される。このことから，気体の水素と酸素が反応して，水蒸気になる際の反応エンタルピーを書き加えた化学反応式はどのように表せるか。 （香川大）	H_2（気）$+\dfrac{1}{2}O_2$（気） $\longrightarrow H_2O$（気） $\Delta H=-242$ kJ
☑ 0312 🎱	メタンCH_4（気）とメタノールCH_3OH（液）の各燃焼エンタルピーは-891 kJ/mol，-726 kJ/molである。メタン8 gが燃焼するときに放出される熱は，メタノール24 gが燃焼するときに放出される熱よりも（大きい　小さい）。 （上智大）	小さい

🔍解説　メタン8 gを燃焼させるときに放出される熱は

$$\frac{8}{16}\times891=445.5 \text{ kJ}$$

であり，メタノール24 gを燃焼させるときに放出される熱は

$$\frac{24}{32}\times726=544.5 \text{ kJ}$$

☑ 0313 ☑	化合物がその成分元素の単体から生成するときの生成物1 molあたりの反応エンタルピーを □ エンタルピーという。 （明治大）	生成
☑ 0314 ☑	吸熱反応では，反応物の生成エンタルピーの総和が生成物の生成エンタルピーの総和より（大きい　小さい）。 （センター試験）	小さい
☑ 0315 ☑	アセチレンの生成エンタルピーは227 kJ/molである。アセチレンの生成反応の反応エンタルピーを書き加えた化学反応式を答えよ。 （工学院大）	$2C$（黒鉛）$+H_2$（気） $\longrightarrow C_2H_2$（気） $\Delta H=227$ kJ
☑ 0316 ☑	H_2O（液体）の生成エンタルピー〔kJ/mol〕は，H_2O（気体）の生成エンタルピー〔kJ/mol〕より（大きい　小さい）値である。 （麻布大）	小さい

| 0317 | アンモニア NH_3(気)の生成エンタルピーは-46 kJ/mol である。窒素N_2 1 molと水素H_2 1 molからアンモニア NH_3が生成するとき、約 ☐ kJの熱が放出される。 (上智大) | 31 |

🔍解説

$$\frac{1}{2}N_2(気) + \frac{3}{2}H_2(気) \longrightarrow NH_3(気) \quad \Delta H = -46 \text{ kJ}$$

1 molのH_2から生成するNH_3は最大で$\frac{2}{3}$ molなので

$$46 \times \frac{2}{3} \fallingdotseq 31 \text{ kJ}$$

| 0318 | 物質1 molを多量の溶媒に溶かしたときに放出または吸収する熱量を、☐エンタルピーという。 (神戸学院大) | 溶解 |

| 0319 | 気体が水に溶けると☐エンタルピーが発生する。溶解度の小さな気体では熱はほとんど放出されないが、アンモニアや塩化水素は大きな発熱を伴って溶解する。 (岐阜大) | 溶解 |

| 0320 | 硝酸カリウムKNO_3(固)の水への溶解エンタルピーは 35 kJ/molである。したがって、水に硝酸カリウムを溶解させると、水溶液の温度はもとの水の温度よりも（上昇　低下）する。 (上智大) | 低下 |

| 0321 | 25℃、1.013×10^5 Paにおける硝酸アンモニウムの溶解エンタルピーは26 kJ/molである。これを反応エンタルピーを書き加えた化学反応式で表せ。 (早稲田大) | NH_4NO_3(固)$+$aq $\longrightarrow NH_4NO_3$aq $\Delta H = 26$ kJ |

| 0322 | NH_4Cl(固)を多量の水に溶解させると14.8 kJ/molの熱を吸収する。この反応について、反応エンタルピーを書き加えた化学反応式を答えよ。 (甲南大) | NH_4Cl(固)$+$aq $\longrightarrow NH_4Cl$ aq $\Delta H = 14.8$ kJ |

物質の三態と状態変化

熱化学

電池と電気分解

化学反応と平衡

無機化学

有機化学

高分子化合物

☑ 0323

固体の水酸化ナトリウム8.0 gを多量の水4.0 Lに溶解したときに9.0 kJの熱が放出された。水酸化ナトリウムの溶解エンタルピーは何kJ/molか。 (駒澤大)

−45 kJ/mol

解説 $-9.0 \times \dfrac{40}{8.0} = -45$ kJ/mol

☑ 0324

硝酸カリウム10.0 gを水90.0 gに溶かしたとき3.46 kJの熱を吸収した。硝酸カリウムの水に対する溶解エンタルピーを書き加えた化学反応式を答えよ。 (帝京大)

KNO_3(固)$+aq$
$\longrightarrow KNO_3$ aq
$\Delta H = 35$ kJ

解説 $3.46 \times \dfrac{101}{10.0} \fallingdotseq 35$ kJ/mol

☑ 0325

水溶液中で，酸の出した水素イオン1 molと塩基の出した水酸化物イオン1 molから水1 molが生じるときに放出する熱量を，□□□□□エンタルピーという。 (神戸学院大)

中和

☑ 0326

気体のアンモニアと塩化水素を混合すると反応して塩化アンモニウムを生成する。このときの反応エンタルピーは，水に溶けた状態であるアンモニア水と塩酸との反応による中和エンタルピーの値と（同じである　異なる）。 (岐阜大)

異なる

☑ 0327

水が固体から液体に状態変化するときの反応エンタルピーを書き加えた化学反応式を記せ。ただし，温度0℃での氷の融解エンタルピーは6.0 kJ/molとする。 (群馬大)

H_2O(固)$\longrightarrow$
H_2O(液)
$\Delta H = 6.0$ kJ

THEME 23 ヘスの法則

🔑 POINT

▶ 物質が変化するときの反応エンタルピーの総和は，反応の初めと終わりの状態だけで決まり，反応の経路には関係しない。これを ヘス の法則という。

▶ 反応エンタルピー＝（ 生成物 の生成エンタルピーの総和）
　　　　　　　　　　－（ 反応物 の生成エンタルピーの総和）

▶ 分子の共有結合を切断してばらばらの原子にするのに必要なエネルギーを，その共有結合の 結合 エネルギーまたは結合エンタルピーといい，結合1 molあたりのエンタルピー変化で示される。

🧪 ビジュアル要点

● メタンの燃焼エンタルピーの求め方

メタンの燃焼エンタルピーをx〔kJ/mol〕とすると，メタンの燃焼は次式となる。

$$CH_4（気）+2O_2（気）\longrightarrow CO_2（気）+2H_2O（液）\quad \Delta H=x〔kJ〕$$

反応エンタルピー＝（生成物の生成エンタルピーの総和）－（反応物の生成エンタルピーの総和）

の関係が成り立つので，メタンの燃焼エンタルピーは，次のように求められる。

$$x=\{-394+(-286\times2)\}-(-75)=-891 \text{ kJ/mol}$$

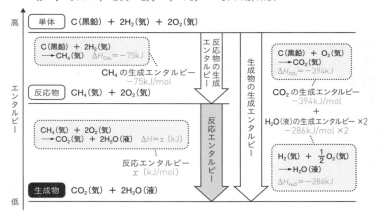

物質の三態と状態変化

熱化学

電池と電気分解

化学反応と平衡

無機化学

有機化学

高分子化合物

必要があれば，次の値を使うこと。
H＝1.0, C＝12, O＝16

☑ 0328

反応エンタルピーは，反応の変化前の状態と変化後の状態だけで決まり，変化の過程には無関係である。この法則を［　　　　］という。　　　　　　（京都工芸繊維大）

ヘスの法則
(総熱量保存の法則)

☑ 0329

物質が変化するときの［　　　　］エンタルピーは，変化前の状態と変化後の状態だけで決まり，変化の過程とは無関係である。　　　　　　（福岡女子大）

反応

☑ 0330

水の蒸発エンタルピーと昇華エンタルピーはそれぞれ 41.0 kJ/mol, 47.0 kJ/molである。液体の水が氷に変化する際の反応エンタルピーを書き加えた化学反応式を求めよ。　　　　　　（弘前大）

H_2O(液) $\longrightarrow$
H_2O(固)
$\Delta H = -6.0$ kJ

🔍 解説　水の凝固エンタルピーは，$-47.0 - (-41.0) = -6.0$ kJ/mol

☑ 0331

次式よりC(黒鉛)とCO_2(気)からCO(気)が生成する際の反応エンタルピーを書き加えた化学反応式を求めよ。

C(黒鉛)＋O_2(気) $\longrightarrow$ CO_2(気)　$\Delta H_1 = -393$ kJ

C(黒鉛)＋$\dfrac{1}{2}O_2$(気) $\longrightarrow$ CO(気)　$\Delta H_2 = -111$ kJ

（香川大）

C(黒鉛)＋CO_2(気)
$\longrightarrow 2CO$(気)
$\Delta H = 171$ kJ

🔍 解説　$\Delta H = \Delta H_2 \times 2 - \Delta H_1$より，$\Delta H = 171$ kJ/mol

---

☑ 0332

C_2H_6の燃焼エンタルピーは-1561 kJ/mol，二酸化炭素（気体）および水（液体）の生成エンタルピーは，それぞれ-394 kJ/mol, -286 kJ/molであるとする。C_2H_6の生成エンタルピーを答えよ。　　　　　　（高知大）

-85 kJ/mol

🔍 解説
$$-1561 = \{(-394) \times 2 + (-286) \times 3\} - x$$
$$x = -85 \text{ kJ/mol}$$

0333

黒鉛Cと水素H_2の燃焼エンタルピーは，それぞれ
-394 kJ/molと-286 kJ/molであり，ベンゼンC_6H_6の
生成エンタルピーは49 kJ/molである。C_6H_6の燃焼エン
タルピーは何kJ/molか。　　　　　　　　　　（成蹊大）

-3271 kJ/mol

解説

$$C_6H_6(気) + \frac{15}{2}O_2(気) \longrightarrow 6CO_2(気) + 3H_2O(液) \quad \Delta H = x(kJ)$$

よって　$x = \{(-394) \times 6 + (-286) \times 3\} - 49 = -3271$ kJ/mol

---

0334

一酸化炭素CO（気）の生成エンタルピーを-111 kJ/mol，
二酸化炭素CO_2（気）の生成エンタルピーを-394 kJ/mol
とすると，CO（気）の燃焼エンタルピーは何kJ/molか。
　　　　　　　　　　　　　　　　　　　　（慶應義塾大）

-283 kJ/mol

解説

COとCO_2の生成エンタルピーから，
$$(-394) - (-111) = -283 \text{ kJ/mol}$$

0335

アセチレンからベンゼンができる次式の反応エンタル
ピーxは何kJか。ただし，アセチレン（気）とベンゼン（液）
の燃焼エンタルピーはそれぞれ-1300 kJ/mol，
-3268 kJ/molである。
$$3C_2H_2(気) \longrightarrow C_6H_6(液) \quad \Delta H = x(kJ) \quad （センター試験）$$

-632 kJ

解説

$x = -1300 \times 3 - (-3268) = -632$ kJ

0336

1 molのH_2O_2（液）が分解する際の反応エンタルピーを求めよ。
$$H_2(気) + O_2(気) \longrightarrow H_2O_2(気) \quad \Delta H_1 = -136 \text{ kJ} \quad \cdots ①$$
$$H_2O_2(気) \longrightarrow H_2O_2(液) \quad \Delta H_2 = -51 \text{ kJ} \quad \cdots ②$$
$$H_2(気) + \frac{1}{2}O_2(気) \longrightarrow H_2O(気) \quad \Delta H_3 = -242 \text{ kJ} \cdots ③$$
$$H_2O(気) \longrightarrow H_2O(液) \quad \Delta H_4 = -44 \text{ kJ} \quad \cdots ④$$
　　　　　　　　　　　　　　　　　　　　（京都工芸繊維大）

-99 kJ/mol

解説

求める反応エンタルピーx(kJ/mol) は，③＋④－（①＋②）より
$$x = -242 + (-44) - \{(-136) + (-51)\} = -99 \text{ kJ/mol}$$

物質の三態と状態変化

熱化学

電池と電気分解

化学反応と平衡

無機化学

有機化学

高分子化合物

0337	化学反応の反応エンタルピーは熱量計により測定できるが，反応に関係するすべての物質の◯◯◯エンタルピーが既知であれば，ヘスの法則を利用して求めることができる。 (福井県立大)	生成 (燃焼)

0338	プロパンC_3H_8の燃焼反応においては，その反応エンタルピー（燃焼エンタルピー）は，プロパン，二酸化炭素，◯◯◯の生成エンタルピーを用いて求めることができる。 (福井県立大)	水

0339	エチレン，エタンの生成エンタルピーを，それぞれ52.5 kJ/mol，-83.8 kJ/molとする。次の反応の反応エンタルピー x を求めよ。 $CH_2=CH_2 + H_2 \longrightarrow CH_3CH_3$　$\Delta H = x$〔kJ〕 (立教大)	-136 kJ

🔍 解説　$x = -83.8 - 52.5 ≒ -136$ kJ

0340	NOの生成エンタルピーは90 kJ/mol，NO_2の生成エンタルピーは33 kJ/molである。次式の反応エンタルピーを答えよ。 $$NO + \frac{1}{2}O_2 \longrightarrow NO_2$$ (島根大)	-57 kJ

🔍 解説　$x = 33 - 90 = -57$ kJ

0341	次式中の x〔kJ〕を求めよ。ただし，H_2O（気）の生成エンタルピーを-242 kJ/mol，H_2O_2（液）の生成エンタルピーを-188 kJ/mol，H_2O（液）の蒸発エンタルピーを44 kJ/molとする。 $$H_2O_2（液）\longrightarrow H_2O（液）+ \frac{1}{2}O_2（気）\quad \Delta H = x〔kJ〕$$ (埼玉大)	-98 kJ

🔍 解説　H_2O（液）の生成エンタルピーは，$-242 - 44 = -286$ kJ/molとなる。また，反応エンタルピー＝（生成物の生成エンタルピーの総和）−（反応物の生成エンタルピーの総和）より，$x = -286 - (-188) = -98$ kJとなる。

エタノール，二酸化炭素，水の生成エンタルピーは，それぞれ-278，-394，-286 kJ/molである。エタノール1.0 gあたりの燃焼エンタルピーを求めよ。　　（福井大）

-30 kJ

解説

$$C_2H_5OH + 3O_2 \longrightarrow 2CO_2 + 3H_2O$$

反応エンタルピー＝（生成物の生成エンタルピーの総和）－（反応物の生成エンタルピーの総和）より，エタノールの燃焼エンタルピー x は，

$$x = -394 \times 2 + (-286) \times 3 - (-278) \fallingdotseq -1.37 \times 10^3 \text{ kJ/mol}$$

よって，1.0 gあたりの燃焼エンタルピーは，$-\dfrac{1.37 \times 10^3}{46} \fallingdotseq -30$ kJ

メタンを構成する化学結合のエネルギーの総和を x 〔kJ/mol〕とするとき，気体のメタンが原子に解離する反応の反応エンタルピーを書き加えた化学反応式を CH_4（気），C（気），H（気），x の記号を用いて表せ。

（横浜国立大）

CH_4（気）$\longrightarrow$
C（気）$+4H$（気）
$\Delta H = x$〔kJ〕

黒鉛とダイヤモンドの燃焼エンタルピーはそれぞれ -393.5 kJ/mol，-395.4 kJ/molである。黒鉛からダイヤモンドをつくるときの反応の反応エンタルピーを書き加えた化学反応式を書け。

（関西学院大）

C（黒鉛）$\longrightarrow$
C（ダイヤモンド）
$\Delta H = 1.9$ kJ

共有結合を切断するために必要なエネルギーを〔　〕エネルギーといい，気体分子内の結合1 molあたりのエンタルピー変化で示す。

（南山大）

結合

$H-H$，$I-I$，$H-I$ の各結合エネルギーを432 kJ/mol，149 kJ/mol，295 kJ/molとする。水素1 molとヨウ素1 molからヨウ化水素が生成するときの反応エンタルピー x を求めよ。

（琉球大）

-9 kJ

解説

$$H_2（気）+ I_2（気）\longrightarrow 2HI（気）\quad \Delta H = x〔kJ〕$$
$$x = 432 + 149 - 295 \times 2 = -9 \text{ kJ}$$

物質の三態と状態変化

熱化学

電池と電気分解

化学反応と平衡

無機化学

有機化学

高分子化合物

0347

以下の反応エンタルピーを書き加えた化学反応式を用いて，C−H結合の結合エネルギー〔kJ/mol〕を求めよ。

H_2（気）$\longrightarrow$ 2H（気）　ΔH_1＝432 kJ

C（黒鉛）＋$2H_2$（気）$\longrightarrow$ CH_4（気）　ΔH_2＝−75 kJ

C（黒鉛）$\longrightarrow$ C（気）　ΔH_3＝714 kJ　（横浜国立大）

413 kJ/mol

解説

CH_4（気）$\longrightarrow$ C（気）＋4H（気）　ΔH＝x〔kJ〕
　　x＝714＋432×2−（−75）＝1653 kJ

C−H結合1つあたりの結合エネルギーは，
　　1653÷4≒413 kJ/mol

0348

HClの生成エンタルピーは−92.5 kJ/molである。H−Hの結合エンタルピー（結合エネルギー）が436 kJ/mol，Cl−Clの結合エンタルピーが243 kJ/molであるとき，H−Clの結合エンタルピーは何kJ/molか。

ア　386 kJ/mol　　　　イ　432 kJ/mol

ウ　772 kJ/mol　　　　エ　864 kJ/mol

（センター試験）

イ

解説

HClの生成エンタルピーを書き加えた化学反応式は，次のようになる。

$$\frac{1}{2}H_2（気）＋\frac{1}{2}Cl_2（気）\longrightarrow HCl（気）　\Delta H＝−92.5 kJ$$

H−Clの結合エンタルピーをx〔kJ/mol〕とすると

$$−92.5＝\left(\frac{1}{2}×436＋\frac{1}{2}×243\right)−x　よって　x＝432 kJ/mol$$

0349

イオン結晶において，1 molの結晶を気体状態のイオンにするのに必要なエネルギーを，□□□□エネルギーという。　（上智大）

格子

0350

NaCl（固）をNa（固）とCl₂（気）に分解し，それらを気体状のNa原子とCl原子とし，さらにNa⁺（気）とCl⁻（気）を生成するとき，全過程に要するエネルギーはNaClの□□□□と等しい。　（日本医科大）

格子エネルギー（格子エンタルピー）

THEME

24 化学反応と光

🔒 POINT

▶ 光の吸収によって起こる化学反応を 光化学 反応という。

▶ 化学反応の際に，反応物と生成物がもつ化学エネルギーの差，またはその差の一部が光として放出されることがある。この現象を 化学発光 という。

▶ 緑色植物が行う 光合成 では，光エネルギーによって， 二酸化炭素 と水からグルコースが合成される。

🧪 ビジュアル要点

● 化学発光

一酸化窒素NOはオゾンO_3と反応すると，二酸化窒素NO_2と酸素O_2になる。

$$NO(気)＋O_3(気) \longrightarrow NO_2(気)＋O_2(気) \quad \Delta H＝-199.8 \ kJ$$

このとき，反応物と生成物がもつ化学エネルギーの差，またはその差の一部が波長600～875 nmの光として放出される。

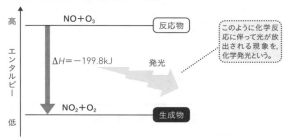

高 ← エンタルピー → 低

NO＋O_3 　反応物

$\Delta H＝-199.8 kJ$ 　発光

$NO_2＋O_2$ 　生成物

> このように化学反応に伴って光が放出される現象を，化学発光という。

● 光合成

光エネルギーを利用して，二酸化炭素と水からグルコースを生成する光合成の反応エンタルピーを書き加えた化学反応式は，次のように表される。

$$6CO_2(気)＋6H_2O(液) \longrightarrow C_6H_{12}O_6(固)＋6O_2(気) \quad \Delta H＝2803 \ kJ$$
グルコース

> 光合成は，光エネルギーを吸収する吸熱反応なので，ΔHの符号は「＋」となる。

物質の三態と状態変化

熱化学

電池と電気分解

化学反応と平衡

無機化学

有機化学

高分子化合物

☑ 0351 ☐	化学反応では反応物と生成物の間に化学的なエネルギー差があるため，反応時に熱や光などの形でエネルギーの出入りを伴う。光の吸収によって起こる反応を　　　反応という。　　　　　　　　　　　　　　（高知大）	光化学
☑ 0352 ☐	水素と塩素の混合気体に光を当てると　　　が生成する反応は光化学反応である。この場合は，塩素分子が塩素原子に解離することにより反応が始まる。　　（早稲田大）	塩化水素
☑ 0353 ☐	ある反応で使われる物質が別の反応で生成するために連続的に進行する反応を　　　反応という。　　（早稲田大）	連鎖
☑ 0354 ☐	光の（吸収　放出）を伴う化学反応を化学発光という。　　　　　　　　　　　　　　　　　　　　　　（東京理科大）	放出
☑ 0355 ☐	ルミノール反応などのように，光を放出する反応を　　　という。　　　　　　　　　　　　　　　　（高知大）	化学発光
☑ 0356 ☐	塩基性水溶液中でルミノールを過酸化水素などで酸化すると　　　色の光を発する。　　　　　　　（東京理科大）	青
☑ 0357 ☐	電気を消費しない方法として，太陽光を吸収して強い酸化還元作用を示す酸化チタンなどを　　　として用いた水の分解による水素製造が研究されている。（早稲田大）	光触媒
☑ 0358 ☐	の酸化物は，光触媒としてビルの外壁やガラスに塗布して使用される。　　　　　　　　　　（横浜国立大）	チタン

☑ 0359 ☐	元素 ____ の単体は，軽くて硬くて強く，耐食性に優れた金属であり，その酸化物は光触媒として知られている。 (明治大)	チタン
☑ 0360 ☐	Tiの酸化物である酸化チタン(Ⅳ)TiO_2は，白色顔料やペンキ材料として製品化されている他， ____ が当たると有機化合物を分解する光触媒としても利用されている。 (徳島大)	光 (紫外線)
☑ 0361 ▣	光触媒として最もよく利用されているのはどれか。 ア CuO イ MnO_2 ウ SiO_2 エ TiO_2 (東邦大)	エ
☑ 0362 ☐	植物が光のエネルギーを利用して二酸化炭素と水から糖類と酸素をつくる反応は ____ と呼ばれる。 (東京理科大)	光合成
☑ 0363 ☐	光合成は吸熱反応である。その反応熱にはどのようなエネルギーが使われるか，答えよ。 (埼玉大)	光エネルギー
☑ 0364 ▣	植物の多くは水と二酸化炭素をとり入れ，太陽光のエネルギーを利用し， ____ を生合成している。この反応は光合成あるいは炭酸同化作用と呼ばれる。 (県立広島大)	グルコース (糖類)
☑ 0365 ▣	葉緑体をもつ植物は，光合成によって二酸化炭素と水からグルコースを合成している。この合成の化学反応式を答えよ。 (徳島大)	$6CO_2 + 6H_2O \longrightarrow$ $C_6H_{12}O_6 + 6O_2$

3

電池と
電気分解

酸化還元反応は，電子の移動を伴う反応で，さまざまな電池や水酸化ナトリウム・銅・アルミニウムの製造に利用されています。電池や電気分解のしくみを押さえるとともに，回路に流れた電気量と物質の変化量の関係についても理解してゆきましょう。

THEME 25 電 池

🔑 POINT

▶ 金属の原子が水溶液中で陽イオンになる性質を，金属の イオン化傾向 という。

▶ 亜鉛Zn板を入れた薄い硫酸亜鉛$ZnSO_4$水溶液と，銅Cu板を入れた濃い硫酸銅(Ⅱ)$CuSO_4$水溶液を，素焼き板などで仕切った構造の電池を ダニエル 電池という。

▶ 鉛Pb板と酸化鉛(Ⅳ)PbO_2板を希硫酸H_2SO_4に浸した構造の電池を 鉛蓄 電池という。

🧪 ビジュアル要点

● ダニエル電池

負極：$Zn \longrightarrow Zn^{2+} + 2e^-$

正極：$Cu^{2+} + 2e^- \longrightarrow Cu$

全体：$Zn + Cu^{2+} \longrightarrow Zn^{2+} + Cu$

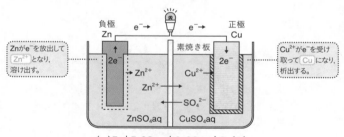

Znがe^-を放出して Zn^{2+} となり，溶け出す。

Cu^{2+}がe^-を受け取って Cu になり，析出する。

$$(-)Zn \mid ZnSO_4aq \mid CuSO_4aq \mid Cu(+)$$

● 鉛蓄電池（放電時）

負極：$Pb + SO_4^{2-} \longrightarrow PbSO_4 + 2e^-$

正極：$PbO_2 + 4H^+ + SO_4^{2-} + 2e^- \longrightarrow PbSO_4 + 2H_2O$

全体：$Pb + PbO_2 + 2H_2SO_4 \longrightarrow 2PbSO_4 + 2H_2O$

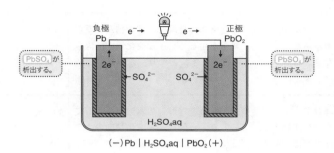

負極
Pb

e⁻ →

正極
PbO₂

PbSO₄ が
析出する。

2e⁻

SO₄²⁻   SO₄²⁻

2e⁻

PbSO₄ が
析出する。

H₂SO₄aq

$(-)Pb \mid H_2SO_4aq \mid PbO_2(+)$

物質の三態と状態変化

熱化学

電池と電気分解

化学反応と平衡

無機化学

有機化学

高分子化合物

計算問題は，特に指定のない場合は四捨五入により有効数字2桁で解答し，必要があれば，次の値を使うこと。

H＝1.0，O＝16，S＝32，Zn＝65

また，0℃，1.013×10⁵ Pa下における1 molの気体の体積は22.4 Lとする。

0366	単体の金属の原子が，水または水溶液中で電子を放出して陽イオンになる性質を金属の□□□という。 (群馬大)	イオン化傾向
0367	酸化還元反応に伴って放出されるエネルギーを電気エネルギーとして取り出す装置を□□□という。 (横浜国立大)	電池
0368	機器に電池を接続し，電池から電流を取り出すことを□□□という。 (和歌山大)	放電
0369	電池の両電極間に生じる電位差を電池の□□□といい，両電極を電球などと導線で接続すると放電が起こる。 (岩手大)	起電力
0370	放電のとき，電池の負極では□□□反応が起こる。 (東京学芸大)	酸化

☑ 0371 ☐	イオン化傾向の異なる2種類の金属を導線で結んで電解質水溶液に浸すと，電流が生じる。イオン化傾向の大きな金属は[ ]されて陽イオンとなり，水溶液中に溶け出す。　　　　　　　　　　　　　　　　（旭川医科大）	酸化
☑ 0372 ☐	導線でつないだ2種類の金属を電解質の水溶液に浸して電池を作製する。このとき，一般にイオン化傾向の大きな金属は，電池の（正極　負極）となる。　（センター試験）	負極
☑ 0373 ☐	金属AとBを希硫酸に浸し電池をつくったところ，金属Aが正極となった。金属AとBのどちらの方が，イオン化傾向が大きいか答えよ。　　　　　　　　　　　（福岡教育大）	金属B
☑ 0374 ☐	NaCl水溶液を染み込ませたろ紙の上にZn，Ag，Cu，Pbの板を触れ合わないように置き，検流計で異なる2種類の金属間に流れる電流を調べると，Pbから[ ]に向かって電流が流れた。　　　　　　　　（神奈川大）	Zn
☑ 0375 ☐	亜鉛板および銅板を電極とし，電解質水溶液を希硫酸とした電池は一般的に[ ]電池と呼ばれる。　（岩手大）	ボルタ
☑ 0376 ☐	ボルタ電池は亜鉛を負極，[ ]を正極とし，これらの電極を電解質溶液（電解液）である希硫酸に浸したものである。　　　　　　　　　　　　　　　　（滋賀県立大）	銅
☑ 0377 ☐	希硫酸に亜鉛Znと銅Cuを浸したものはボルタ電池と呼ばれる。この電池において，電流を流しても質量が減らない電極の物質は[ ]である。　　　　（神奈川大）	銅 (Cu)
☑ 0378 ☐	1800年頃に世界で初めて発明されたボルタ電池の起電力は最初は約1.1Vであるが，電流を流すとすぐに[ ]を起こし，0.4V程度まで低下してしまう。　　　　　　　　　　　　　　　　　　　　　（山梨大）	分極

物質の三態と状態変化

熱化学

電池と電気分解

化学反応と平衡

無機化学

有機化学

高分子化合物

☑ 0379	ボルタ電池の負極で起こる反応を，電子e^-を含むイオン反応式で表せ。 (滋賀県立大)	$Zn \longrightarrow Zn^{2+} + 2e^-$
☑ 0380	ボルタ電池を放電すると正極では気体が発生する。0℃，1.013×10^5 Paで224 mLの気体が正極で発生した場合，負極の金属の質量は何g変化したか。 (滋賀県立大)	6.5×10^{-1} g

> **解説** 正極では水素が発生し，負極では亜鉛が酸化されるので，質量は，
> $$\frac{224 \times 10^{-3}}{22.4} \times 65 = 0.65 \text{ g 減少する。}$$

☑ 0381	素焼き板で仕切られた2種類の電解質水溶液に電極（亜鉛板および銅板）を浸すことで，ボルタ電池の欠点を解消したのが _____ 電池である。 (岩手大)	ダニエル
☑ 0382	イギリスのダニエルは銅板を硫酸銅(Ⅱ)$CuSO_4$の水溶液に浸したものと，_____ を硫酸亜鉛$ZnSO_4$の水溶液に浸したものを，素焼きの板を隔てて組み合わせた電池を発明した。 (滋賀県立大)	亜鉛板
☑ 0383	ダニエル電池は負極電解質に _____ 水溶液，正極電解質に硫酸銅(Ⅱ)水溶液を用い，正負極をセロハンなどで仕切ることで分極が起こりにくくしたものである。 (山梨大)	硫酸亜鉛
☑ 0384	ダニエル電池の正極で起きている酸化還元反応を，電子e^-を用いた反応式で表せ。 (関西学院大)	$Cu^{2+} + 2e^- \longrightarrow Cu$
☑ 0385	ダニエル電池の起電力を大きくする方法に，亜鉛板および亜鉛板を浸す電解質水溶液それぞれを別のものに交換する方法がある。その方法として正しいものを1つ選べ。 ア　ニッケル板および硫酸ニッケル(Ⅱ)水溶液 イ　マグネシウム板および硫酸マグネシウム水溶液 ウ　鉄板および硫酸鉄(Ⅲ)水溶液 (岩手大)	イ

☑ 0386 ☐	ダニエル電池の銅板と硫酸銅(Ⅱ)水溶液をそれぞれ銀板と硝酸銀水溶液に変えると起電力は（大きく　小さく）なる。　　　　　　　　　　　　　　　　（首都大東京）	大きく
☑ 0387 ☐	次の電池のうち，起電力が最も大きいのはどれか。 ア　(−) Zn | ZnSO₄aq | SnSO₄aq | Sn（+） イ　(−) Ni | NiSO₄aq | SnSO₄aq | Sn（+） ウ　(−) Sn | SnSO₄aq | CuSO₄aq | Cu（+） エ　(−) Zn | ZnSO₄aq | CuSO₄aq | Cu（+） 　　　　　　　　　　　　　　　　（立教大）	エ
☑ 0388 ☐	電気エネルギーを取り出すと元の状態に戻すことができない電池を□□□電池という。　　　　　　（香川大）	一次
☑ 0389 ☐	放電，充電を繰り返して利用できる電池を□□□電池という。　　　　　　　　　　　　　　　　（和歌山大）	二次
☑ 0390 ☐	二次電池であるものを，次のア〜ウの名称から1つ選べ。 ア　アルカリマンガン乾電池　　イ　ダニエル電池 ウ　リチウムイオン電池　　　　　　　（駒澤大）	ウ
☑ 0391 ☐	別電源の負極と正極をそれぞれ電池の負極と正極に接続し，放電と逆の電流を流す操作を□□□という。これにより両電極および電解質水溶液を元の状態に戻すことができる。　　　　　　　　　　　　　　　　（岩手大）	充電
☑ 0392 ☐	放電のときと（同じ向き　逆向き）に電流を流し，起電力を回復させる操作である充電を行うことによって繰り返し使用できる電池を二次電池と呼ぶ。　（東京学芸大）	逆向き
☑ 0393 ☐	正極に酸化鉛(Ⅳ) PbO_2，負極に鉛 Pb を用い，これを希硫酸に浸した電池を□□□電池という。　（滋賀県立大）	鉛蓄

物質の三態と状態変化

熱化学

電池と電気分解

化学反応と平衡

無機化学

有機化学

高分子化合物

☑ 0394 ⌂	二次電池として古くから使用されてきたものに鉛蓄電池がある。鉛蓄電池は，正極活物質に酸化鉛(IV)，負極活物質に鉛，電解液に □ を用いている。 (法政大)	希硫酸
☑ 0395 ⌂	鉛蓄電池は，代表的な二次電池である。活物質は鉛および □ であり，電解質には希硫酸を用い，起電力は約2.1 Vである。 (香川大)	酸化鉛(IV)
☑ 0396 ⌂	鉛蓄電池が放電すると，電解液の硫酸濃度は（大きく　小さく）なる。 (東洋大)	小さく
☑ 0397 🖾	鉛蓄電池について，電池から電気エネルギーを取り出すときに，負極で進む反応を，電子 e^- を含むイオン反応式で示せ。 (香川大)	$Pb + SO_4^{2-}$ $\longrightarrow PbSO_4 + 2e^-$
☑ 0398 🖾	正極として酸化鉛(IV)を，負極として鉛をそれぞれ希硫酸に浸した鉛蓄電池に関して，放電しているときの両極の反応を，1つの反応式として表せ。 (関西学院大)	$Pb + PbO_2 + 2H_2SO_4$ $\longrightarrow 2PbSO_4 + 2H_2O$
☑ 0399 ⌂	鉛蓄電池は，放電すると（正極　負極　両極）の表面が水に不溶の白色の $PbSO_4$ で覆われ，SO_4^{2-} の濃度は小さくなり，電圧が低下する。 (和歌山大)	両極
☑ 0400 🖾	鉛蓄電池において，放電により負極の質量が12 g増加した。このとき，正極の質量変化は何gか。 (法政大)	8.0 g

🔍 解説 $\dfrac{12}{96} \times (32 + 16 \times 2) = 8.0$ g

| ☑ 0401 ⌂ | 水素などの燃料と空気中の酸素を外部から供給することで動作する電池を □ 電池という。 (東京学芸大) | 燃料 |

☑ 0402 ⌣	［　　　　　］電池では白金触媒をつけた多孔質の黒鉛板を用い，負極に水素，正極に酸素が，それぞれ一定の割合で供給される。　　　　　　　　　　　　　　（横浜国立大）	水素 - 酸素燃料
☑ 0403 ⌣	水素-酸素燃料電池について，電解質にリン酸を用いたとき，正極では酸素の還元反応が，負極では水素の酸化反応が起こり，（正極　負極）側に水が生じる。　（愛媛大）	正極
☑ 0404 📖	リン酸水溶液を電解質とし，水素の燃焼反応の化学エネルギーを利用した燃料電池について，両極の反応を，まとめて1つの反応式として表せ。　　　　　　（関西学院大）	$2H_2 + O_2$ $\longrightarrow 2H_2O$
☑ 0405 📖	水素-酸素燃料電池について，正極で0℃，1.013×10^5 Paの酸素を672 mL消費したときに，生成する水の質量〔g〕を答えよ。　　　　　　　　　　　（愛媛大）	1.1 g
	🔍 解説　　$\dfrac{672 \times 10^{-3}}{22.4} \times 2 \times 18 ≒ 1.1$ g	
☑ 0406 ⌣	現在日常的に用いられているマンガン乾電池は，起電力が約1.5 Vである。正極端子に用いられている［　　　］は，反応には関与しない。　　　　　　　　　　　（山梨大）	炭素棒 (黒鉛棒)
☑ 0407 📖	マンガン乾電池について，放電時における負極での反応を電子e^-を含むイオン反応式で示せ。　　　　　（法政大）	$Zn \longrightarrow$ $Zn^{2+} + 2e^-$
☑ 0408 ⌣	アルカリマンガン乾電池では電解液として［　　　］水溶液が用いられており，マンガン乾電池に比べて電気抵抗が小さく，安定した電圧を保つ。　　　　　　　（山梨大）	水酸化カリウム
☑ 0409 ⌣	［　　　　　］電池には，そのときの条件に応じて水素を吸着・放出できる合金が負極に使われており，ハイブリッド自動車にも用いられている。　　　　　　　　　（和歌山大）	ニッケル - 水素

☑ 0410 ☐	リチウム電池では，負極にリチウム，正極に◯◯◯◯◯，電解質に有機電解質が用いられている。 (東京学芸大)	酸化マンガン(Ⅳ)
☑ 0411 ☐	リチウム電池の負極で起こる反応を，電子e^-を含むイオン反応式で表せ。 (金沢大)	$Li \longrightarrow Li^+ + e^-$
☑ 0412 ☐	二次電池である◯◯◯◯電池は，起電力が高く，大電流を取り出すことができるので，ノート型パソコンや電気自動車の電源として実用化が進んでいる。 (和歌山大)	リチウムイオン (リチウム二次)
☑ 0413 ☐	充電可能なリチウムイオン（リチウム二次）電池の負極活物質にはリチウムを含む◯◯◯◯が用いられる。 (埼玉大)	黒鉛
☑ 0414 ☐	銅板とニッケル板を希硫酸に浸して作製した電池について，負極で起こる反応を，電子e^-を用いてイオン反応式で表せ。 (岡山大)	$Ni \longrightarrow Ni^{2+} + 2e^-$

物質の三態と状態変化

熱化学

電池と電気分解

化学反応と平衡

無機化学

有機化学

高分子化合物

THEME 26 電気分解

🔑 POINT

▶ 電気分解において，電池の負極につないだ電極を 陰 極，電池の正極につないだ電極を 陽 極という。

▶ 電気分解では，電極で変化する物質の物質量は流れた電気量に 比例 する。この関係を ファラデー の法則（または電気分解の法則）という。

▶ 電子1 molがもつ電気量の大きさを ファラデー定数 といい記号 F で表す。

🧪 ビジュアル要点

● $CuCl_2$水溶液の電気分解（両極に炭素棒を用いた場合）

陰極：$Cu^{2+} + 2e^- \longrightarrow Cu$　　　　陽極：$2Cl^- \longrightarrow Cl_2 + 2e^-$

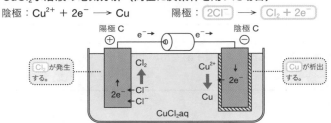

● 水溶液の電気分解の反応

電極	極板	水溶液中のイオン	電気分解の結果
陰極	Pt, C, Cu, Ag	イオン化傾向が小さい金属イオン（Cu^{2+}，Ag^+など）	金属 が析出する。$Ag^+ + e^- \longrightarrow Ag$
		イオン化傾向が大きい金属イオン（K^+やNa^+など）	H_2O（酸性溶液ではH^+）が還元されて，H_2 が発生する。$2H_2O + 2e^- \longrightarrow H_2 + 2OH^-$
陽極	Pt, C	ハロゲン化物イオン（Cl^-やI^-など）	ハロゲン 単体が生成する。$2Cl^- \longrightarrow Cl_2 + 2e^-$
		その他のイオン（SO_4^{2-}やNO_3^-など）	H_2O（塩基性溶液ではOH^-）が酸化されて，O_2 が発生する。$2H_2O \longrightarrow 4H^+ + O_2 + 4e^-$
	Cu, Ag	Cl^-やI^-などや，SO_4^{2-}やNO_3^-などの陰イオン	電極 が溶け出す。$Cu \longrightarrow Cu^{2+} + 2e^-$

計算問題は，特に指定のない場合は四捨五入により有効数字
2桁で解答し，必要があれば，次の値を使うこと。
$O=16$, $Al=27$, $Cu=63.5$, $Ag=108$
ファラデー定数$F=9.65×10^4$ C/mol
気体定数$R=8.31×10^3$ Pa・L/(K・mol)
ただし，0℃，$1.013×10^5$ Pa下の場合には，1 molの気体の体
積を22.4 Lとしてよい。

物質の三態と
状態変化

熱化学

電池と
電気分解

化学反応と
平衡

無機化学

有機化学

高分子化合物

☑ 0415	電解質水溶液に電極を浸して電流を通じると，その電気エネルギーによって酸化還元反応が引き起こされる。このような操作を［　　　］という。　　　　（旭川医科大）	電気分解
☑ 0416	電解質の水溶液などに2つの電極を浸し，外部から直流電流をかけると，電流が流れ，酸化還元反応が電極で起こる。このとき酸化反応が起こる電極を［　　　］極という。　　　　（香川大）	陽
☑ 0417	直流電源として電池を用いて電気分解するとき，負極につないだ電極を［　　　］極という。　　　　（群馬大）	陰
☑ 0418	少量の水酸化ナトリウムNaOHか硫酸H_2SO_4を加えた水溶液に白金Pt電極を入れ，水を電気分解すると，陰極では（酸化　還元）反応が起こってH_2が発生する。（弘前大）	還元
☑ 0419	図に示す電気分解の装置で，捕集口Aで捕集される気体は何か答えよ。ただし，電極には炭素電極を用いる。（愛媛大）	塩素

図（電極Ⅰ・Ⅱ，捕集口A・B，素焼き板，電解槽（NaCl水溶液））

☑ 0420 ☐	図に示す装置で，硝酸銀$AgNO_3$水溶液を用いて電気分解を行った。陰極で生成する物質名を答えよ。　　　　　(弘前大)	銀

```
       (−) ││ (+)
          電源
      ┌──┐  ┌──┐
      │Pt│  │Pt│
      └──┘  └──┘
         水溶液
```

☑ 0421 ☐	硫酸銅(Ⅱ)水溶液（Pt-Pt電極）の電気分解について，酸素が発生する電極として最も適当なものを次のア〜ウのうちから１つ選べ。 ア　陽極　　　イ　陰極　　　ウ　両方の電極 　　　　　　　　　　　　　　　　　　　　(東京農業大)	ア
☑ 0422 ☐	塩化ナトリウム水溶液の入った電解槽に白金電極を入れて電気分解を行った。陰極で起こる変化を，電子e^-を含むイオン反応式で表せ。　　　　　(京都女子大)	$2H_2O + 2e^-$ $\longrightarrow H_2 + 2OH^-$
☑ 0423 ☐	白金を電極に用いて，水酸化ナトリウム水溶液を電気分解する実験を行った。陽極における反応を，電子e^-を含むイオン反応式で表せ。　　　　　(福島大)	$4OH^- \longrightarrow$ $O_2 + 2H_2O + 4e^-$
☑ 0424 ☐	薄い水酸化ナトリウム水溶液を，白金板を電極に用いて電気分解すると，陰極から気体が発生する。この化学反応を，電子e^-を含むイオン反応式で表せ。　(九州工業大)	$2H_2O + 2e^-$ $\longrightarrow H_2 + 2OH^-$
☑ 0425 ☐	白金電極を用いて塩化銅(Ⅱ)水溶液を電気分解したところ，陰極には銅が析出し，陽極には気体が発生した。陽極で起こる化学反応を，電子e^-を含むイオン反応式で表せ。　　　　　　　　　　　　　　　(宮崎大)	$2Cl^- \longrightarrow$ $Cl_2 + 2e^-$

物質の三態と状態変化

熱化学

電池と電気分解

化学反応と平衡

無機化学

有機化学

高分子化合物

0426

硫酸銅(Ⅱ)水溶液と硫酸を電解槽に入れ，陽極にアルミニウム板，陰極に銅板を用いて直流電流を流すと，銅板は3.8 g増加していた。アルミニウム板について正しいものを選べ。

ア　1.6 g増加していた。　　イ　2.4 g減少していた。
ウ　1.6 g減少していた。　　エ　1.1 g減少していた。

（自治医科大）

エ

解説

陽極：$Al \longrightarrow Al^{3+} + 3e^-$　　陰極：$Cu^{2+} + 2e^- \longrightarrow Cu$

陰極で銅が3.8 g析出されたことから，流れた電子の物質量は

$$\frac{3.8}{63.5} \times 2 \text{ mol}$$

よって，陽極では，$\left(\frac{3.8}{63.5} \times 2\right) \times \frac{1}{3} \times 27 \fallingdotseq$ **1.1** gだけ減少する。

0427

白金電極を用いた硝酸銀水溶液の電気分解で，陰極に銀が0.540 g析出したとき，陽極に発生した気体の体積は0℃，1.013×10^5 Paで何mLか。ただし，陰極からは気体が発生しなかった。

ア　28.0 mL　　イ　56.0 mL
ウ　112 mL　　エ　210 mL

（東京電機大）

ア

解説

陽極：$2H_2O \longrightarrow O_2 + 4H^+ + 4e^-$　　陰極：$Ag^+ + e^- \longrightarrow Ag$

陰極で銀が0.540 g析出されたことから，流れた電子の物質量は

$$\frac{0.540}{108} \text{ mol}$$

よって，陽極に発生した気体の体積は

$$\frac{0.540}{108} \times \frac{1}{4} \times 22.4 \times 10^3 = \textbf{28.0} \text{ mL}$$

0428

　　　　の法則によれば，電気分解において流れた電気量が同じであれば電極のまわりで変化するイオンの物質量は，そのイオンの価数に反比例する。

（高知大）

ファラデー

117

0429

ファラデー定数 F 〔C/mol〕とは、電子1 molに対する電気量の絶対値のことである。電気分解で流した電気量 Q 〔C〕は、流れた電子の物質量 n 〔mol〕に[　　　]する。

(上智大)

比例

0430

白金電極を用いて、銀の硝酸塩水溶液を電気分解したところ、一方の電極に銀が0.020 mol析出した。電気分解で流した電気量〔C〕を計算せよ。

(立命館大)

1.9×10^3 C

🔍 解説

陽極：$2H_2O \longrightarrow O_2 + 4H^+ + 4e^-$　　　陰極：$Ag^+ + e^- \longrightarrow Ag$

流れた電気量は、

$$0.020 \times 9.65 \times 10^4 \fallingdotseq 1.9 \times 10^3 \text{ C}$$

0431

塩化ナトリウム水溶液に2本の炭素電極を浸し、4.0 Aの直流電流を16分5秒間通電した。この電気分解によって陰極で生成する水素 H_2 は何molか。

(群馬大)

2.0×10^{-2} mol

🔍 解説

陽極：$2Cl^- \longrightarrow Cl_2 + 2e^-$　　　陰極：$2H_2O + 2e^- \longrightarrow H_2 + 2OH^-$

生成する水素の物質量は、

$$\frac{4.0 \times (16 \times 60 + 5)}{9.65 \times 10^4} \times \frac{1}{2} = 2.0 \times 10^{-2} \text{ mol}$$

0432

白金を電極に用いて、水酸化ナトリウム水溶液を電気分解した。20 mAの直流電流を16分5秒間流したとき、陰極で発生する気体は27℃、1.0×10^5 Paで何mLか求めよ。

(福島大)

2.5 mL

🔍 解説

陽極：$4OH^- \longrightarrow 2H_2O + O_2 + 4e^-$　　　陰極：$2H_2O + 2e^- \longrightarrow H_2 + 2OH^-$

生成する水素の物質量は、

$$\frac{20 \times 10^{-3} \times (16 \times 60 + 5)}{9.65 \times 10^4} \times \frac{1}{2} = 1.0 \times 10^{-4} \text{ mol}$$

であり、生成する水素の体積は、

$$\frac{1.0 \times 10^{-4} \times 8.31 \times 10^3 \times (27 + 273)}{1.0 \times 10^5} \times 10^3 \fallingdotseq 2.5 \text{ mL}$$

物質の三態と状態変化

熱化学

電池と電気分解

化学反応と平衡

無機化学

有機化学

高分子化合物

0433

硫酸銅(II)水溶液（**Pt−Pt電極**）の電気分解について，5.00 Aの直流電流を3分13秒通電したとき，発生する酸素は0℃，$1.013×10^5$ Paで何mLか。最も適当なものを次のア〜エのうちから1つ選べ。

ア　28.0 mL　　　イ　56.0 mL
ウ　84.0 mL　　　エ　112 mL

（東京農業大）

イ

🔍解説

陽極：$2H_2O \longrightarrow O_2 + 4H^+ + 4e^-$　　　陰極：$Cu^{2+} + 2e^- \longrightarrow Cu$

発生する酸素の体積は，$\dfrac{5.00×(3×60+13)}{9.65×10^4}×\dfrac{1}{4}×22.4×10^3 = 56.0$ mL

0434

銅板を電極とし，硫酸銅(II)水溶液に直流電流をt秒間だけ流したところ，陰極に銅w〔g〕が析出した。電流を流す時間を$3t$秒間にするとき析出する銅の質量は何gか。

（神戸学院大）

$3w$〔g〕

🔍解説

ファラデーの法則より，電極で生成する物質の物質量は，流れた電気量に比例する。また，電気量は時間に比例するので，電流を流す時間を3倍にすると，析出する銅の質量も3倍になる。

0435

炭素を電極として塩化銅(II)水溶液を電気分解した。0.50 Aの電流を3時間13分流し続けたときの，陰極における銅の析出量〔g〕を求めよ。　　（岐阜大）

1.9 g

🔍解説

陽極：$2Cl^- \longrightarrow Cl_2 + 2e^-$　　　陰極：$Cu^{2+} + 2e^- \longrightarrow Cu$

銅の析出量は，$\dfrac{0.50×(3×60×60+13×60)}{9.65×10^4}×\dfrac{1}{2}×63.5 ≒ 1.9$ g

0436

白金電極を用いて，硝酸銅(II)水溶液を1.4 Aの電流で1時間26分10秒間電気分解した。陽極で生成する物質の質量は何gか。　　（東北学院大）

0.60 g

🔍解説

陽極：$2H_2O \longrightarrow O_2 + 4H^+ + 4e^-$　　　陰極：$Cu^{2+} + 2e^- \longrightarrow Cu$

酸素の生成量は，$\dfrac{1.4×(1×60×60+26×60+10)}{9.65×10^4}×\dfrac{1}{4}×32 ≒ 0.60$ g

0437

白金電極を用いて，塩化銅(Ⅱ)水溶液を電気分解した。 0.39 g
0.500 Aの電流で40.0分間電気分解した結果，水溶液中
には塩化銅(Ⅱ)がまだ残っていた。陰極の質量は何g増
加したか。 (愛媛大)

解説

陽極：$2Cl^- \longrightarrow Cl_2 + 2e^-$ 　　陰極：$Cu^{2+} + 2e^- \longrightarrow Cu$

銅の析出量は，$\dfrac{0.500 \times (40 \times 60)}{9.65 \times 10^4} \times \dfrac{1}{2} \times 63.5 \fallingdotseq 0.39$ g

0438

白金電極を用いて硫酸銅(Ⅱ)水溶液を10.0 Aの電流で電 9.7×10^2 秒
気分解したとき，陰極に金属が3.20 g析出した。電流を
通じた時間は何秒か。 (県立広島大)

解説

陽極：$2H_2O \longrightarrow O_2 + 4H^+ + 4e^-$ 　　陰極：$Cu^{2+} + 2e^- \longrightarrow Cu$

電流を通じた時間をt秒間とすると

$\dfrac{10.0 \times t}{9.65 \times 10^4} \times \dfrac{1}{2} \times 63.5 = 3.20$ 　　よって 　$t \fallingdotseq 9.7 \times 10^2$ 秒

0439

図の装置で電流を1930秒間流すと，電解槽Ⅰの陰極で イ
銅が0.32 g析出した。流した電流は何Aか。

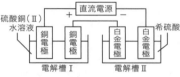

ア　0.25 A 　　　イ　0.50 A
ウ　2.5 A 　　　エ　5.0 A

(センター試験)

解説

電解槽Ⅰでは次の反応が起こる。

陽極：$Cu \longrightarrow Cu^{2+} + 2e^-$ 　　陰極：$Cu^{2+} + 2e^- \longrightarrow Cu$

流した電流をi(A) とすると

$\dfrac{i \times 1930}{9.65 \times 10^4} \times \dfrac{1}{2} \times 63.5 = 0.32$ 　　よって 　$i \fallingdotseq 0.50$ A

物質の三態と状態変化

熱化学

電池と電気分解

化学反応と平衡

無機化学

有機化学

高分子化合物

☑ 0440 ⬇

白金電極を用いて硫酸銅(Ⅱ)$CuSO_4$水溶液を電気分解した。この電気分解を一定電流で51分28秒間行ったところ，陰極に銅Cuが25.4 g析出した。流した電流は何Aか。

25 A

(宮崎大)

🔍 解説

陽極：$2H_2O \longrightarrow O_2 + 4H^+ + 4e^-$　　　陰極：$Cu^{2+} + 2e^- \longrightarrow Cu$

流した電流をi(A) とすると

$$\frac{i \times (51 \times 60 + 28)}{9.65 \times 10^4} \times \frac{1}{2} \times 63.5 = 25.4$$

よって

$$i = 25 \text{ A}$$

THEME 27 電気分解の利用

ビジュアル要点

● **水酸化ナトリウムの製造（イオン交換膜法）**

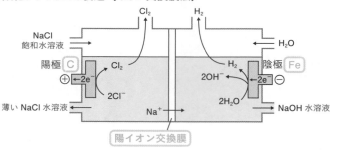

● **銅の製造（電解精錬）** (p223参照)

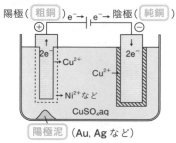

物質の三態と状態変化

熱化学

電池と電気分解

化学反応と平衡

無機化学

有機化学

高分子化合物

● アルミニウムの製造（溶融塩電解/融解塩電解）

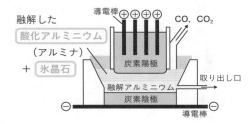

融解した
酸化アルミニウム
（アルミナ）
＋ 氷晶石

導電棒
CO，CO_2
炭素陽極
融解アルミニウム
取り出し口
炭素陰極
導電棒

計算問題は，特に指定のない場合は四捨五入により有効数字
2桁で解答し，必要があれば，次の値を使うこと。
$Al=27$，$Cu=63.5$
ファラデー定数$F=9.65×10^4$ C/mol
また，0℃，$1.013×10^5$ Pa下における1 molの気体の体積は
22.4 Lとする。

☑ 0441 ☐	塩化ナトリウム水溶液に2本の炭素電極を浸して電気分解し，陰極付近の水溶液を取り出して濃縮して乾燥させると，塩化ナトリウムの他に □ が得られる。(群馬大)	水酸化ナトリウム
☑ 0442 ☐	塩化ナトリウム水溶液を，炭素電極を用いて電気分解すると，両極でそれぞれ気体が発生する。陰極で進行する反応を，電子e^-を用いたイオン反応式で表せ。 (島根大)	$2H_2O+2e^-$ $\longrightarrow H_2+2OH^-$
☑ 0443 ☐	工業的には，高純度の水酸化ナトリウムを得るため，陰極の水と陽極の塩化ナトリウム水溶液を陽イオン交換膜で仕切る，□ が広く用いられる。 (島根大)	イオン交換膜法
☑ 0444 ☐	以下の図で陽極上に発生する気体は何か。 塩化ナトリウム飽和水溶液 → ← 水 陽極(＋)黒鉛　陰極(−)鉄 低濃度塩化ナトリウム水溶液　水酸化ナトリウム水溶液 陽イオン交換膜 (成蹊大)	塩素

0445 ☑ ☐	水酸化ナトリウムの工業的製法であるイオン交換膜法を示す。正しいのはどれか。 陽極　陰極 イオン交換膜 NaOH水溶液 ア　Aから酸素が生じる。 イ　Bから水を加える。 ウ　Cから塩化ナトリウムを加える。 エ　Dから水素が生じる。　　　　　（東邦大）	エ
0446 ☑ ☐	陽イオン交換膜で仕切られた電気分解実験装置に塩化ナトリウム水溶液を入れ，電気分解を行った。陽イオン交換膜を通過するイオンは何か。　（センター試験）	ナトリウムイオン
0447 ☑ ☐	図の装置について，陰極で起こる反応を，電子e⁻を含むイオン反応式で表せ。　（岩手大） 陽イオン交換膜 塩化ナトリウム水溶液　蒸留水	$2H_2O+2e^-$ $\longrightarrow 2OH^-+H_2$
0448 ☑ ☐	銅鉱石から得られる粗銅は，　　　　　により99.99％以上の純銅に精製することができる。この方法では，硫酸銅(Ⅱ)水溶液中で，粗銅板を陽極，純銅板を陰極に用いて電気分解を行う。　（富山大）	電解精錬
0449 ☑ ☐	銅の電解精錬において，純銅板の電極で起こる電極反応を，電子e⁻を含むイオン反応式で示せ。　（富山大）	$Cu^{2+}+2e^-$ $\longrightarrow Cu$

物質の三態と状態変化

熱化学

電池と電気分解

化学反応と平衡

無機化学

有機化学

高分子化合物

☐ 0450	Fe, Ni, Zn, Ag, Pbの金属を不純物として含んだ粗銅から高純度の銅を得るために電解精錬を行うと, 陽極の下にはAgとPbを含む固体物質が □ として堆積する。 (東京理科大)	陽極泥
☐ 0451	不純物として亜鉛, 金, 銀, 鉄, 鉛およびニッケルを含む粗銅を電解精錬したとき, 陽極の下に沈殿が析出した。この沈殿に含まれる物質の名称をすべて答えよ。(岐阜大)	金, 銀, 硫酸鉛(Ⅱ)
☐ 0452	銅の電解精錬で, 5.00 Aの電流をt分間通じたところ, 銅がw〔g〕析出した。ファラデー定数をF〔C/mol〕とするとき, wをtおよびFを用いた式で表せ。 (日本女子大)	$w = \dfrac{9525t}{F}$

🔍 解説　陽極：$Cu \longrightarrow Cu^{2+} + 2e^-$　　陰極：$Cu^{2+} + 2e^- \longrightarrow Cu$

$$\dfrac{5.00 \times t \times 60}{F} \times \dfrac{1}{2} \times 63.5 = w \quad よって \quad w = \dfrac{9525t}{F}$$

| ☐ 0453 | 不純物を含む粗銅板を用いて電解精錬した。33分30秒間電気分解したところ, 純銅板の質量が1.0 g増加した。このとき, 流した電流〔A〕として最も適切な数値を1つ選べ。
ア　1.5×10^{-1} A　　イ　3.0×10^{-1} A
ウ　1.5 A　　　　　　　　エ　3.0 A　　　(中京大) | ウ |

🔍 解説　陽極：$Cu \longrightarrow Cu^{2+} + 2e^-$　　陰極：$Cu^{2+} + 2e^- \longrightarrow Cu$
流した電流をi〔A〕とすると

$$\dfrac{i \times (33 \times 60 + 30)}{9.65 \times 10^4} \times \dfrac{1}{2} \times 63.5 = 1.0 \quad よって \quad i \fallingdotseq 1.5 \text{ A}$$

| ☐ 0454 | 単体のアルミニウムは, 鉱石のボーキサイトから純粋な酸化アルミニウム（アルミナ）をつくり, さらにこれを □ して製造される。 (愛媛大) | 溶融塩電解
(融解塩電解) |

☑ 0455　アルミニウムの単体は，[　　　]を約1000℃に加熱して　｜　氷晶石
融解したものに酸化アルミニウムを溶かし込んで融解
し，炭素電極を用いて電気分解することで得る。(岐阜大)

☑ 0456　アルミニウムは自然界で単体として存在せず，原料鉱石　｜　ボーキサイト
の[　　　]を精製して得られる酸化アルミニウムを，約
1000℃で融解させた氷晶石に加え，溶融塩電解して製
造される。　　　　　　　　　　　　　　　　　　(岡山大)

☑ 0457　アルミニウムは，ボーキサイトから得られたアルミナを　｜　$Al^{3+}+3e^- \longrightarrow Al$
氷晶石とともに溶融塩電解して製造される。このとき陰
極で起こる反応を電子e^-を含む反応式で示せ。(宇都宮大)

☑ 0458　Alの溶融塩電解で，陽極からCOとCO_2の混合気体が発　｜　4.1 kg
生した。この混合気体は，0℃，1.013×10^5 Paで3.36 m^3
の体積をもち，物質量の比は1：1だった。このとき陰極
に生成したAlは何kgか。　　　　　　　　　　(広島市立大)

🔍 解説

陽極：$C+O^{2-} \longrightarrow CO+2e^-$　または　$C+2O^{2-} \longrightarrow CO_2+4e^-$

陰極：$Al^{3+}+3e^- \longrightarrow Al$

流れた電子の物質量は，

$$\frac{3.36 \times 10^3}{22.4} \times \frac{1}{2} \times 2 + \frac{3.36 \times 10^3}{22.4} \times \frac{1}{2} \times 4 = 450 \text{ mol}$$

生成したAlの質量は，

$$450 \times \frac{1}{3} \times 27 = 4050 \text{ g}$$

$$\fallingdotseq 4.1 \text{ kg}$$

化学反応と平衡

化学反応には，速く進行するものや遅く進行するもの，途中で反応が止まったように見える状態（化学平衡の状態）になるものがあります。反応速度の表し方や，反応条件を変えたときの反応速度の変化，化学平衡について成り立つ法則について学んでゆきましょう。

THEME 28 化学反応の速さ

POINT

▶ 単位時間あたりに減少する反応物の濃度、または増加する生成物の濃度は、化学反応の速さを表しており、 反応速度 という。

▶ 反応物の濃度と反応速度の関係を表した式を 反応速度式 （または速度式）という。

▶ 反応の前後で自身は変化しないが、反応速度を変えるはたらきをする物質を 触媒 という。

ビジュアル要点

● 反応速度式

一般に、反応速度は反応物の モル濃度 の積や累乗に比例する。ただし、反応速度式は、実験によって求められるものであり、反応式から単純に決められるものではない。

● 速度定数kの求め方

過酸化水素の分解反応（$2H_2O_2 \longrightarrow 2H_2O + O_2$）に関して、25℃における過酸化水素の濃度 $[H_2O_2]$ (mol/L) の変化を測定し、下表の結果を得た。

この場合、各時間間隔について、分解速度v $(mol/(L \cdot min))$ と平均濃度 $\overline{[H_2O_2]}$ (mol/L) を計算して、速度定数$k = \dfrac{v}{[H_2O_2]}$ を求める。

時間t (min)	0	5	10	15	20
濃度 $[H_2O_2]$ (mol/L)	1.08	0.72	0.49	0.32	0.21

分解速度v $(mol/(L \cdot min))$	0.072	0.046	0.034	0.022	
平均濃度 $\overline{[H_2O_2]}$ (mol/L)	0.90	0.61	0.41	0.27	
$k = \dfrac{v}{[H_2O_2]}$ $(/min)$	0.080	0.075	0.083	0.081	

$$v = -\frac{0.72 - 1.08}{5 - 0}$$

$$\overline{[H_2O_2]} = \frac{1.08 + 0.72}{2}$$

$$k = \frac{0.072}{0.90}$$

物質の三態と状態変化

熱化学

電池と電気分解

化学反応と平衡

無機化学

有機化学

高分子化合物

平均濃度に対する分解速度をグラフにすると，右のようになる。グラフより，分解速度は平均濃度に比例しているので，

$$v = \boxed{k[H_2O_2]}$$

と表せる。ここで，kは速度定数であり，グラフの傾きから，$k = 8.0 \times 10^{-2}/\text{min}$と求められる。

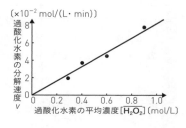

（×10^{-2} mol/(L・min)）

過酸化水素の分解速度 v

過酸化水素の平均濃度 $[H_2O_2]$ (mol/L)

0459 化学反応の速さは｜　　　｜あたりの反応物の変化量で表すことができる。　　　　　　　　　　　　（成蹊大）

単位時間

0460 反応開始からt_1秒後の反応物のモル濃度をC_{t_1}，t_2秒後の反応物のモル濃度をC_{t_2}とすると，時間間隔$t_1 \sim t_2$における平均の反応速度$\bar{v}$〔mol/(L・s)〕はどのように表せるか。　　　　　　　　　　　　　　　　　（愛知教育大）

$\bar{v} = -\dfrac{C_{t_2} - C_{t_1}}{t_2 - t_1}$

0461 右図はある化学反応の反応物の濃度と経過時間の関係を示している。t_1とt_2間の平均の速さ$\bar{v}$を表す式を示せ。　　　　　　（東京学芸大）

反応物の濃度 c

経過時間 t

$\bar{v} = -\dfrac{c_2 - c_1}{t_2 - t_1}$

0462 過酸化水素水100 mLに塩化鉄（Ⅲ）水溶液を加え200 mLとしたところ，最初の20秒間で酸素が0.004 mol発生した。この間の混合水溶液中の過酸化水素の平均の分解速度は何mol/(L・s) か。　　　　　　　　　（センター試験）

2.0×10^{-3} mol/(L・s)

🔍解説 このときの反応は次式で表される。$2H_2O_2 \longrightarrow 2H_2O + O_2$

分解速度は，$\dfrac{\dfrac{0.004 \times 2}{200 \times 10^{-3}}}{20} = 2.0 \times 10^{-3}$ mol/(L・s)

0463 H₂O₂の分解反応について，時刻0秒と60秒でのH_2O_2の
モル濃度がそれぞれ8.1×10^{-1} mol/L, 7.5×10^{-1} mol/L
のとき，この間のH_2O_2の平均の分解速度〔mol/(L·s)〕
を求めよ。 （群馬大）

1.0×10^{-3} mol/(L·s)

解説 $-\dfrac{7.5 \times 10^{-1} - 8.1 \times 10^{-1}}{60 - 0} = 1.0 \times 10^{-3}$ mol/(L·s)

0464 0.85 mol/Lの過酸化水素水にMnO_2を加えたところ，30
秒後にはH_2O_2の濃度が0.40 mol/Lとなった。この30秒
間のH_2O_2の平均分解速度〔mol/(L·s)〕はいくらか。
（昭和大）

1.5×10^{-2} mol/(L·s)

解説 $-\dfrac{0.40 - 0.85}{30 - 0} = 1.5 \times 10^{-2}$ mol/(L·s)

0465 物質Aが物質Bになる反応について，反応時間0分と2分
でのAの濃度がそれぞれ1.28 mol/L，1.17 mol/Lであっ
た。この区間におけるAの平均の反応速度$\bar{v}$を求めよ。
（群馬大）

5.5×10^{-2} mol/(L·min)

解説 $\bar{v} = -\dfrac{1.17 - 1.28}{2 - 0} = 5.5 \times 10^{-2}$ mol/(L·min)

0466 反応速度は，反応物の [____] を大きくする，反応時の
温度を高くする，あるいは反応前後で自身は変化しない
が反応を促進する触媒を少量加えることで大きくするこ
とができる。 （甲南大）

濃度

0467 スチールウールを空気中で熱すると表面が赤く燃える。
一方，熱したスチールウールを酸素中に入れると，火花
を散らして激しく燃える。この反応速度を変えている条
件は何か。
ア　濃度　　　イ　温度
ウ　触媒　　　エ　表面積 （千葉工業大）

ア

物質の三態と状態変化

熱化学

電池と電気分解

化学反応と平衡

無機化学

有機化学

高分子化合物

0468	物質AとBからCを生じる反応の反応速度vは，反応物の濃度［A］や［B］の何乗かに比例する式$v=k[A]^m[B]^n$になる場合が多い。この式を　　　　といい，kは速度定数という。 （大阪市立大）	反応速度式
0469	化学反応に関して，反応物の濃度を大きくした場合，速度定数は（大きくなる　小さくなる　変化しない）。 （昭和大）	変化しない
0470	$2X\longrightarrow Y+Z$の反応について，Xの分解速度v〔mol/(L·s)〕は，Xの濃度［X］〔mol/L〕の2乗に比例するものとすれば，速度定数k〔L/(mol·s)〕を用いて，$v=$　　　　と表せる。 （山口大）	$k[X]^2$
0471	$A+B\longrightarrow C$の反応によりCが生成する速度vは，Aの濃度［A］とBの濃度の2乗［B］^{2}の積に比例することがわかった。速度定数をkとすると，この反応の反応速度式は$v=$　　　　となる。 （山形大）	$k[A][B]^2$
0472	$A+B\longrightarrow C$の反応速度が$v=k[A][B]^m$で表されるものとする。温度一定で，［A］を2倍にするとvは2倍，［B］を$\dfrac{1}{2}$倍にするとvは$\dfrac{1}{4}$倍となったとき，整数mはいくつか。 （静岡大）	2
0473	図は25℃での過酸化水素の分解速度と濃度の関係を示している。速度定数kの値を答えよ。 （東京学芸大）	1.7×10^{-4} /s

図 （縦軸）(10^{-5} mol/(L·s)) 平均の分解速度 $\bar{v}$ 0〜6
（横軸）平均の濃度 c 0〜0.4 (mol/L)

🔍 解説　$k=\dfrac{\bar{v}}{c}=\dfrac{5\times10^{-5}}{0.3}≒1.7\times10^{-4}$/s

| 0474 | A＋B⟶Cの反応速度式は$v=k[A]^m[B]^n$で表される。mの値を答えよ。 | 1 |

実験	[A]（mol/L）	[B]（mol/L）	v（mol/(L·s)）
Ⅰ	0.20	1.20	3.2×10^{-2}
Ⅱ	0.20	0.60	8.0×10^{-3}
Ⅲ	0.40	0.60	1.6×10^{-2}

（鳥取大）

| 0475 | $aA＋bB⟶cC$（a, b, cは係数）の反応について，ある反応時間でのCの生成速度がv_Cであるとき，その時間におけるAの減少速度v_Aをa, c, v_Cを用いて表せ。（島根大） | $v_A=\dfrac{a}{c}v_C$ |

| 0476 | 一般に，温度が（高く　低く）なると反応速度は急速に大きくなる。　（徳島大） | 高く |

| 0477 | 気体の化学反応は，一般に温度が10℃上昇すると反応速度が2倍になる。これは気体分子のエネルギー分布が，全体的にエネルギーの（高い　低い）方に移動するからである。　（神戸学院大） | 高い |

| 0478 | 鉄粉と硫黄粉末から硫化鉄（Ⅱ）ができる反応は，常温では起こらないが，混合物の一部を加熱すると，熱した部分で反応が始まる。この反応速度を変えている条件は何か。
ア　濃度　　　イ　温度
ウ　触媒　　　エ　表面積　　　（千葉工業大） | イ |

| 0479 | ある化学反応について，温度が10 K上がるごとに反応速度が3倍になると仮定すると，温度が40 K上がると反応速度は何倍になるか，答えよ。　（旭川医科大） | 81 倍 |

🔍解説　温度が40 K上がると，反応速度は3^4＝81倍になる。

132

物質の三態と状態変化

熱化学

電池と電気分解

化学反応と平衡

無機化学

有機化学

高分子化合物

| 0480 | ある化学反応は，温度が10 K上昇するごとに反応速度が4倍になる。温度が30 K上昇すると生成速度は何倍になるか。　　　　　　　　　　　　　　　　　　（長崎大） | 64 倍 |

解説　温度が30 K上がると，反応速度は$4^3=64$倍になる。

| 0481 | ある化学反応について，温度が10 K上昇すると反応速度が2倍になるとする。反応速度を256倍にするためには，温度を何K上昇させる必要があるか。　　　　　　（静岡大） | $8.0×10$ K |

解説　温度をΔT〔K〕上昇させると反応速度が256倍になるとすると
$$2^{\frac{\Delta T}{10}}=256 \quad よって \quad \Delta T=80\text{K}$$

| 0482 | 過酸化水素は酸化マンガン(IV)が存在すると水と酸素に分解する。この反応における酸化マンガン(IV)のようなはたらきをする物質を何というか，答えよ。　　（旭川医科大） | 触媒 |

| 0483 | 触媒は反応の経路を変える。また，触媒の質量は，反応の前後で変化（する　しない）。　　　　　　（島根大） | しない |

| 0484 | H_2O_2の分解反応で，鉄(III)イオンは触媒として作用する。鉄(III)イオンを加えない場合に比べて，鉄(III)イオンを加えた場合では，H_2O_2の分解反応の反応速度はどうなるか。
ア　大きくなる。　　イ　小さくなる。
ウ　変わらない。　　　　　　　　　　　　　　　（群馬大） | ア |

| 0485 | 触媒は，反応物に対する作用のしかたによって均一系と不均一系の2つに分類される。過酸化水素水の分解反応で用いられる塩化鉄(III)水溶液は 　　　 系触媒である。　　　　　　　　　　　　　　　　　　　（静岡大） | 均一 |

☑ 0486 ☁	酸化マンガン(Ⅳ)は, 水溶液に溶解せず, 反応物と混合しない状態ではたらく。このような触媒は, 特に□□□系触媒と呼ばれる。　　　　　　　　　（京都工芸繊維大）	不均一
☑ 0487 ☁	デンプン水溶液にアミラーゼを加えると, マルトースが生じる。このときアミラーゼは□□□系触媒としてはたらいている。　　　　　　　　　　　（九州工業大）	均一
☑ 0488 ☁	過酸化水素の水溶液に適切な触媒を加えると酸素が発生する。この反応を化学反応式で示せ。　　　（愛知教育大）	$2H_2O_2 \longrightarrow$ $2H_2O + O_2$
☑ 0489 ☁	アンモニアは, 工業的には□□□を主成分とする触媒を用いて, 窒素N_2と水素H_2を高温・高圧で直接反応させて合成させる。　　　　　　　　　　　　（群馬大）	四酸化三鉄 (鉄)
☑ 0490 ☁	窒素N_2と水素H_2からアンモニアNH_3を工業的に合成するとき, 触媒には四酸化三鉄Fe_3O_4を主成分とする物質が用いられる。このアンモニアの工業的製法を何というか。　　　　　　　　　　　　　　　　　　（静岡大）	ハーバー・ボッシュ法 (ハーバー法)
☑ 0491 ☁	□□□を主成分とする触媒を用いて二酸化硫黄を酸化し, 生じた三酸化硫黄を濃硫酸に吸収させて発煙硫酸とし, これを希硫酸で薄めると濃硫酸が得られる。　　　　　　　　　　　　　　　　（センター試験）	酸化バナジウム (Ⅴ)
☑ 0492 ☁	□□□法による硫酸製造の過程では, 酸化バナジウム(Ⅴ)を用いて二酸化硫黄を酸化する。　（九州工業大）	接触 (接触式硫酸製造)
☑ 0493 ☁	硝酸は, 触媒に□□□を用い, アンモニアを酸化して窒素酸化物とする反応過程を経るオストワルト法で工業的に得られる。　　　　　　　　　（センター試験）	白金

物質の三態と状態変化

熱化学

電池と電気分解

化学反応と平衡

無機化学

有機化学

高分子化合物

☑ 0494 ☐	硝酸は，アンモニアを空気中の酸素で酸化し，得られた化合物を水と反応させて製造される。このような工業的な硝酸の製造法は□□□□法と呼ばれる。 （群馬大）	オストワルト
☑ 0495 🗂	自動車の排ガス中の主な有害成分は，□□□□，パラジウム，白金を含む触媒により，二酸化炭素，窒素，水に変化する。 （センター試験）	ロジウム
☑ 0496 ☐	□□□□は100〜1000個程度のアミノ酸からなるタンパク質を主体とした高分子化合物であり，生体内の化学反応に対して触媒としてはたらく。 （静岡大）	酵素
☑ 0497 ☐	一般に，固体の表面がかかわる化学変化は，固体の表面積を大きくすると（速く　遅く）進むことが多い。 （九州工業大）	速く
☑ 0498 ☐	鉄くぎを希硫酸に入れたところ，泡が発生した。一方，同じ質量の鉄粉を希硫酸に入れた場合は，泡がより激しく発生した。このとき反応速度を変えている条件は何か。 ア　濃度　　　イ　温度 ウ　触媒　　　エ　表面積 （千葉工業大）	エ

THEME 29 活性化エネルギー

🔑 POINT

▶ 反応物から生成するエネルギーの高い不安定な状態を 遷移状態 （活性化状態）といい，この状態にするために必要な最小のエネルギーを 活性化エネルギー という。

▶ 温度が高くなると，活性化エネルギー以上のエネルギーをもつ分子が 増加 するため，反応速度が 大きく なる。

▶ 触媒は，活性化エネルギーを 小さく するはたらきをもつ。

🧪 ビジュアル要点

● 反応の起こり方

化学反応は分子どうしが衝突し，エネルギーの高い遷移状態を経て進行する。

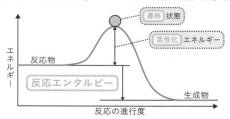

● 触媒

触媒を用いると，活性化エネルギーが小さくなり，反応速度が大きくなる。

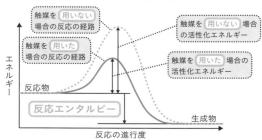

物質の三態と状態変化

熱化学

電池と電気分解

化学反応と平衡

無機化学

有機化学

高分子化合物

☑ 0499	化学反応が起こるには，反応物の粒子の衝突が必要である。そのため，単位時間あたりの粒子の衝突回数が多いほど，反応速度は（大きく　小さく）なる。　　　（静岡大）	大きく
☑ 0500	温度が一定のとき，反応物の濃度が高いほど反応速度は大きくなる。これは，反応物の濃度が高いほど分子が互いに □ する頻度が高くなるからだと考えられる。　　　（大阪市立大）	衝突
☑ 0501	化学反応では遷移状態と呼ばれるエネルギーの高い中間状態がある。反応物を遷移状態にするのに必要な最小のエネルギーを □ という。　　　（上智大）	活性化エネルギー
☑ 0502	反応物が衝突したとき，反応が起こるために必要な一定以上のエネルギーをもった状態を □ 状態という。　　　（成蹊大）	遷移 （活性化）
☑ 0503	化学反応では，反応物の分子同士が衝突し，エネルギーの（高い　低い）遷移状態を経て，生成物に変化する。　　　（金沢大）	高い
☑ 0504	化学反応において，原子どうしの結合が組み換わるとき，反応物がエネルギーの高い（安定した状態　不安定な状態）になる。この状態を遷移状態と呼ぶ。　　　（徳島大）	不安定な状態
☑ 0505	AとBからCが生成する反応について，図のE_1，E_2，E_3から活性化エネルギーを示すものを1つ選べ。　　　（島根大）	E_2

E_2
E_3
A+B
E_1
C
エネルギー
反応の進行度

0506	$2A \longrightarrow B+C$の反応の反応エンタルピーを示す式を, 図中のa〜cのうちから必要なものを用いて表せ。 (長崎県立大)	c－b
0507	$H_2+I_2 \longrightarrow 2HI$の反応の活性化エネルギーは, 水素とヨウ素の結合エネルギーの和より（高い 低い）。 (上智大)	低い
0508	反応物の濃度が一定の場合, 反応速度は温度が高いほど（大きく 小さく）なる。これは温度が高いほど, 活性化エネルギーを超えて反応する分子の数の割合が増えるためである。 (大阪市立大)	大きく
0509	反応の前後でそれ自身は変化せず, 反応の活性化エネルギーを減少させ, 反応速度を大きくすることができる物質を◯◯◯◯という。 (京都工芸繊維大)	触媒
0510	触媒を用いると, 触媒を用いない場合より活性化エネルギーが小さくなる。すなわち, 反応速度は（大きく 小さく）なる。 (新潟大)	大きく
0511	一般に, 化学反応の反応速度は適切な触媒を用いると大きくなる。一方, 化学反応に触媒を用いても, 反応物と生成物のエネルギー差である◯◯◯◯の大きさは変化しない。 (静岡大)	反応エンタルピー
0512	$A \longrightarrow B+C$の反応について, 触媒を用いた場合の活性化エネルギーを示しているのはどれか。 (成蹊大)	ウ

138

☑ 0513

式(1)$H_2 + I_2 \longrightarrow 2HI$, 式(2)$2HI \longrightarrow H_2 + I_2$の反応の活性化エネルギーはそれぞれ174 kJ, 184 kJである一方, 触媒を用いるとそれぞれ49 kJ, ◯ kJになる。(上智大)

59

解説 $49 + (184 - 174) = 59$ kJ

☑ 0514

反応速度式の反応速度定数kと絶対温度Tとの間には, A:頻度因子, e:定数, E:活性化エネルギー, R:気体定数のとき, $k = Ae^{-\frac{E}{RT}}$が成り立つ。この式は ◯ の式と呼ばれる。　　　　　(徳島大)

アレニウス

熱化学

電池と電気分解

化学反応と平衡

無機化学

有機化学

高分子化合物

THEME 30 化学平衡

🔑 POINT

▶ ある化学反応式について，左右どちらの向きへも反応が起こりうるとき，この反応は 可逆反応 であるという。

▶ 可逆反応において，正反応と逆反応の反応速度が等しくなり，反応が止まったように見える状態を 化学平衡 の状態（または平衡状態）という。

▶ 反応物の濃度の積を分母，生成物の濃度の積を分子として求めた定数K_cを 平衡定数 という。K_cの値は，温度 が一定ならば，ほぼ一定となる。

🧪 ビジュアル要点

● 平衡状態

$H_2 + I_2 \rightleftarrows 2HI$の可逆反応の場合，状態Ⅰ（$H_2$と$I_2$の混合気体）から開始しても，状態Ⅱ（HIの気体）から開始しても，存在するH原子とI原子の 物質量 と温度が一定であれば，同じ平衡状態に達する。

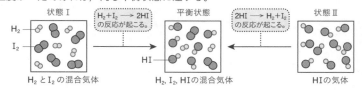

状態Ⅰ　$H_2 + I_2 \longrightarrow 2HI$ の反応が起こる。　平衡状態　$2HI \longrightarrow H_2 + I_2$ の反応が起こる。　状態Ⅱ

H_2とI_2の混合気体　　H_2, I_2, HIの混合気体　　HIの気体

● 平衡状態にいたる過程

同濃度のH_2とI_2を密閉容器に入れて加熱すると，$[H_2]$ と $[I_2]$ は 減少 し，$[HI]$は 増加 するが，やがて平衡状態に達し，見かけ上変化しなくなる。このとき，正反応（$H_2 + I_2 \longrightarrow 2HI$）と逆反応（$2HI \longrightarrow H_2 + I_2$）の反応速度は等しい。

〈濃度の変化〉

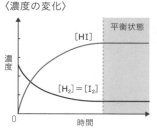

〈反応速度の変化〉

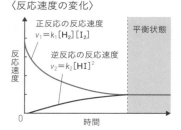

計算問題は，特に指定のない場合は四捨五入により有効数字
2桁で解答し，必要があれば，次の値を使うこと。
気体定数$R = 8.31 \times 10^3$ Pa·L/(K·mol)

物質の三態と状態変化

熱化学

電池と電気分解

化学反応と平衡

無機化学

有機化学

高分子化合物

☑ 0515 ⏢	左右どちらの向きにも進む反応を[　　]といい，次式のように表される。 　　$H_2 + I_2 \rightleftharpoons 2HI$　　　　　　　　　　（上智大）	可逆反応
☑ 0516 ⏢	可逆反応において，（右　左）向きを正反応，その反対の向きを逆反応という。　　　　　　　　　　（岐阜大）	右
☑ 0517 ⏢	$N_2 + 3H_2 \rightleftharpoons 2NH_3$の反応式で，アンモニアが生成する反応速度とアンモニアが分解する反応速度が等しくなるような状態を[　　]という。　　　　　　　（新潟大）	化学平衡の状態 （平衡状態）
☑ 0518 ⏢	$H_2 + I_2 \rightleftharpoons 2HI$の反応について，図のA～Dの状態のうち，化学平衡に達しているのはどの状態か。 　　　　　　　　　　（大分大）	D
☑ 0519 ⏢	$H_2 + I_2 \rightleftharpoons 2HI$の平衡定数$K$を$H_2$，$I_2$および$HI$のモル濃度を用いて示せ。ただし，物質Aのモル濃度は[**A**]と表記せよ。　　　　　　　　　　（岐阜大）	$K = \dfrac{[HI]^2}{[H_2][I_2]}$
☑ 0520 ⏢	$N_2 + 3H_2 \rightleftharpoons 2NH_3$が平衡状態にあるとき，温度が一定ならば，物質の初濃度に関係なく，$K_c (= [\quad])$は一定であり，これを濃度平衡定数と呼ぶ。　　　　（新潟大）	$\dfrac{[NH_3]^2}{[N_2][H_2]^3}$
☑ 0521 ⏢	$aA + bB \rightleftharpoons cC + dD$の可逆反応が，ある温度で平衡状態にあるとき$\dfrac{[C]^c[D]^d}{[A]^a[B]^b} = K$の関係が成り立つ。ここで$K$を平衡定数といい，温度が一定のとき一定の値となる。この関係を[　　]という。　　　　　（岩手大）	化学平衡の法則 （質量作用の法則）

密閉容器に水素1.0 molとヨウ素1.0 molを封入して，一定温度に保ったところ，$H_2 + I_2 \rightleftharpoons 2HI$の反応が起こり，ヨウ化水素1.6 molが生じて平衡状態に達した。このときの平衡定数を求めよ。 (岡山県立大)

64

解説

平衡時の水素とヨウ素の物質量はどちらも，

$$1.0 - \frac{1.6}{2} = 0.20 \text{ mol}$$

平衡定数をK，容器の容積をVとすると，

$$K = \frac{\left(\dfrac{1.6}{V}\right)^2}{\left(\dfrac{0.20}{V}\right)\left(\dfrac{0.20}{V}\right)}$$

$$= 64$$

窒素4.0 molと水素10.0 molを20 Lの容器に入れ，ある温度に保つと，アンモニア4.0 molを生じて平衡状態になった。この温度における濃度平衡定数K_cはいくらか。

ア 41　　　イ 44　　　ウ 47　　　エ 50

(千葉工業大)

エ

解説

平衡時 ($N_2 + 3H_2 \rightleftharpoons 2NH_3$) の各物質の物質量は

窒素：$4.0 - 4.0 \times \dfrac{1}{2} = 2.0 \text{ mol}$　　　水素：$10.0 - 4.0 \times \dfrac{3}{2} = 4.0 \text{ mol}$

したがって，

$$K_c = \frac{\left(\dfrac{4.0}{20}\right)^2}{\left(\dfrac{2.0}{20}\right)\left(\dfrac{4.0}{20}\right)^3}$$

$$= 50$$

0524

体積10.0 Lの密閉容器に，水素0.180 molとヨウ素0.180 molを入れ，一定温度に保つと平衡状態に達し，ヨウ化水素が2x〔mol〕生成した。平衡定数が49.0のとき，xは□□□□molである。 （岩手大）

0.14

解説 平衡時の各物質の物質量は，
水素：0.180−x〔mol〕　　ヨウ素：0.180−x〔mol〕
したがって，

$$\frac{\left(\dfrac{2x}{10.0}\right)^2}{\left(\dfrac{0.180-x}{10.0}\right)\left(\dfrac{0.180-x}{10.0}\right)}=49.0$$

よって
$$x=0.14 \text{ mol}$$

0525

容積3.0 Lの密閉容器に水素を1.0 mol，ヨウ素を1.0 mol入れ，一定温度に保つと平衡状態になった。このときの平衡定数を36とすると，ヨウ化水素は何mol生成しているか。 （琉球大）

1.5 mol

解説 平衡時のヨウ化水素の物質量をx〔mol〕とすると，平衡時の各物質の物質量は

水素：$1.0-\dfrac{1}{2}x$〔mol〕　　ヨウ素：$1.0-\dfrac{1}{2}x$〔mol〕

したがって，

$$\frac{\left(\dfrac{x}{3.0}\right)^2}{\left(\dfrac{1.0-\dfrac{1}{2}x}{3.0}\right)\left(\dfrac{1.0-\dfrac{1}{2}x}{3.0}\right)}=36$$

よって
$$x=1.5 \text{ mol}$$

$N_2O_4 \rightleftharpoons 2NO_2$について，$N_2O_4$ 4.2 molを27℃で2.0×10^5 Paに保つと，全体の体積は60 Lとなり平衡に達した。このときのN_2O_4の物質量を求めよ。 （電気通信大）

3.6 mol

解説
解離したN_2O_4の物質量をx〔mol〕とすると，平衡時のN_2O_4の物質量は4.2−x〔mol〕，NO_2の物質量は$2x$〔mol〕であるので，平衡時の総物質量は，(4.2−x)+$2x$=**4.2+x**〔mol〕と表せる。ここで，気体の状態方程式より

$$4.2+x = \frac{2.0\times10^5\times60}{8.31\times10^3\times(27+273)}$$

よって

$$x ≒ 0.613 \text{ mol}$$

平衡時のN_2O_4の物質量は，

4.2−**0.613**≒3.6 mol

体積10 Lの容器にN_2O_4 0.50 molを封入して一定温度に保ったところ，$N_2O_4 \rightleftharpoons 2NO_2$の平衡状態に達した。このときの混合気体の物質量は0.824 molであった。濃度平衡定数K_cを求めよ。 （鳥取大）

0.24 mol/L

解説
解離したN_2O_4の物質量をx〔mol〕とすると，平衡時のN_2O_4の物質量は0.5−x〔mol〕，NO_2の物質量は$2x$〔mol〕であるので

$$(0.5-x)+2x = 0.824 \text{〔mol〕}$$

よって

$$x = 0.324 \text{ mol}$$

N_2O_4およびNO_2の濃度は

$$[N_2O_4] = \frac{0.5-0.324}{10}$$
$$= 1.76\times10^{-2} \text{ mol/L}$$

$$[NO_2] = \frac{2\times0.324}{10}$$
$$= 6.48\times10^{-2} \text{ mol/L}$$

よって，

$$K_c = \frac{(6.48\times10^{-2})^2}{1.76\times10^{-2}} ≒ 0.24 \text{ mol/L}$$

物質の三態と状態変化

熱化学

電池と電気分解

化学反応と平衡

無機化学

有機化学

高分子化合物

0528

容積一定の容器にN_2O_4を入れ，一定温度で圧力を1.4×10^5 Paに保つと，その40%が解離して平衡状態（$N_2O_4 \rightleftarrows 2NO_2$）に達した。この温度での圧平衡定数はいくらか。

ア　2.7×10^4 Pa　　　イ　9.0×10^4 Pa
ウ　1.1×10^5 Pa　　　エ　1.3×10^4 Pa

（東北学院大）

ウ

解説

N_2O_4が40%解離したときの物質量比は

$$N_2O_4 : NO_2 = (1-0.40) : (0.40\times2) = 3 : 4$$

それぞれの分圧は

$$P_{N_2O_4} = 1.4\times10^5\times\frac{3}{3+4} = 6.0\times10^4\text{ Pa},$$

$$P_{NO_2} = 1.4\times10^5\times\frac{4}{3+4} = 8.0\times10^4\text{ Pa}$$

したがって，求める圧平衡定数は

$$K_p = \frac{(8.0\times10^4)^2}{6.0\times10^4} \fallingdotseq 1.1\times10^5\text{ Pa}$$

0529

N_2O_4 x〔mol〕を密閉容器に入れ，温度一定にしたところ$N_2O_4 \rightleftarrows 2NO_2$の平衡状態に達した。平衡時の気体の全圧を$P$，$N_2O_4$の解離度を$\alpha$とし，圧平衡定数$K_p$を$P$，$\alpha$を用いて表せ。

（電気通信大）

$K_p = \dfrac{4\alpha^2}{1-\alpha^2}P$

解説

平衡時のN_2O_4の物質量は$(1-\alpha)x$〔mol〕，NO_2の物質量は$2\alpha x$〔mol〕より，平衡時の物質量比は

$$N_2O_4 : NO_2 = (1-\alpha)x : 2\alpha x = (1-\alpha) : 2\alpha$$

それぞれの分圧は

$$P_{N_2O_4} = \frac{1-\alpha}{(1-\alpha)+2\alpha}\times P = \frac{1-\alpha}{1+\alpha}P\text{（Pa）},$$

$$P_{NO_2} = \frac{2\alpha}{(1-\alpha)+2\alpha}\times P = \frac{2\alpha}{1+\alpha}P\text{（Pa）}$$

したがって，求める圧平衡定数は，$K_p = \dfrac{\left(\dfrac{2\alpha}{1+\alpha}\right)^2}{\dfrac{1-\alpha}{1+\alpha}P} = \dfrac{4\alpha^2}{1-\alpha^2}P$

THEME 31 | 平衡の移動

🔑 POINT

▶ 化学反応が平衡状態にあるとき，濃度・圧力・温度などの条件を変化させると，新しい平衡状態になる。これを 平衡の移動 という。

▶ 化学反応が平衡状態にあるとき，条件を変化させると，その影響をやわらげる方向に平衡が移動する。これを ルシャトリエ の原理（または平衡移動の原理）という。

▶ 四酸化二窒素N_2O_4（無色）と二酸化窒素NO_2（赤褐色）が密閉容器内で，$N_2O_4 \rightleftharpoons 2NO_2$の平衡状態にあるとき，容器の体積を小さくすると， 左 向きに反応が進むため，NO_2が 減少 して気体の色が 薄く なる。

🧪 ビジュアル要点

● **濃度変化による平衡移動**

ヨウ化水素の反応の平衡移動（$H_2 + I_2 \rightleftharpoons 2HI$）

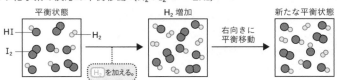

● **温度変化による平衡移動**

四酸化二窒素と二酸化窒素の反応の平衡移動（$N_2O_4 \rightleftharpoons 2NO_2$　$\Delta H = 57$ kJ）

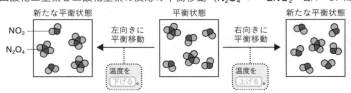

物質の三態と状態変化

熱化学

電池と電気分解

化学反応と平衡

無機化学

有機化学

高分子化合物

● **圧力変化による平衡移動**

アンモニアの反応の平衡移動（$N_2 + 3H_2 \rightleftarrows 2NH_3$）

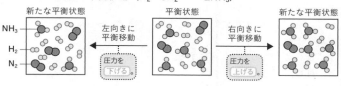

☑ 0530 ⌂	可逆反応が平衡状態にあるとき，外部から条件を変化させると，その影響を [　　　] 方向に平衡は移動し，新しい平衡状態になる。 (徳島大)	やわらげる
☑ 0531 ⌂	酢酸水溶液に酢酸ナトリウムを溶解すると酢酸イオンの濃度が増加し，酢酸の電離平衡が移動するため，水素イオンの濃度は小さくなる。この原理を人名を用いて答えよ。 (佐賀大)	ルシャトリエの原理
☑ 0532 ⌂	容器に固体のI_2を入れ，H_2を充填し，427℃に保持したところ，固体のI_2は全て気化した。この状態からさらにH_2を加えると，次式の化学平衡はどうなるか。 　　　$H_2 + I_2 \rightleftarrows 2HI$ ア　平衡は左へ移動する。 イ　平衡は右へ移動する。 ウ　平衡は移動しない。 (岐阜大)	イ
☑ 0533 ⌂	可逆反応$2NO_2 \rightleftarrows N_2O_4$が，ピストン付きの密閉容器中で平衡状態にある。この反応について，温度一定で体積を半分に圧縮すると，NO_2の分子数は（増加　減少）する。 (センター試験)	減少
☑ 0534 ⌂	可逆反応$N_2O_4 \rightleftarrows 2NO_2$について，温度一定で$NO_2$を密閉容器に入れた。しばらくして平衡に達したのち，体積を一定にしたままArを加えた。NO_2の分子の数はどうなるか。 (電気通信大)	変化しない

☑ 0535 ☐	$2NO_2$(気)$\rightleftharpoons N_2O_4$(気)　$\Delta H=-57.2$ kJの反応につい て，密閉容器内において25℃でこの反応が平衡に達している。全圧を変えずに温度を上げると，平衡はどちらに移動するか。 ア　N_2O_4が増える方向に移動する。 イ　N_2O_4が減る方向に移動する。 ウ　移動しない。　　　　　　　　　　　　　（愛媛大）	イ
☑ 0536 ☐	注射器の中に平衡状態に達した二酸化窒素と四酸化二窒素の混合気体が入っている。一定温度で，この注射器のピストンをすばやく引き上げて体積を大きくするとどうなるか。 ア　無色から徐々に赤褐色に変化する。 イ　赤褐色から徐々に無色に変化する。 ウ　赤褐色が濃くなったあと，徐々に薄くなる。 エ　赤褐色が薄くなったあと，徐々に濃くなる。 　　　　　　　　　　　　　　　　　　　（神戸学院大）	エ
☑ 0537 ☐	$N_2+3H_2\rightleftharpoons 2NH_3$が平衡状態にあるとき，容器中の圧力を高くすると，アンモニア濃度が（増加　減少）する。このような化学平衡の移動はルシャトリエの原理で説明できる。　　　　　　　　　　　　　　　　　（新潟大）	増加
☑ 0538 ☐	触媒を入れた密閉容器内で$N_2+3H_2\rightleftharpoons 2NH_3$の平衡が成立している。温度・体積一定で$H_2$を加えると，平衡は$NH_3$が　　　　　する方向へ移動する。　（センター試験）	増加
☑ 0539 ☐	N_2(気)$+3H_2$(気)$\rightleftharpoons 2NH_3$(気)　$\Delta H=-92$ kJはアンモニア合成反応を表したものである。この反応の平衡は，温度が高いほど（右　左）へ移動する。　　（成蹊大）	左
☑ 0540 ☐	CH_4(気)$+H_2O$(気)$\rightleftharpoons 3H_2$(気)$+CO$(気)　$\Delta H=206$ kJの反応が平衡状態にあるとき，平衡を右に移動させるためには温度をどのように変化させればよいか。　（成蹊大）	上げる

物質の三態と状態変化

熱化学

電池と電気分解

化学反応と平衡

無機化学

有機化学

高分子化合物

0541	Cl_2の単体を水に溶かすと，一部が水と反応し$HClO$とHClの2種の酸性物質ができる。この反応は（酸性　中性　塩基性）条件で$HClO$とHClが生成する方向へ平衡が移動する。　　　　　　　　　　　（東京農工大）	塩基性
0542	次のア〜エのうち，圧力を高くした場合，平衡が左に移動するものを1つ選べ。 ア　$CO + 2H_2 \rightleftarrows CH_3OH$ イ　$N_2 + 3H_2 \rightleftarrows 2NH_3$ ウ　$C(固) + H_2O \rightleftarrows H_2 + CO$ エ　$2SO_2 + O_2 \rightleftarrows 2SO_3$　　　　　　　　（大分大）	ウ
0543	可逆反応$A + 3B \rightleftarrows 2C$について，平衡状態での温度と$C$の体積百分率の関係を調べたところ，低温ほど$C$の体積百分率が高く，この正反応が[　　　]反応であることがわかった。　　　　　　　　　　　　　　　　　（徳島大）	発熱

THEME 32 電離平衡

⚿ POINT

▶ 弱電解質は，水溶液中でその一部が電離し，電離していない物質と電離してできたイオンが一定の割合で存在する平衡状態となる。このような化学平衡を 電離平衡 という。

▶ 純水はわずかに電離し，$H_2O \rightleftarrows H^+ + OH^-$ の電離平衡が成り立つ。このとき，水素イオン濃度と水酸化物イオン濃度の積 $[H^+][OH^-] = K_w$ は常に一定になる。この K_w を 水のイオン積 という。

▶ pHは水溶液の酸性・塩基性の度合いを表す値であり，水素イオン濃度 $[H^+]$ を用いて，pH $= -\log_{10}[H^+]$ と表される。

🧪 ビジュアル要点

● 緩衝液

弱酸 とその塩，または 弱塩基 とその塩の混合水溶液は，少量の酸や塩基を加えても，pHをほぼ一定に保つ 緩衝 作用がある。このようなはたらきがある水溶液を緩衝液という。

● 酢酸と酢酸ナトリウムの混合水溶液

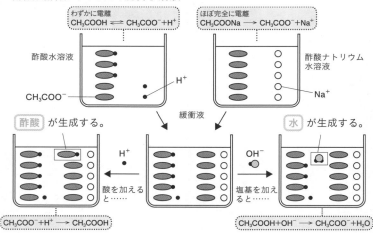

わずかに電離
$CH_3COOH \rightleftarrows CH_3COO^- + H^+$

ほぼ完全に電離
$CH_3COONa \longrightarrow CH_3COO^- + Na^+$

酢酸水溶液

酢酸ナトリウム水溶液

CH_3COO^-

H^+

Na^+

緩衝液

酢酸 が生成する。

水 が生成する。

H^+

OH^-

酸を加えると……

塩基を加えると……

$CH_3COO^- + H^+ \longrightarrow CH_3COOH$

$CH_3COOH + OH^- \longrightarrow CH_3COO^- + H_2O$

物質の三態と状態変化

熱化学

電池と電気分解

化学反応と平衡

無機化学

有機化学

高分子化合物

計算問題は，特に指定のない場合は四捨五入により有効数字
2桁で解答し，必要があれば，次の値を使うこと。
Na＝23，Cl＝35.5，Ag＝108
$\log_{10}2＝0.30$，$\log_{10}2.7＝0.43$，$\log_{10}5＝0.70$，$\log_{10}7＝0.85$，
$\log_{10}11＝1.04$，$\log_{10}13＝1.11$，
$\sqrt{1.80}＝1.34$，$\sqrt{2.70}＝1.64$

☑ 0544 �	$HA \rightleftarrows H^+ + A^-$のように弱酸の一部が電離して生じたイオンと未電離の弱酸とが平衡状態になることを◯◯◯という。 （宮崎大）	電離平衡
☑ 0545	酢酸水溶液ではどのような電離平衡が成り立つか。 （愛媛大）	$CH_3COOH \rightleftarrows$ $CH_3COO^- + H^+$
☑ 0546	$HA \rightleftarrows H^+ + A^-$の電離平衡について，電離定数$K_a$を，未電離の弱酸の分子のモル濃度 [$HA$]，弱酸の陰イオンのモル濃度 [$A^-$]，水素イオンのモル濃度 [$H^+$] を用いて表せ。 （宮崎大）	$K_a = \dfrac{[H^+][A^-]}{[HA]}$
☑ 0547	純粋な水で成り立つ電離平衡$H_2O \rightleftarrows H^+ + OH^-$について，電離定数$K_a$と水および各イオンのモル濃度 [$H_2O$]，[$H^+$]，[$OH^-$] との関係を表す式を答えよ。 （広島市立大）	$K_a = \dfrac{[H^+][OH^-]}{[H_2O]}$
☑ 0548	酢酸水溶液中の水素イオン濃度 [H^+] を，酢酸の電離定数K_a，酢酸の濃度 [CH_3COOH]，酢酸イオンの濃度 [CH_3COO^-] を用いて示せ。 （岩手大）	$[H^+] =$ $\dfrac{[CH_3COOH]}{[CH_3COO^-]}K_a$
☑ 0549	溶かした酸の全物質量に対する電離した酸の物質量の割合を◯◯◯という。この値は，酸の種類や濃度，温度によって異なる。 （山口大）	電離度
☑ 0550	弱酸である酢酸は水溶液中で電離平衡の状態にある。酢酸水溶液の初濃度をc(mol/L)，電離度をαとしたとき，酢酸の電離定数K_aをcとαで表せ。 （長崎大）	$K_a = \dfrac{c\alpha^2}{1-\alpha}$

☑ 0551 ☐	1価の弱酸の電離定数K_aは，弱酸の初濃度をc〔mol/L〕，電離度をαとすれば$K_a = \dfrac{c\alpha^2}{1-\alpha}$と表せる。ここで，弱酸の電離度が1に比べて極めて小さいことを考えれば，$K_a = \boxed{}$と近似できる。 （東京電機大）	$c\alpha^2$
☑ 0552 ☐	0.40 mol/Lの酢酸水溶液について，酢酸の電離度を答えよ。ただし，酢酸の電離定数K_aを2.7×10^{-5} mol/Lとする。電離度は1よりも十分に小さいものと近似して求めよ。 （香川大）	8.2×10^{-3}

🔍 解説 酢酸水溶液のモル濃度をc〔mol/L〕，電離度をαとすると

$$\alpha = \sqrt{\frac{K_a}{c}}$$
$$= \sqrt{\frac{2.70 \times 10^{-5}}{0.40}} = 8.2 \times 10^{-3}$$

☑ 0553 ☐	酢酸の25℃での電離定数K_aは2.70×10^{-5} mol/Lである。25℃，0.100 mol/Lでの酢酸の電離度を求めよ。電離度は1よりも十分に小さいものと近似して求めよ。 （長崎大）	1.6×10^{-2}

🔍 解説 酢酸水溶液のモル濃度をc〔mol/L〕，電離度をαとすると，

$$\alpha = \sqrt{\frac{K_a}{c}}$$
$$= \sqrt{\frac{2.70 \times 10^{-5}}{0.100}} ≒ 1.6 \times 10^{-2}$$

☑ 0554 ☐	水素イオン濃度 [H^+] と水酸化物イオン濃度 [OH^-] の積は$K_w = [H^+][OH^-]$ で表され，25℃において常に$K_w = 1.0 \times 10^{-14}$ mol²/L²である。このK_wを$\boxed{}$という。 （宮崎大）	水のイオン積
☑ 0555 ☐	水のイオン積は，一定の温度では一定の値を示し，25℃では$\boxed{}$mol²/L²となる。 （広島市立大）	1.0×10^{-14}

物質の三態と状態変化

熱化学

電池と電気分解

化学反応と平衡

無機化学

有機化学

高分子化合物

☑ 0556

3.0×10^{-2} mol/L酢酸水溶液の水素イオン濃度 $[H^+]$ を求めよ。ただし,酢酸の電離定数を 2.7×10^{-5} mol/Lとし,電離する酸の量がその全体量に比べて少ないと近似せよ。

(佐賀大)

9.0×10^{-4} mol/L

解説

酢酸水溶液のモル濃度を c 〔mol/L〕,電離定数を K_a とすると

$$[H^+] = \sqrt{cK_a}$$
$$= \sqrt{3.0 \times 10^{-2} \times 2.7 \times 10^{-5}} = 9.0 \times 10^{-4} \text{ mol/L}$$

☑ 0557

塩化水素は水に溶けて,ほぼ完全に電離する。1.0×10^{-2} mol/Lの塩酸中に,存在している水酸化物イオンの濃度を求めよ。

(奈良教育大)

1.0×10^{-12} mol/L

解説

$[H^+][OH^-] = 1.0 \times 10^{-14}$ mol²/L²より

$$[OH^-] = \frac{1.0 \times 10^{-14}}{[H^+]} = \frac{1.0 \times 10^{-14}}{1.0 \times 10^{-2}} = 1.0 \times 10^{-12} \text{ mol/L}$$

☑ 0558

0.203 mol/Lのアンモニア水溶液におけるアンモニアの電離度 α は 1.4×10^{-2} であった。このときの水素イオン濃度 $[H^+]$ 〔mol/L〕を求めよ。

(名古屋工業大)

3.5×10^{-12} mol/L

解説

$[OH^-] = 0.203 \times 1.4 \times 10^{-2} ≒ 2.84 \times 10^{-3}$ mol/Lより,水素イオン濃度は

$$[H^+] = \frac{1.0 \times 10^{-14}}{[OH^-]} = \frac{1.0 \times 10^{-14}}{2.84 \times 10^{-3}} ≒ 3.5 \times 10^{-12} \text{ mol/L}$$

☑ 0559

pHは,次のように定義される。
$[H^+] = 1.0 \times 10^{-x}$ 〔mol/L〕のとき,pH＝〔 〕

(神奈川大)

x

☑ 0560

4.0×10^{-4} mol/Lの酢酸水溶液(電離度0.25)のpHを求めよ。

(埼玉大)

4

解説

$$[H^+] = 4.0 \times 10^{-4} \times 0.25 = 1.0 \times 10^{-4} \text{ mol/L}$$
よって,pH＝4

0.20 mol/Lの酢酸水溶液のpHはいくらか。ただし，酢酸の電離定数K_aは2.7×10^{-5} mol/Lである。 （兵庫県立大） **2.6**

🔍
解説 酢酸水溶液のモル濃度をc(mol/L)，電離定数をK_aとすると

$$pH = -\log_{10}[H^+]$$
$$= -\log_{10}\sqrt{cK_a} = -\frac{1}{2}\log_{10}(0.20 \times 2.7 \times 10^{-5})$$
$$= -\frac{1}{2}(0.30 + 0.43 - 6)$$
$$\fallingdotseq 2.6$$

水溶液の酸性，塩基性の程度は，水素イオン指数pHで示すことができる。25℃におけるpHと水酸化物イオンのモル濃度[OH⁻]との関係を表す式を答えよ。 （広島市立大）

pH＝ $14 + \log_{10}[OH^-]$

25℃における0.10 mol/Lのアンモニア水のpHを求めよ。ただし，電離度は0.013とする。 （鳥取大） **11**

🔍
解説
$$[OH^-] = 1 \times 0.10 \times 0.013$$
$$= 1.3 \times 10^{-3} \text{ mol/L}$$
$$[H^+][OH^-] = 1.0 \times 10^{-14} \text{ mol}^2/\text{L}^2 \text{より}$$
$$[H^+] = \frac{1.0 \times 10^{-14}}{[OH^-]} = \frac{1.0 \times 10^{-14}}{1.3 \times 10^{-3}}$$
$$\fallingdotseq 7.7 \times 10^{-12} \text{ mol/L}$$

よって
$$pH = -\log_{10}[H^+]$$
$$= -\log_{10}(7.7 \times 10^{-12}) = -\log_{10}(7 \times 11 \times 10^{-13})$$
$$= 13 - (0.85 + 1.04) \fallingdotseq 11$$

酢酸がA (mol/L)，酢酸ナトリウムがB (mol/L) の濃度で溶けている水溶液について，酢酸の電離定数をK_a (mol/L)，$pK_a = -\log_{10}K_a$と定義すると，pHは pH＝ ☐ と表される。 （大阪市立大）

$pK_a + \log_{10}B$ $-\log_{10}A$

物質の三態と状態変化

熱化学

電池と電気分解

化学反応と平衡

無機化学

有機化学

高分子化合物

| 0565 | 未知濃度の酢酸のpHが3.0であったとき，その酢酸の濃度を計算せよ。ただし，酢酸の電離定数は$K_a=2.7\times10^{-5}$ mol/Lで酢酸の電離度は1より十分小さいものとする。 （奈良教育大） | 3.7×10^{-2} mol/L |

解説 酢酸のモル濃度をc(mol/L)とする。pH＝3.0より，$[H^+]=1.0\times10^{-3}$である。また，酢酸の電離度は1より十分小さいので，$[H^+]=\sqrt{cK_a}$より $1.0\times10^{-3}=\sqrt{c\times2.7\times10^{-5}}$ よって $c=3.7\times10^{-2}$ mol/L

| 0566 | 塩酸や酢酸はどちらも水酸化ナトリウムのような塩基と中和反応を起こし，□を形成する。 （甲南大） | 塩 |

| 0567 | 強酸と弱塩基からなる塩を水に溶かすと，水溶液は（酸性 塩基性 中性）になる。 （工学院大） | 酸性 |

| 0568 | 次の塩ア〜エのうち，水に溶かしたとき，水溶液が酸性を示すものを1つ選べ。
ア CH_3COONa　イ KCl
ウ Na_2CO_3　エ NH_4Cl （センター試験） | エ |

| 0569 | 次のa，bの塩の水溶液は酸性，塩基性，中性のいずれの性質を示すか。
　a Na_2SO_4　b CH_3COONa
ア a 中性　b 酸性
イ a 中性　b 塩基性
ウ a 塩基性　b 酸性
エ a 塩基性　b 塩基性 （宮城大） | イ |

| 0570 | 酢酸ナトリウムはほぼ完全に電離しているので，酢酸イオンは多量に存在する水分子と反応して，酢酸を生成する。この現象を□と呼ぶ。 （大分大） | 塩の加水分解 |

☑ 0571 ☐	弱酸と強塩基の塩である酢酸ナトリウムは，水溶液中でほぼ完全に酢酸イオンとナトリウムイオンに電離し，酢酸イオンの一部はイオン反応式 ☐ のように水と反応し平衡となる。　　　　　　　　　　（東京学芸大）	$CH_3COO^- + H_2O \rightleftarrows$ $CH_3COOH + OH^-$
☑ 0572 ☐	0.1 mol/Lの酢酸水溶液100 mLと，0.1 mol/Lの酢酸ナトリウム水溶液100 mLを混合した。この水溶液中の酢酸分子と酢酸イオンの物質量に関する記述として正しいものを1つ選べ。 ア　酢酸分子の物質量の方が多い。 イ　酢酸イオンの物質量の方が多い。 ウ　物質量はほぼ等しい。　　　　　　　　　　（センター試験）	ウ
☑ 0573 ☐	酢酸と酢酸ナトリウムの混合水溶液に強酸や強塩基を少量加えてもpHの変化は小さい。このようなはたらきの名称を答えよ。　　　　　　　　　　　　　　　　（佐賀大）	緩衝作用
☑ 0574 ☐	弱酸とその塩の混合水溶液は，外部から酸や塩基がわずかに混入してもpHをほぼ一定に保つ。このような水溶液を ☐ という。　　　　　　　　　　　　（宮崎大）	緩衝液
☑ 0575 ☐	酢酸と酢酸ナトリウムの混合水溶液は，少量の酸を加えても，そのpHはほとんど変化しない。この作用の原因となる反応を，イオン反応式で示せ。　　　　（群馬大）	$CH_3COO^- + H^+$ $\longrightarrow CH_3COOH$
☑ 0576 ☐	酢酸と酢酸ナトリウムの混合水溶液において，少量の塩基を加えた場合に，pHをほぼ一定に保つはたらきをする反応をイオン反応式で示せ。　　　　（広島市立大）	$CH_3COOH + OH^-$ $\longrightarrow CH_3COO^- + H_2O$
☑ 0577 ☐	難溶性の塩の飽和水溶液においては，陽イオン濃度と陰イオン濃度の積K_{sp}は，一定温度において常に一定に保たれる。このK_{sp}を ☐ という。　　（福井大）	溶解度積

物質の三態と状態変化

熱化学

電池と電気分解

化学反応と平衡

無機化学

有機化学

高分子化合物

| 0578 | 溶解度積は，□□□□が変わらなければ一定に保たれる。
（秋田大） | 温度 |

| 0579 | $BaSO_4$(固)$\rightleftarrows Ba^{2+}+SO_4^{2-}$の溶解平衡において，水溶液中のバリウムイオンと硫酸イオンのモル濃度の積 $K_{sp}=$□□□□は，温度が一定であれば一定の値となる。
（県立広島大） | $[Ba^{2+}][SO_4^{2-}]$ |

| 0580 | $AgCl$の飽和水溶液中では，固体の$AgCl$とAg^+およびCl^-は$AgCl \rightleftarrows Ag^++Cl^-$のような平衡にある。このとき，$AgCl$の溶解度積（$K_{sp}$）は$K_{sp}=$□□□□と表される。
（秋田大） | $[Ag^+][Cl^-]$ |

| 0581 | $BaSO_4$の水溶液中のバリウムイオンのモル濃度と硫酸イオンのモル濃度の積が溶解度積よりも（大きく　小さく）なると，それらのイオンで構成される$BaSO_4$の塩が沈殿する。
（県立広島大） | 大きく |

| 0582 | $2.0×10^{-5}$ mol/Lの硝酸銀水溶液100 mLと$2.0×10^{-5}$ mol/Lの塩化ナトリウム水溶液100 mLを混合すると，沈殿が生成（する　しない）。ただし，塩化銀の溶解度積を$1.8×10^{-10}$ (mol/L)^{2}とする。
（センター試験） | しない |

解説

イオン濃度の積は
$$[Ag^+]×[Cl^-]=\frac{1}{2}×2.0×10^{-5}×\frac{1}{2}×2.0×10^{-5}$$
$$=1.0×10^{-10}\,(mol/L)^2$$
溶解度積よりも小さいので，沈殿しない。

0583	Cl^-を0.10 mol含む1.0 Lの溶液に，Ag^+を含む水溶液を少しずつ加えた。AgClの沈殿が生じ始めるのは，Ag^+のモル濃度がいくらをこえたときか。ただし，AgClのK_{sp}を1.8×10^{-10} mol²/L²とする。 (山形大)	**1.8×10^{-9} mol/L**

解説 沈殿が生じ始めるAg^+のモル濃度をc〔mol/L〕とすると，$K_{sp}=[Ag^+][Cl^-]$より

$$1.8 \times 10^{-10} = c \times \mathbf{0.10} \quad \text{よって} \quad c = \mathbf{1.8 \times 10^{-9}} \text{ mol/L}$$

0584	銀イオンを0.200 mol含む水溶液500 mLに0.400 mol/Lの塩酸を500 mL加えると，塩化銀の沈殿は何g生じるか。ただし，塩化銀の溶解度積は$K_{sp}=1.8 \times 10^{-10}$ mol²/L²とする。 (東京電機大)	**29 g**

解説 沈殿する塩化銀の質量をx〔g〕とすると

$$\frac{0.200 - \dfrac{x}{143.5}}{0.500 + 0.500} \times \frac{0.400 \times 0.500 - \dfrac{x}{143.5}}{0.500 + 0.500} = \mathbf{1.8 \times 10^{-10}}$$

よって，$x = \mathbf{29}$ g

0585	塩化ナトリウムの飽和水溶液に塩化水素を通じると塩化ナトリウムの固体が析出する。この現象を　　　　という。 (富山大)	共通イオン効果

0586	酢酸水溶液に濃塩酸を添加すると，酢酸の電離度はどのように変化するか。 ア　大きくなる。　　　イ　小さくなる。 ウ　変化しない。 (甲南大)	イ

0587	塩化銀の沈殿を含む飽和溶液に少量の塩化ナトリウム水溶液を加えた場合，次式の平衡はどうなるか。 $$AgCl(固) \rightleftharpoons Ag^+ + Cl^-$$ ア　右に移動する。　　　イ　左に移動する。 ウ　移動しない。 (富山大)	イ

PART

5

無機化学

物質の根源である元素は，現在 110 種類以上の
ものが知られており，周期表にまとめられてい
ます。まずは，元素の分類と周期表を押さえ，
性質が似ている元素ごとに，単体や化合物の性
質，製法や用途について理解してゆきましょう。

THEME 33 周期表と元素

🔑 POINT

- 周期表の1族，2族および13族〜18族の元素を 典型 元素，3族〜12族の元素を 遷移 元素という。（12族元素は遷移元素に含めないこともある）
- 水素を除く1族の元素を アルカリ金属 元素，2族の元素を アルカリ土類金属 元素という。
- 17族の元素を ハロゲン 元素，18族の元素を 貴ガス 元素という。

🧪 ビジュアル要点

● 元素の周期表

元素を原子番号の順に並べ，性質の似ている元素が縦の列に並ぶように配列した表を 周期表 といい，その原型は1869年，メンデレーエフ によって発表された。

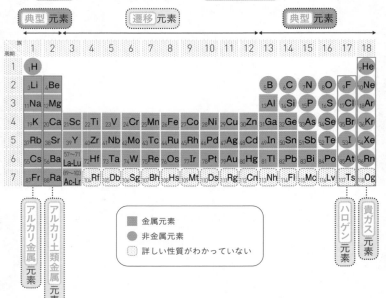

物質の三態と状態変化

熱化学

電池と電気分解

化学反応と平衡

無機化学

有機化学

高分子化合物

☑ 0588 ♡	元素の周期表において，縦の列を族と呼ぶが，1，2族と13 〜 18族の元素を◯◯◯◯元素という。 （首都大東京）	典型
☑ 0589 ♡	周期表の1族，2族および◯◯◯族から18族までの元素を典型元素という。 （京都産業大）	13 (12)
☑ 0590 ♡	現在，国際的に用いられている元素の周期表において，全部で8つの族の元素は典型元素と呼ばれ，それ以外は◯◯◯元素と呼ばれる。 （青山学院大）	遷移
☑ 0591 ♡	周期表の第4周期以降になると，3〜12族の元素が加わる。これらのうち，3〜◯◯◯族の元素を遷移元素という。 （大阪市立大）	12 (11)
☑ 0592 ♡	第3周期で13族の元素は（典型　遷移）元素である。 （東邦大）	典型
☑ 0593 ♡	次の10種の元素について，これらの中から遷移元素であるものを1つ選び，その元素記号を答えよ。 Ar, B, C, Ca, Cl, Fe, H, He, Li, Mg （群馬大）	Fe
☑ 0594 ♡	現在の周期表において，元素は◯◯◯の順に並んでおり，縦の列を族，横の行を周期という。 （弘前大）	原子番号 (陽子の数)
☑ 0595 ♡	2019年は国際周期表年であった。これは，2019年が◯◯◯によって元素の周期表が発表されてから，150年目にあたることになる。 （弘前大）	メンデレーエフ

☑ 0596	図の周期表について，アは（金属　非金属）元素である。	非金属

族	1	2	3〜12	13	14	15	16	17	18
周期									
1									
2				ア					
3									
4									

（センター試験）

☑ 0597	元素の周期表において同じ族に属する元素を〔　　〕元素という。 （茨城大）	同族

☑ 0598	周期表では，性質の似た元素が縦に並んでいる。例えば，水素を除く1族元素は〔　　〕元素と呼ばれ，陽イオンになりやすい。 （琉球大）	アルカリ金属

☑ 0599	周期表第2族の元素はすべて金属元素であり，第2族の元素を〔　　〕元素という。 （日本女子大）	アルカリ土類金属

☑ 0600	酸素は典型非金属元素であり，ナトリウムは典型金属元素であり，銅は遷移金属元素である。この分類例にならうと，バリウムは〔　　〕と表記される。 （静岡大）	典型金属元素

☑ 0601	周期表の17族元素を〔　　〕元素という。 （県立広島大）	ハロゲン

☑ 0602	同族元素の一部は，固有の名称が付けられている。例えば，〔　　〕族元素をハロゲン元素という。 （首都大東京）	17

☑ 0603	元素を原子番号の順に並べ，性質の似た元素が同じ縦の列に並ぶように配列した元素の周期表において，周期表の一番右端の18族元素を〔　　〕という。 （愛媛大）	貴ガス元素

物質の三態と状態変化

熱化学

電池と電気分解

化学反応と平衡

無機化学

有機化学

高分子化合物

☑ 0604 ⌷

| 周期表 ［　　　］ 族に属する元素を貴ガス元素という。
（広島市立大） | 18 |

☑ 0605 ⌷

図のアに当てはまる元素を元素記号で答えよ。 He

H																	ア
Li	Be											B	C	N	O	F	
Na	Mg											Al	Si	P	S	Cl	
K	Ca	Sc	Ti	V	Cr	Mn	Fe	Co	Ni	Cu	Zn	Ga	Ge	As	Se	Br	

（福島大）

☑ 0606 ⌷

各領域がア〜クで示されている。各領域に関する記述のうち誤りを含むものを1つ選べ。 ②

族周期	1	2	3	4	5	6	7	8	9	10	11	12	13	14	15	16	17	18
1	ア																	
2															カ			
3						エ										キ	ク	
4		イ	ウ											オ				
5																		
6																		
7																		

① 領域キの元素をハロゲン元素という。

② 領域ア，オ，カの元素は非金属元素である。

③ 領域クの元素を貴ガス元素という。

④ 領域イの元素をアルカリ金属元素という。

（武蔵野大）

THEME 34 水素・貴ガス元素

POINT

▶ 水素は周期表の 1 族に属する元素で、その単体は無色・無臭で水に溶け にくい。

▶ 周期表の 18 族に属する元素を貴ガス元素という。

▶ 貴ガス元素の原子は、価電子の数が 0 個で安定であるため、他の原子と ほとんど化合物をつくらない。

ビジュアル要点

● 水素の単体

名称	水素
化学式	H_2
製法	実験室：亜鉛Zn・鉄Feなど＋酸 　　　　$Zn + H_2SO_4 \longrightarrow$ ZnSO₄ ＋ H₂ 工業的製法：石油・天然ガスなどと高温の水蒸気を反応させる。
性質	・無色・無臭である。 ・水に溶け にくい。 ・酸素との混合気体に点火すると、爆発的に燃えて、 水 を生じる。 　　　　$2H_2 + O_2 \longrightarrow 2H_2O$ ・高温で 還元 剤としてはたらく。

● 貴ガスの単体

名称	ヘリウム	ネオン	アルゴン
化学式	He	Ne	Ar
用途	浮揚ガス，冷媒	ネオンサイン	電球の封入ガス
製法	液体空気 を分留して得られる。		
性質	・無色・無臭である。 ・価電子の数が 0 個で安定であるため、ほとんど化合物をつくらない。 ・単 原子分子として存在する。 ・融点・沸点が低く、常温・常圧ではすべて 気体 として存在する。		

☑ 0507 ⤶	水素は周期表の____族の元素で，宇宙に一番多く存在している。 (弘前大)	1
☑ 0508 ⤶	水素H_2は，常温・常圧で（無色　有色）・無臭の気体であり，気体の中で最も軽い。 (上智大)	無色
☑ 0509 ⤶	水素に点火すると，青白い炎で燃焼し，____が発生する。 (神戸学院大)	水 (H_2O)
☑ 0510 ⤶	水素は高温で（酸化剤　還元剤）として作用する。 (京都女子大)	還元剤
☑ 0511 ⤶	貴ガス原子のうち，ヘリウムは最外殻に2個，その他は最外殻に____個の電子をもち，安定な電子配置をとる。 (広島市立大)	8
☑ 0512 ⤶	貴ガス原子の価電子は____個とみなされる。 (東京理科大)	0
☑ 0513 ⤶	貴ガスの原子は他の原子と結合しにくく，____原子分子として存在する。 (広島市立大)	単
☑ 0514 ⤶	____は，不燃性で，水素に次いで軽いので，気球の浮揚ガスに用いられる。 (同志社大)	ヘリウム (He)
☑ 0515 ⤶	____は大気中に体積比として約1％の割合で存在する不活性ガスである。 (岡山県立大)	アルゴン (Ar)

35 ハロゲン元素

THEME

POINT

▶ 周期表の 17 族に属する元素をハロゲン元素という。

▶ ハロゲン元素の単体はいずれも 二 原子分子であり，有色・有毒の物質である。

▶ ハロゲン元素は多くの元素と化合して ハロゲン化物 をつくる。

ビジュアル要点

● ハロゲン元素の単体

名称	フッ素	塩素	臭素	ヨウ素
化学式	F_2	Cl_2	Br_2	I_2
常温での状態	気体 （淡黄色）	気体 （黄緑色）	液体 （赤褐色）	固体 （黒紫色）
融点 沸点 （℃）	−220 −188 低 ———————————————————————————————→ 高	−101 −34	−7 59	114 184
酸化力	大 ←——————————————————————————————— 小			
水素との反応	冷暗所でも爆発的に反応する。	光で爆発的に反応する。	高温にすると反応する。	高温にすると一部が反応する。
水との反応	激しく反応する。	少し溶け，一部が反応する。	少し溶け，一部が反応する。	溶けにくく，反応しにくい。

● 塩素の実験室的製法

酸化マンガン(Ⅳ)に 濃塩酸 を加えて加熱し， 下方置換 法により捕集する。

$$4HCl + MnO_2 \longrightarrow MnCl_2 + 2H_2O + Cl_2$$

〈塩素の発生と捕集〉

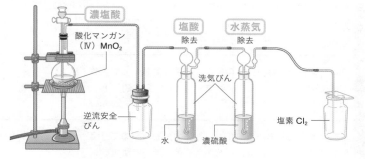

濃塩酸

酸化マンガン（Ⅳ）MnO₂

塩酸 除去

水蒸気 除去

洗気びん

逆流安全びん

水　濃硫酸

塩素 Cl₂

物質の三態と状態変化

熱化学

電池と電気分解

化学反応と平衡

無機化学

有機化学

高分子化合物

☑ 0616 ♡	周期表［　　　　］族のF, Cl, Br, Iなどの元素をハロゲンと呼ぶ。ハロゲンの原子は最外殻に7個の電子をもち，1価の陰イオンになりやすい。　　　　（琉球大）	17
☑ 0617 ♡	ハロゲンの原子は電子親和力が大きく，電子1個を受け取って［　　　　］価の陰イオンになりやすい。　　（成蹊大）	1
☑ 0618 ♡	ハロゲンの原子は［　　　　］個の価電子をもつため，1価の陰イオンになりやすい。　　　　　　　（杏林大）	7
☑ 0619 ♡	ハロゲンの単体は［　　　　］原子分子であるが，他の元素と化合物をつくりやすいので天然にはほとんど存在しない。　　　　　　　　　　　　　　（早稲田大）	二
☑ 0620 ♡	ハロゲンの単体は酸化力が強く，陰性も強いので，多くの元素と化合物を形成する。このような化合物を総称して［　　　　］という。　　　　　　　（杏林大）	ハロゲン化物
☑ 0621 ♡	ハロゲンの単体には酸化力があり，その強さは原子番号が小さいほど（大きい　小さい）。　　　（九州産業大）	大きい

☑ 2290 ⌂	ハロゲンの単体の中で最も酸化力が強いのは，□□□□である。 (福岡女子大)	フッ素 (F_2)
☑ 0623 ⌂	ハロゲンの単体は，相手の物質から電子を奪う力が大きく酸化剤としてはたらく。ハロゲンの単体F_2，Cl_2，Br_2，I_2について，酸化力が強い順に並べよ。 (弘前大)	$F_2 > Cl_2 > Br_2 > I_2$
☑ 0624 ⌂	塩素は臭素より強い（酸化力　還元力）をもつので，臭化カリウム水溶液に塩素水を加えると臭素が遊離する。 (県立広島大)	酸化力
☑ 0625 ⌂	臭素水をヨウ化カリウム水溶液に加えるとヨウ素（I_2）が遊離（する　しない）。 (福岡女子大)	する
☑ 0626 ⌂	次のア〜ウのうち，反応が進行するものを1つ選べ。ア　KCl水溶液とBr_2　　イ　KI水溶液とCl_2ウ　KBr水溶液とI_2 (弘前大)	イ
☑ 0627 ⌂	臭素のカリウム塩の水溶液に塩素水を加えると，塩素とは異なる単体が遊離した。この化学反応式を答えよ。 (岩手大)	$2KBr + Cl_2$ $\longrightarrow 2KCl + Br_2$
☑ 0628 ⌂	ハロゲンは，原子番号が大きくなるにしたがって，単体の融点は高くなり，沸点は（高く　低く）なる。 (杏林大)	高く
☑ 0629 ⌂	ハロゲンの単体のうち，常温・常圧で液体であるものはどれか。化学式で答えよ。 (九州産業大)	Br_2
☑ 0630 ⌂	フッ素は水と激しく反応して気体を発生する。この反応の化学反応式を答えよ。 (宮城大)	$2F_2 + 2H_2O$ $\longrightarrow 4HF + O_2$

物質の三態と状態変化

熱化学

電池と電気分解

化学反応と平衡

無機化学

有機化学

高分子化合物

0531	Cl_2は常温・常圧で［　　　］色の気体であり，その酸化力は強い。このため，日本では水道水の殺菌や消毒にCl_2が用いられている。 （関西大）	黄緑
0532	塩素は水に溶けて，さらに一部は水と反応するため，［　　　］置換により捕集される。 （弘前大）	下方
0533	塩素を発生させる装置について，Aに入る物質は何か。 濃塩酸　逆流安全びん　洗気びん （岩手大）	酸化マンガン(Ⅳ) (MnO_2)
0534	塩素は，酸化マンガン(Ⅳ)に濃塩酸を加え加熱すると得られる。この反応の化学反応式を答えよ。 （岡山県立大）	$4HCl + MnO_2$ $\longrightarrow MnCl_2 + 2H_2O$ $+ Cl_2$
0535	実験室で塩素ガスをつくるには，酸化マンガン(Ⅳ)に濃塩酸を加えて加熱するか，<u>高度さらし粉に希塩酸を加えて発生させる</u>。下線部の反応の化学反応式を答えよ。 （県立広島大）	$Ca(ClO)_2 \cdot 2H_2O$ $+ 4HCl \longrightarrow$ $CaCl_2 + 4H_2O +$ $2Cl_2$
0536	塩素は黄緑色の気体で，<u>熱した銅線をこの気体の中に入れると，淡黄色の煙を生じる</u>。下線部の反応の化学反応式を答えよ。 （県立広島大）	$Cu + Cl_2$ $\longrightarrow CuCl_2$
0537	塩素の単体を水に溶かすと，その一部が水と反応して塩化水素と［　　　］の2種の酸性物質ができる。 （東京農工大）	次亜塩素酸 ($HClO$)

0638	塩素は水に少し溶けて，その一部が水と反応して塩化水素と次亜塩素酸になる。この変化を化学反応式で答えよ。 （九州産業大）	$Cl_2 + H_2O \rightleftarrows$ $HCl + HClO$
0639	☐はハロゲンの単体であり，有毒な蒸気を出す。また，水に少し溶けて赤褐色の溶液になる。空欄に入る物質を１つ選べ。 ア Br_2　　イ F_2　　　ウ I_2　　　エ Cl_2 （横浜国立大）	ア
0640	ハロゲンに属する臭素の単体Br_2は，常温・常圧では赤褐色の（固体　液体　気体）である。　（福岡女子大）	液体
0641	ハロゲンの単体は，それぞれ独特の色を有している。常温・常圧では，ヨウ素は☐色の固体である。 （杏林大）	黒紫
0642	ヨウ素は水に（溶ける　溶けにくい）。　（宮城大）	溶けにくい
0643	I_2は，水にはほとんど溶けないがヨウ化カリウム水溶液には三ヨウ化物イオンを生じて溶け，☐色の水溶液となる。　（福岡女子大）	褐
0644	ヨウ素溶液はデンプン水溶液と反応して☐色になる。 （宮城大）	青紫
0645	ハロゲンと水素の化合物を☐という。　（九州産業大）	ハロゲン化水素

0646	ハロゲン化水素はいずれも〔　　〕色の刺激臭をもつ気体であり，水によく溶ける。　　　　　　　　（福岡女子大）	無
0647	ハロゲン化水素の水溶液は，〔　　〕水溶液を除きすべて強酸である。　　　　　　　　　　　　　　　　（中央大）	フッ化水素 (HF)
0648	工業的製法について，フッ化水素は，蛍石（フッ化カルシウム）に〔　　〕を加え，加熱して製造される。　　　　　　　　　　　　　　　　　　（センター試験）	濃硫酸 (H_2SO_4)
0649	フッ化水素は，フッ化カルシウム（蛍石）に濃硫酸を加えて発生させることができる。この反応を化学反応式で答えよ。　　　　　　　　　　　　　（早稲田大）	$CaF_2 + H_2SO_4$ $\longrightarrow CaSO_4 + 2HF$
0650	フッ化水素の水溶液を〔　　〕製の容器に保存することは不適切である。　　　　　　　　　　　　　　（高知大）	ガラス
0651	フッ化水素の水溶液は弱酸であるが，〔　　〕を溶かす性質がある。　　　　　　　　　　　　　　（福岡女子大）	二酸化ケイ素 (SiO_2) （ガラス）
0652	塩化水素は，塩化ナトリウムに濃硫酸を加えて加熱すると発生し，下方置換で集めることができる。下線部の反応について，化学反応式を答えよ。　　　　　　（琉球大）	$NaCl + H_2SO_4$ $\longrightarrow NaHSO_4 + HCl$
0653	塩化水素とアンモニアが反応すると，塩化アンモニウムの白色の煙を生じるので，この反応は塩化水素またはアンモニアの検出に用いられる。下線部の反応の化学反応式を答えよ。　　　　　　　　　（県立広島大）	$HCl + NH_3$ $\longrightarrow NH_4Cl$

☑ 0654 ☐	塩化水素の水溶液を[ ]といい，代表的な強酸である。　　　　　　　　　　　　　　　　　（県立広島大）	塩酸
☑ 0655 ☐	塩化水素の水溶液である塩酸は代表的な強酸であり，さまざまな金属と反応し[ ]を発生する。　　（琉球大）	水素 （H_2）
☑ 0656 ☐	次の塩素のオキソ酸の中で，酸としての強さの最も強いものをア～エより1つ選べ。 ア　次亜塩素酸　　　イ　亜塩素酸 ウ　塩素酸　　　　　エ　過塩素酸　　　　（杏林大）	エ
☑ 0657 ☐	塩素のオキソ酸は4種類（$HClO_n$，nは1～4の整数）ある。酸性が最も強いものは，nが[ ]のものである。　　　　　　　　　　　　　　　　　　　（宇都宮大）	4
☑ 0658 ☐	過塩素酸イオンの塩素原子の酸化数は[ ]である。　　　　　　　　　　　　　　　　　　　　　　　（埼玉大）	+7

🔍 解説　過塩素酸イオンはClO_4^-と表される。酸素の酸化数は-2なので，塩素の酸化数をxとすると
$$x+(-2)\times4=-1 \quad よって \quad x=+7$$

☑ 0659 ☐	次亜塩素酸塩中の塩素の酸化数を答えよ。　　（琉球大）	+1

🔍 解説　次亜塩素酸は$HClO$と表される。水素の酸化数は$+1$，酸素の酸化数は-2なので，塩素の酸化数をxとすると
$$(+1)+x+(-2)=0 \quad よって \quad x=+1$$

☑ 0660 ☐	次亜塩素酸塩は，強い（酸化　還元）作用をもつため，殺菌剤や漂白剤として利用されている。　（センター試験）	酸化

☑ 1990	次亜塩素酸は（弱酸　強酸）で，強い酸化作用をもつので消毒剤として用いることができる。　　（東京農工大）	弱酸
☑ 0662	_____はオキソ酸の一種であり，強い酸化作用を示し，漂白・殺菌効果がある。一般的にプールの水の殺菌などに利用されている。空欄に入る物質を1つ選べ。 ア　HClO　　　イ　HClO$_4$ ウ　HCl　　　エ　CaCl(ClO)・H$_2$O　　（横浜国立大）	ア
☑ 0663	次亜塩素酸の水溶液は消毒剤や漂白剤に使用される。この原理を表すイオン反応式を電子e$^-$を用いて表せ。　（岡山県立大）	ClO$^-$＋2H$^+$＋2e$^-$ ⟶H$_2$O＋Cl$^-$
☑ 0664	塩素を水酸化カルシウムに吸収させると，さらし粉ができる。この反応の化学反応式を答えよ。　　（宮城大）	Ca(OH)$_2$＋Cl$_2$⟶ CaCl(ClO)・H$_2$O
☑ 0665	ハロゲン化物イオンと銀イオンが反応すると_____が生じる。これらの中でフッ化銀は水に溶けるが，他は水に難溶で沈殿を生じる。　　（福岡女子大）	ハロゲン化銀
☑ 0666	_____以外のハロゲン化銀は，いずれも水に溶けにくい。　　（神戸学院大）	フッ化銀
☑ 0667	_____はハロゲン化物の一種であり，黄色の固体で水に溶けにくい性質をもつ。空欄に入る物質を1つ選べ。 ア　AgCl　　　イ　AgF　　　ウ　AgI　　（横浜国立大）	ウ

THEME 36 酸素・硫黄

⚗ POINT

▶ 酸素と硫黄は，いずれも周期表の 16 族に属する 典型 元素である。

▶ 酸素原子と硫黄原子は，いずれも 6 個の価電子をもち， 2 価の 陰 イオンになりやすい。

▶ 硫酸の工業的な製法を， 接触 法（または 接触 式硫酸製造法）という。

🧪 ビジュアル要点

● 酸素の同素体

名称	酸素	オゾン
化学式	O_2	O_3
製法	MnO₂ を触媒とし，H_2O_2 または$KClO_3$ を分解して得る。	O_2 の 無声放電 またはO_2に紫外線 を照射して得る。
性質	・無色・無臭	・淡青 色・特異臭・酸化作用あり

● 硫黄の同素体

名称	斜方 硫黄	単斜 硫黄	ゴム状硫黄
化学式	S_8		S_x
性質	・塊状・常温で安定	・針状・95.5℃以上で安定	・無定形・弾力性あり

● 硫酸の工業的製法（接触法／接触式硫酸製造法）

① 酸化バナジウム(V)V₂O₅ を触媒とし，二酸化硫黄SO_2を空気中の酸素O_2で酸化して 三酸化硫黄SO₃ にする。

$$2SO_2 + O_2 \longrightarrow 2\,SO_3$$

② 三酸化硫黄 を98〜99％の濃硫酸に吸収させて発煙硫酸にし，これを希硫酸と混合して濃硫酸にする。

$$SO_3 + H_2O \longrightarrow H_2SO_4$$

〈全体の流れ〉

| 二酸化硫黄 SO_2 | ① O_2, V_2O_5(触媒) | 三酸化硫黄 SO_3 | ② H_2O | 濃硫酸 H_2SO_4 |

物質の三態と状態変化

熱化学

電池と電気分解

化学反応と平衡

無機化学

有機化学

高分子化合物

計算問題は，特に指定のない場合は四捨五入により有効数字
2桁で解答し，必要があれば，次の値を使うこと。
H＝1.0，O＝16，S＝32

0668 ☑ ⤴	周期表 ___ 族の酸素と硫黄は，いずれも価電子6個をもち，2価の陰イオンになりやすく，他の原子と共有結合をつくる典型元素である。 （帯広畜産大）	16
0669 ☑ ⤴	酸素を含む無機物質中では，多くの場合，酸素原子の酸化数は ___ であるが，過酸化水素に含まれる酸素原子のように酸化数が－1の場合もある。 （群馬大）	－2
0670 ☑ ⤴	酸素は空気中にO_2で存在し，体積比で空気の約 ___ %を占める。 （埼玉大）	21
0671 ☑ ⤴	酸素は周期表の16族の元素で，大気中に体積百分率で約2割を占め，地殻中には ___ 番目に多く存在する元素である。 （名城大）	1
0672 ☑ ⤴	工業的製法について，酸素は， ___ を分留して製造される。 （センター試験）	液体空気
0673 ☑ ⤴	酸素の単体O_2は，実験室的には塩素酸カリウムに酸化マンガン(IV)を加えて加熱するか，酸化マンガン(IV)に ___ を加えることで得られる。 （名城大）	過酸化水素水

0674	実験室で酸素を発生させるには，触媒に［　　　］を用いて，過酸化水素や塩素酸カリウムの分解反応を利用する。　　　　　　　　　　　　　　　（同志社大）	酸化マンガン(Ⅳ)
0675	実験室でO_2は，塩素酸カリウムに酸化マンガン(Ⅳ)を触媒として加え加熱すると得られる。この酸素生成反応の化学反応式を答えよ。　　　　　　　　　　　　（中央大）	$2KClO_3 \longrightarrow$ $2KCl + 3O_2$
0676	酸素O_2の同素体である［　　　］は特異臭があり，分解するときに酸化作用を示す。　　　　　　　　　　　（名城大）	オゾン (O_3)
0677	酸素の同素体であるオゾンは酸素に［　　　］を行うことで生成する。　　　　　　　　　　　　　　　（東京学芸大）	無声放電
0678	オゾンはO_2に強い［　　　］を当てるか，O_2中で無声放電を行うと生成する。　　　　　　　　　　　（中央大）	紫外線
0679	オゾンには（酸化　還元）作用があり，ヨウ化カリウム水溶液にオゾンを通すとヨウ素が生成される。　　　　　　　　　　　　　　　　　　　　　（帯広畜産大）	酸化
0680	デンプンと<u>ヨウ化カリウムを溶かした水溶液に浸したろ紙をO_3にさらすと反応し，ろ紙は青紫色に変色する。</u>下線部の反応の化学反応式を答えよ。　　　　　　（埼玉大）	$2KI + O_3 + H_2O$ $\longrightarrow I_2 + 2KOH + O_2$
0681	硫黄は，酸素と同じく周期表の16族に属する典型元素である。硫黄の単体には，斜方硫黄，単斜硫黄，［　　　］硫黄があり，それらは同素体という。　（高知大）	ゴム状
0682	斜方硫黄および単斜硫黄に共通する分子式を答えよ。　　　　　　　　　　　　　　　　　　　　（名古屋市立大）	S_8

物質の三態と状態変化

熱化学

電池と電気分解

化学反応と平衡

無機化学

有機化学

高分子化合物

0683 ☑ 🖱	▢▢▢は火山地帯で多く産出される黄色の単体であり，常温で長時間放置しても安定に存在する。また，CS_2に溶ける。空欄に入る物質を1つ選べ。 ア　ゴム状硫黄　　　イ　斜方硫黄 ウ　単斜硫黄 （横浜国立大）	イ
0684 ☑ 🖱	硫黄は，空気中では青い炎を上げて燃焼し，▢▢▢になる。 （東海大）	二酸化硫黄 (SO_2)
0685 ☑ 🖱	酸素は，さまざまな原子と反応して▢▢▢をつくる。 （同志社大）	酸化物
0686 ☑ 🖱	非金属元素の多くは高温で酸化される。これらの酸化物のうち，水と反応して酸となるものや，塩基と反応して塩を生じるものを，▢▢▢酸化物という。 （広島市立大）	酸性
0687 ☑ 🖱	酸性酸化物として最も適当なものはどれか。 ア　Li_2O　　イ　MgO　　ウ　Al_2O_3　　エ　SiO_2 （広島市立大）	エ
0688 ☑ 🖱	強塩基の水溶液と反応して塩をつくる酸化物はどれか。 ア　Na_2O　　イ　MgO　　ウ　CaO　　エ　ZnO （センター試験）	エ
0689 ☑ 🖱	酸性酸化物と水との反応で生じる硝酸，硫酸，リン酸などは分子中に酸素原子を含む。このような酸を▢▢▢という。 （広島市立大）	オキソ酸
0690 ☑ 🖱	硫黄は多くの元素と▢▢▢をつくる。例えば，鉄と反応して，硫化鉄（Ⅱ）を生じる。 （東海大）	硫化物

☑ 0691 ☐	代表的な硫黄の化合物である 　　　 は腐卵臭をもつ無色の有毒な気体で，水に溶けやすい。水溶液は弱酸性を示す。 (新潟大)	硫化水素 (H_2S)
☑ 0692 ☐	硫化水素は， 　　　 価の弱酸である。 (センター試験)	2
☑ 0693 ☐	硫化水素は， 　　　 に希硫酸を加えると発生する無色の有毒な気体である。 (高知大)	硫化鉄(II) (FeS)
☑ 0694 ☐	硫化水素は，実験室では硫化鉄(II)に希硫酸を加えて発生させ，　　　 法で捕集する。 (神奈川大)	下方置換
☑ 0695 ☐	硫化水素の気体を発生させるとき，必要な試薬の組み合わせを次のア〜エから1つ選べ。 　ア　亜硫酸水素ナトリウムと希硫酸 　イ　硫化鉄(II)と希塩酸 　ウ　銅と希硫酸 　エ　銅と熱濃硫酸 (日本女子大)	イ
☑ 0696 ☐	無色，腐卵臭の有毒な気体である硫化水素は，実験室では硫化鉄(II)に希硫酸を加えて発生させる。この反応の化学反応式を答えよ。 (帯広畜産大)	$FeS + H_2SO_4$ $\longrightarrow FeSO_4 + H_2S$
☑ 0697 ☐	無色の有毒な気体である硫化水素H_2Sは，一般に強い 　　　 剤としてはたらく。 (慶應義塾大)	還元
☑ 0698 ☐	硫化水素は，ヨウ素により（酸化　還元）される。 (センター試験)	酸化

☑ 0659 ☐	硫化水素を，金属イオンを含む水溶液に通じると，水に溶けにくい沈殿が生成する。銀イオンが含まれる試験管に硫化水を通じるとどのような沈殿が生じるか。化学式で答えよ。 (高知大)	Ag_2S
☑ 0700 ☐	二酸化硫黄は常温・常圧で[　　]である。空欄に当てはまる適切な表現をア～エから1つ選べ。 ア　無色，刺激臭のある有毒な気体 イ　黄色，刺激臭のある無害な気体 ウ　無色，無臭の有毒な気体 エ　無色の液体 (東海大)	ア
☑ 0701 ☐	硫黄の酸化物である二酸化硫黄は，工業的には，[　　]または黄鉄鉱を空気中で完全燃焼させることによってつくられる。 (新潟大)	硫黄
☑ 0702 ☐	[　　]は，硫黄を空気中で燃焼させることにより得られる。 (センター試験)	二酸化硫黄
☑ 0703 ☐	[　　]に希硫酸を加えると二酸化硫黄が発生する。この物質には還元作用があり漂白剤に用いられる。 (宮崎大)	亜硫酸ナトリウム（Na_2SO_3）または亜硫酸水素ナトリウム（$NaHSO_3$）
☑ 0704 ☐	二酸化硫黄は，実験室では亜硫酸ナトリウムまたは亜硫酸水素ナトリウムに希硫酸を加えるか，[　　]に濃硫酸を加えて加熱することにより得られる。 (新潟大)	銅
☑ 0705 ☐	二酸化硫黄は，実験室では亜硫酸ナトリウムに希硫酸を加えて発生させる。この反応の化学反応式を答えよ。 (帯広畜産大)	$Na_2SO_3+H_2SO_4 \longrightarrow Na_2SO_4+H_2O+SO_2$
☑ 0706 ☐	実験室で二酸化硫黄を発生させるには，銅を加熱した濃硫酸（熱濃硫酸）と反応させる方法がある。この反応の化学反応式を答えよ。 (名古屋市立大)	$Cu+2H_2SO_4 \longrightarrow CuSO_4+2H_2O+SO_2$

☑ 0707 ☐	二酸化硫黄と硫化水素の反応では，二酸化硫黄が（酸化剤　還元剤）としてはたらく。　　（センター試験）	酸化剤
☑ 0708 ■	硫化水素を水に溶かし，二酸化硫黄を通じたところ白濁した。このときの反応を化学反応式で答えよ。　　　　　　　　　　　　　　　　　　　　　（日本女子大）	$SO_2 + 2H_2S$ $\longrightarrow 3S + 2H_2O$
☑ 0709 ■	二酸化硫黄を溶かした水溶液にヨウ素ヨウ化カリウム水溶液（ヨウ素液）を加えた。溶液中の二酸化硫黄とヨウ素の反応を化学反応式で答えよ。　　（日本女子大）	$SO_2 + I_2 + 2H_2O$ $\longrightarrow H_2SO_4 + 2HI$
☑ 0710 ☐	二酸化硫黄は水に溶かすと〇〇〇〇性を示す。　（高知大）	酸
☑ 0711 ☐	二酸化硫黄は，水によく溶けて，水中で〇〇〇〇を生じ，弱い酸性を示す。　　　　　　　　（東海大）	亜硫酸 (H_2SO_3)
☑ 0712 ☐	硫酸は，工業的には〇〇〇〇法で製造される。　（新潟大）	接触 （接触式硫酸製造）
☑ 0713 ☐	接触法では，酸化バナジウム(V)を触媒として，二酸化硫黄を空気中の酸素と反応させると〇〇〇〇が発生する。　　　　　　　　　　　　　　　　　　（高知大）	三酸化硫黄
☑ 0714 ■	接触法では，酸化バナジウム(V)を触媒にして，二酸化硫黄を空気中の酸素と反応させ三酸化硫黄とする。この反応の化学反応式を答えよ。　　（帯広畜産大）	$2SO_2 + O_2$ $\longrightarrow 2SO_3$ $(\Longleftrightarrow)$
☑ 0715 ☐	接触法では，濃硫酸を吸収液とする吸収塔において，生成した三酸化硫黄を吸収させて〇〇〇〇とする。これを希硫酸で希釈して濃硫酸とする。　（福岡女子大）	発煙硫酸

☑ 0716 🛍 | 硫黄64 kgから得られる98%の濃硫酸は最大で何kgになるか。 (名城大) | 2.0×10² kg

🔍 解説

硫酸1 mol中に硫黄が1 mol含まれているので,得られる濃硫酸は最大で

$$\frac{64 \times 10^3}{32} \times 98 \times \frac{100}{98} \times 10^{-3} = 2.0 \times 10^2 \text{ kg}$$

☑ 0717 🛍 | 食塩NaClに濃硫酸を加えて加熱したときに起きる反応を,化学反応式で答えよ。 (名古屋市立大) | $NaCl + H_2SO_4 \longrightarrow NaHSO_4 + HCl$

☑ 0718 ♡ | 濃硫酸を加えると,スクロース(ショ糖)は(白色　黒色)になる。 (センター試験) | 黒色

☑ 0719 ♡ | 加熱した濃硫酸に銀を加えると,気体の◯◯◯◯が発生する。 (新潟大) | 二酸化硫黄

☑ 0720 ♡ | (濃硫酸　希硫酸)を水に加えると,多量の熱が発生する。 (センター試験) | 濃硫酸

THEME 37 窒素・リン

POINT

▶ 窒素とリンは，いずれも周期表の 15 族に属する 典型 元素である。

▶ 窒素原子とリン原子は，いずれも 5 個の価電子をもち，他の原子と共有結合をつくる。

▶ アンモニアの工業的な製法を ハーバー・ボッシュ 法（または ハーバー 法），硝酸の工業的な製法を オストワルト 法という。

ビジュアル要点

● 窒素・リンの単体

	窒素の単体	リンの単体（同素体）	
名称	窒素	黄リン	赤リン
化学式	N_2	P_4	P（組成式）
製法・性質	・無色・無臭 ・液体空気を 分留 して得られる。	・淡黄 色・固体 ・猛毒 ・自然発火するため，水 中に保存する。	・赤褐 色・粉末 ・毒性は少ない。

● アンモニアの工業的製法（ハーバー・ボッシュ法／ハーバー法）

四酸化三鉄 Fe_3O_4 を触媒として，高温・高圧下で窒素 N_2 と 水素 H_2 を反応させて，アンモニア NH_3 を得る。

$$N_2 + 3H_2 \rightleftharpoons 2NH_3$$

● 硝酸の工業的製法（オストワルト法）

① 白金 を触媒とし，$800 \sim 900℃$ に加熱して，アンモニア NH_3 を空気中の酸素 O_2 で酸化して一酸化窒素 NO にする。

$$4 NH_3 + 5O_2 \longrightarrow 4NO + 6H_2O$$

② 一酸化窒素を酸化して 二酸化窒素 NO_2 にする。

$$2NO + O_2 \longrightarrow 2 NO_2$$

③ 二酸化窒素 を温水に吸収させて硝酸HNO_3にする。このとき発生した一酸化窒素は②で再利用する。

$$3\,NO_2 + H_2O \longrightarrow 2HNO_3 + NO$$

〈全体の流れ〉

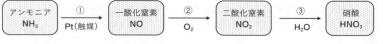

物質の三態と状態変化

熱化学

電池と電気分解

化学反応と平衡

無機化学

有機化学

高分子化合物

☑ 0721	単体の窒素N_2は空気の体積の約[　　]%を占め，常温では化学反応を起こしにくいが，高温・高圧ではいろいろな化合物をつくる。 　　　　　　　（群馬大）	78
☑ 0722	単体のリンは天然に（多く存在する　ほとんど存在しない）。 　　　　　　　　　　　　　　　　（東京理科大）	ほとんど存在しない
☑ 0723	（黄リン　赤リン）はリン酸カルシウムを電気炉中でコークスとけい砂と共に強熱し，生じた気体のリンを水中で冷却することで得られる。 　　　　　　　（昭和大）	黄リン
☑ 0724	黄リンは分子式[　　]で表され，空気中で自然発火する。一方，空気を遮断して250℃で黄リンを加熱すると赤リンになる。 　　　　　　　　　　（上智大）	P_4
☑ 0725	黄リンは空気中で自然発火するため，[　　]中に保存する。 　　　　　　　　　　　　　　　　（成蹊大）	水
☑ 0726	化学実験室でアンモニアを得るには，[　　]と水酸化カルシウムを混合して加熱する方法が用いられる。 　　　　　　　　　　　　　　　　（龍谷大）	塩化アンモニウム（NH_4Cl）
☑ 0727	アンモニアは，工業的には四酸化三鉄Fe_3O_4を主成分とした触媒を用いて空気中の窒素を水素と反応させて得られる。この工業的製法の名称を答えよ。（横浜国立大）	ハーバー・ボッシュ法（ハーバー法）

☑ 0728	アンモニアは，工業的には400〜500℃の高温，10^7 Pa の高圧下で合成を行うハーバー・ボッシュ法によって製造される。この反応を化学反応式で答えよ。（名古屋工業大）	$N_2 + 3H_2 \longrightarrow 2NH_3$
☑ 0729	アンモニアを捕集するのに適切な方法はどれか。 ア　水上置換　　　イ　上方置換　　　ウ　下方置換 （大阪府立大）	イ
☑ 0730	一酸化窒素は[　　　]色の気体であり，水に溶けにくい。また，銅を希硝酸に加えることで生成する。（横浜国立大）	無
☑ 0731	ふたまた試験管に希硝酸と銅片を入れた。ふたまた試験管を傾け，希硝酸と銅片を反応させたところ[　　　]が発生した。（青山学院大）	一酸化窒素（NO）
☑ 0732	一酸化窒素を捕集するには，どの方法が最も適当か。 ア　水上置換　　　イ　上方置換　　　ウ　下方置換 （島根大）	ア
☑ 0733	一酸化窒素は空気中で速やかに酸化されて，[　　　]となる。（同志社大）	二酸化窒素（NO_2）
☑ 0734	二酸化窒素は[　　　]色の気体で水に溶けやすく，銅と濃硝酸を反応させると生成する。（横浜国立大）	赤褐
☑ 0735	二酸化窒素を捕集するのに適切な方法はどれか。 ア　水上置換　　　イ　上方置換　　　ウ　下方置換 （大阪府立大）	ウ
☑ 0736	硝酸の実験室的製法としては，[　　　]に濃硫酸と反応させることにより得られる。（帝京大）	硝酸カリウム（KNO_3）

☑ 0737	実験室では，硝酸カリウムに濃硫酸を加えて加熱すると硝酸が得られる。この反応を化学反応式で答えよ。 （大阪府立大）	$KNO_3+H_2SO_4\longrightarrow$ $KHSO_4+HNO_3$
☑ 0738	アンモニアを酸化して硝酸を製造する方法を[　　]法という。 （県立広島大）	オストワルト
☑ 0739	硝酸は工業的に製造される。最初の反応では，アンモニアと空気の混合気体を，熱した触媒（白金触媒）を用いて一酸化窒素へ変換する。この反応を化学反応式で答えよ。 （帝京大）	$4NH_3+5O_2\longrightarrow$ $4NO+6H_2O$
☑ 0740	赤リンを酸素中で燃焼させると，[　　]になる。 （上智大）	十酸化四リン (P_4O_{10})
☑ 0741	十酸化四リンに水を加えて加熱したときに生じるオキソ酸の名称を記せ。 （大阪市立大）	リン酸
☑ 0742	リン酸は十酸化四リンを水に溶かして加熱すると得られる。この反応を化学反応式で答えよ。 （早稲田大）	$P_4O_{10}+6H_2O$ $\longrightarrow4H_3PO_4$
☑ 0743	リン酸カルシウムを硫酸と反応させると，硫酸カルシウムとリン酸二水素カルシウムの混合物が得られる。この混合物は[　　]と呼ばれている。 （昭和大）	過リン酸石灰

物質の三態と状態変化

熱化学

電池と電気分解

化学反応と平衡

無機化学

有機化学

高分子化合物

THEME 38 炭素・ケイ素

POINT

▶ 炭素とケイ素は，いずれも周期表の 14 族に属する 典型 元素である。

▶ 炭素原子とケイ素原子は，いずれも 4 個の価電子をもち，他の原子と共有結合をつくる。

▶ 炭素の同素体には，極めて硬い ダイヤモンド，電気をよく通す黒鉛（グラファイト），球状の分子である フラーレン などがある。

ビジュアル要点

● 炭素の同素体

名称	ダイヤモンド	黒鉛 （グラファイト）	フラーレン
構造			
性質	・非常に硬い ・絶縁体	・薄片にはがれやすい ・導体	・C_{60}，C_{70}などの分子式をもつ 球 状の分子 ・絶縁体

● ケイ素の単体

名称	ケイ素
化学式	Si
製法	電気炉で ケイ砂 （SiO_2）を炭素で還元する。 $SiO_2 + 2C \longrightarrow Si + 2CO$
性質	・ダイヤモンドと同様の構造をもつ。 ・金属に似た 光沢 をもつ。 ・ 半導体 として利用される。

物質の三態と状態変化

熱化学

電池と電気分解

化学反応と平衡

無機化学

有機化学

高分子化合物

● **シリカゲル**

表面に－OHの構造をもつ多孔質の固体であり，水蒸気を吸着するため，乾燥剤などに使われる。

〈シリカゲルの製法〉

□ 0744	炭素とケイ素は周期表の 族の典型元素で非金属元素である。 （千葉大）	14
□ 0745	炭素には価電子が 個存在するので，元素の中でも最も多い4組の共有結合をもつことが可能である。 （岡山県立大）	4
□ 0746	炭素の単体には，ダイヤモンドや黒鉛（グラファイト）などの がある。 （東京農業大）	同素体
□ 0747	図の物質の名称を次のア〜エの中から選び，記号で答えよ。 ア　カーボンナノチューブ イ　ダイヤモンド ウ　黒鉛 エ　フラーレン　　（広島大）	エ
□ 0748	フラーレンC$_{60}$は，（球状　筒状　薄膜状）の分子である。 （センター試験）	球状
□ 0749	1985年に炭素の同素体として の分子式をもつ二十面体のサッカーボール状分子フラーレンが合成され，その構造が明らかにされた。 （鹿児島大）	C$_{60}$

☑ 0750 ⌖	は，炭素原子が正六角形につながった平面的な構造が，互いに層状に重なり合った多層構造をもつ化合物である。　　　　　　　　　　　　　　（香川大）	黒鉛（グラファイト）
☑ 0751 ⌖	ダイヤモンド，黒鉛，フラーレンの中で，最も電気伝導性が大きいものはどれか。　　　　　　　　　　　（秋田大）	黒鉛
☑ 0752 ⌖	ダイヤモンド，フラーレン，カーボンナノチューブ，黒鉛のうち，　　　　は無色透明で極めて硬く，電気を通さない。　　　　　　　　　　　　　　　　（関西学院大）	ダイヤモンド
☑ 0753 ⌖	炭素の単体には，針状結晶として発見された，直径が10^{-9} m程度の円筒状（管状）の構造をもつものがある。その単体は一般に　　　　と呼ばれる。　　　（秋田大）	カーボンナノチューブ
☑ 0754 ⌖	微小な黒鉛結晶が不規則に集まった無定形炭素の一つで，多孔質の構造をもつため吸着力が大きく，脱臭剤などに用いられるものは一般に何と呼ばれるか。　（秋田大）	活性炭
☑ 0755 ⌖	ケイ素は　　　　に次いで地殻中に多く存在する。　　　　　　　　　　　　　　　　　　　　　　（大分大）	酸素
☑ 0756 ⌖	ケイ素は，二酸化ケイ素を（酸化　還元）してつくることができる。　　　　　　　　　　　　（センター試験）	還元
☑ 0757 ⌖	ケイ素は，（黒鉛　ダイヤモンド）と同様の結晶構造をもつ。　　　　　　　　　　　　　　　（センター試験）	ダイヤモンド
☑ 0758 ⌖	ケイ素の単体は共有結合の結晶であるが，金属に似た（光沢　展性　延性）があり，多くの半導体の原料として使われている。　　　　　　　　　　　　（成蹊大）	光沢

物質の三態と状態変化

熱化学

電池と電気分解

化学反応と平衡

無機化学

有機化学

高分子化合物

☑ 0759 ☐	単体のケイ素の結晶は融点が高く，電気をわずかに通す ☐ の性質を示す。　　　　　　　　　　　（名古屋市立大）	半導体
☑ 0760 ☐	ケイ素は電気的には半導体の性質を示し，コンピュータの集積回路や ☐ 電池に利用される。　　（九州工業大）	太陽
☑ 0761 ☐	灯油などが不完全燃焼したときに発生する一酸化炭素は，水に（溶ける　溶けにくい）。　　（センター試験）	溶けにくい
☑ 0762 ☐	☐ は無色・無臭の気体であり，ギ酸に濃硫酸を加えて加熱すると生成する。また，血液中のヘモグロビンと強く結合して体内への酸素の供給を阻害するため，毒性が強い。　　　　　　　　　　　　　　　　（横浜国立大）	一酸化炭素 (CO)
☑ 0763 🖈	二酸化炭素は，工業的には炭酸カルシウムを強熱してつくられる。この反応の化学反応式を答えよ。　　（同志社大）	$CaCO_3 \longrightarrow$ $CaO + CO_2$
☑ 0764 ☐	二酸化炭素CO_2は，常温・常圧で無色・無臭の気体である。水に溶け，その水溶液は（弱酸性　強酸性）を示す。　　　　　　　　　　　　　　　　　　　　（上智大）	弱酸性
☑ 0765 🖈	二酸化炭素は，水に少し溶けて，その水溶液は弱い酸性を示す。この反応を電離式で答えよ。　　　（同志社大）	$CO_2 + H_2O \rightleftharpoons$ $H^+ + HCO_3^-$
☑ 0766 ☐	二酸化炭素を ☐ に通すと白色沈殿を生じ，さらに過剰に通じると沈殿は炭酸カルシウムとなって溶解する。　　　　　　　　　　　　　　　　　　　　　（千葉大）	石灰水

☑ 0767 ◻	二酸化炭素は常圧では液体にはならない。二酸化炭素の固体は[　　　]と呼ばれ，常圧では−78.5℃以上の温度で固体から直接気体へと変化する。　　　　　（鹿児島大）	ドライアイス
☑ 0768 ◻	ケイ素の酸化物である[　　　]は，石英，ケイ砂などとして天然に存在している。　　　　　　　　　　（名古屋市立大）	二酸化ケイ素
☑ 0769 ◻	二酸化ケイ素は，電気的には絶縁体の性質を示す。また，高純度のものは高い透明性を示すため，通信ケーブルなどに使われる[　　　]の原料になる。　　　　（九州工業大）	光ファイバー
☑ 0770 ◻	二酸化ケイ素は，炭酸ナトリウムと加熱すると反応し，CO_2を発生しながら[　　　]を生じる。　　　　（福岡女子大）	ケイ酸ナトリウム（Na_2SiO_3）
☑ 0771 ◻	ケイ素の酸化物である二酸化ケイ素に水酸化ナトリウムを加えて熱すると，ケイ酸ナトリウムを生成する。この反応の化学反応式を答えよ。　　　　　　　　（千葉大）	$SiO_2+2NaOH$ $\longrightarrow Na_2SiO_3+H_2O$
☑ 0772 ◻	二酸化ケイ素に水酸化ナトリウムを加えて加熱すると溶解し，塩を生じる。この塩に水を加えて加熱すると，無色透明で粘性の大きな液体が得られる。この液体の名称を答えよ。　　　　　　　　　　　　　　　（宇都宮大）	水ガラス
☑ 0773 ◻	水を加えて加熱すると水ガラスと呼ばれる粘性の大きな液体となる物質はどれか。次のア～エから１つ選べ。 ア　シリコン（ケイ素）　　　イ　ケイ酸ナトリウム ウ　シリカゲル　　　　　　　エ　ケイ砂（二酸化ケイ素） 　　　　　　　　　　　　　　　　　　　　　　　　（成蹊大）	イ
☑ 0774 ◻	水ガラスに塩酸を加えると[　　　]のゲル状沈殿を生じる。これを加熱して脱水するとシリカゲルが得られる。　　　　　　　　　　　　　　　　　（福岡女子大）	ケイ酸（H_2SiO_3）（$SiO_2 \cdot nH_2O$）

物質の三態と状態変化

熱化学

電池と電気分解

化学反応と平衡

無機化学

有機化学

高分子化合物

☑ 0775 ☐	水ガラスに塩酸を加えると，弱酸であるケイ酸が沈殿する。ケイ酸を水洗して加熱すると，固体の◻︎◻︎◻︎が得られる。　　　　　　　　　　　　　　　　（千葉大）	シリカゲル
☑ 0776 ☐	◻︎◻︎◻︎は白色ゲル状の物質であり，水ガラスと呼ばれる無色透明で粘性の大きな液体の水溶液に塩酸を加えると生成する。空欄に入る物質を1つ選べ。 ア H_2SiF_6　　　　イ SiO_2 ウ Na_2SiO_3　　エ H_2SiO_3　　（横浜国立大）	エ
☑ 0777 ☐	シリカゲルは，◻︎◻︎◻︎と親和性のある微細な孔をたくさんもつので，乾燥剤に用いられる。　（センター試験）	水

THEME 39 セラミックス

? POINT

▶ ケイ酸塩を原料として製造されるガラス・セメント・陶磁器などは、セラミックス（または窯業製品）と呼ばれる。

▶ 一般的なガラスは、ケイ砂（主成分は二酸化ケイ素）が主原料であり、これに炭酸ナトリウムや炭酸カルシウムなどを加えてつくられる。

▶ 陶磁器には、焼成温度が低いものから順に 土器、陶器、磁器 がある。

ビジュアル要点

● ガラスの種類

名称	ソーダ石灰ガラス	ホウケイ酸ガラス	石英ガラス	鉛ガラス
主成分	ケイ砂SiO_2 炭酸ナトリウムNa_2CO_3 石灰石$CaCO_3$	ケイ砂SiO_2 ホウ砂$Na_2B_4O_7 \cdot 10H_2O$	ケイ砂SiO_2	ケイ砂SiO_2 炭酸カリウムK_2CO_3 酸化鉛(II) PbO
性質	加熱で融解しやすい	耐熱性・耐薬品性	高い耐熱性・紫外線透過性	屈折率が大きい
用途	窓ガラス，びん	実験器具，食器	光ファイバー，プリズム	光学レンズ，放射線遮蔽材料

● 陶磁器の種類

名称	土器	陶器	磁器
原料	粘土	陶土，石英	陶土，石英，長石
焼成温度	$700 \sim 1000$ ℃ 低 ——→	$1150 \sim 1300$ ℃	$1300 \sim 1450$ ℃ ——→ 高
強度	弱 ————————————————→ 強		
吸水性	大 ←——— 小 ←——— 無		
用途	植木鉢，屋根瓦	食器，衛生器具	食器，美術工芸品

● その他のセラミックス

・セメント：石灰石・粘土・セッコウが原料で，建築材料として使われる。セメントに砂や砂利を加えて固めたものをコンクリートという。

・ファインセラミックス：高純度に精製された原料を用いて，精密な条件で焼成したものをファインセラミックス（ニューセラミックス）という。

物質の三態と状態変化

熱化学

電池と電気分解

化学反応と平衡

無機化学

有機化学

高分子化合物

0778	ガラスは　　　　を主成分とするケイ砂に炭酸ナトリウムと炭酸カルシウムなどを加えて，加熱融解させた後に放冷することによりつくられる。　　（福岡女子大）	二酸化ケイ素（SiO_2）
0779	ガラスは，原子の配列に規則性がないアモルファスであり，窓ガラスなどに利用されている。　　　　　　　　　　　　　　　　　（センター試験）	ソーダ石灰
0780	ホウケイ酸ガラスをつくる場合に，ケイ砂に混ぜ合わせる無機化合物を，次のア，イから１つ選べ。 ア　Na_2CO_3, $CaCO_3$　イ　$Na_2B_4O_7 \cdot 10H_2O$　（富山大）	イ
0781	ガラスには様々な種類のガラスが存在する。高純度の二酸化ケイ素のみからつくられ，プリズムや耐熱ガラスなどとして使われるガラスの名称を答えよ。　（九州工業大）	石英ガラス
0782	土器，陶器，磁器では，原料の配合や焼き固めるときの温度がそれぞれ異なる。（土器　陶器　磁器）では，焼き固めるときの温度が最も高く，吸水性はない。（富山大）	磁器
0783	土器，磁器，陶器のうち，強度が最も優れているのは　　　　である。　　　　　　　　　　　　　　　（自治医科大）	磁器
0784	酸化アルミニウムなどの高純度の原料を，精密に制御した条件で焼き固めたものは，　　　　と呼ばれる。　　　　　　　　　　　　　　　　　（センター試験）	ファインセラミックス（ニューセラミックス）

PART5 無機化学

0 アルカリ金属元素

POINT

▶ 水素以外の周期表の 1 族に属する元素をアルカリ金属元素という。
▶ アルカリ金属元素の原子は，いずれも価電子を 1 個もち， 1 価の 陽 イオンになりやすい。
▶ 炭酸ナトリウムの工業的な製法を アンモニアソーダ 法（または ソルベー 法）という。

ビジュアル要点

● アルカリ金属元素の単体

名称	リチウム	ナトリウム	カリウム
化学式	Li	Na	K
炎色反応	赤 色	黄 色	赤紫 色
水との反応	激しく反応し， 水素 を発生して，強塩基性の水酸化物になる。		
酸素との反応	空気中では速やかに酸化される。このため， 石油 中に保存する。		

● 炭酸ナトリウムの工業的製法（アンモニアソーダ法／ソルベー法）

① 塩化ナトリウムNaClの飽和水溶液にアンモニアNH_3と 二酸化炭素CO_2 を通じ，比較的溶解度の低い 炭酸水素ナトリウム$NaHCO_3$ を析出させる。

$$NaCl + NH_3 + CO_2 + H_2O \longrightarrow NaHCO_3 + NH_4Cl$$

② 炭酸水素ナトリウム を熱分解して，炭酸ナトリウムを得る。

$$2NaHCO_3 \longrightarrow Na_2CO_3 + H_2O + CO_2$$

③ ②で生じた二酸化炭素は①に再利用される。不足分は 石灰石$CaCO_3$ を熱分解して得る。

$$CaCO_3 \longrightarrow CaO + CO_2$$

④ ③で生じた酸化カルシウムCaOに水を加えて 水酸化カルシウム$Ca(OH)_2$ を得る。

$$CaO + H_2O \longrightarrow Ca(OH)_2$$

⑤ ①で生じた塩化アンモニウムNH_4Clと，④で生じた 水酸化カルシウム を反
応させ，アンモニアを回収する。

$$Ca(OH)_2 + 2NH_4Cl \longrightarrow CaCl_2 + 2H_2O + 2NH_3$$

〈全体の流れ〉

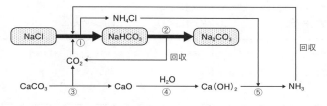

計算問題は，特に指定のない場合は四捨五入により有効数字
2桁で解答し，必要があれば，次の値を使うこと。
C=12, O=16, Na=23, Cl=35.5

物質の三態と
状態変化

熱化学

電気分解と
電池と

化学反応と
平衡

無機化学

有機化学

高分子化合物

☑0785	水素を除いた1族元素のリチウム，ナトリウム，カリウム，□□□，セシウム，フランシウムはアルカリ金属といい，天然には塩として多く存在している。 （埼玉大）	ルビジウム (Rb)
☑0786	水素以外の1族元素はアルカリ金属と呼ばれ，□□□価の陽イオンになりやすい。 （茨城大）	1
☑0787	アルカリ金属の原子は，価電子を□□□個もち，1価の陽イオンになりやすい。 （埼玉大）	1
☑0788	アルカリ金属の単体は，水と反応して発熱し□□□を発生する。 （山梨大）	水素 (H₂)
☑0789	ナトリウムの単体は，銀白色の光沢をもち，軟らかい。また，還元力が大きく，常温で激しく水と反応して水素を発生し，□□□性の水酸化物になる。 （千葉工業大）	強塩基 (塩基)

☑ 0790 ☐	リチウムLi，ナトリウムNa，カリウムKの単体は空気中ですみやかに酸化され，水と激しく反応する。この反応性はどの順で高くなるか。次のア～エのうちから1つ選べ。 ア　Li＜Na＜K　　　イ　Li＜K＜Na ウ　K＜Li＜Na　　　エ　K＜Na＜Li　　　（奈良女子大）	ア
☑ 0791 ☐	イオン化エネルギーが最も大きいアルカリ金属元素は何か，元素名で答えよ。　　　　　　　　　　（岡山県立大）	リチウム (Li)
☑ 0792 ☐	アルカリ金属は，水と激しく反応して気体を発生する。この反応について，ナトリウムを例にしたときの反応を化学反応式で答えよ。　　　　　　　　　　　（茨城大）	$2Na＋2H_2O$ $\longrightarrow 2NaOH＋H_2$
☑ 0793 ☐	リチウム，ナトリウム，カリウムの単体は，[　　　]中で貯蔵する。　　　　　　　　　　　　　　（山梨大）	灯油 (石油)
☑ 0794 ☐	アルカリ金属の単体は反応性に富み，還元作用が強い。そのため空気中では速やかに酸化され金属光沢を失う。下線部の化学反応式をナトリウムについて答えよ。（埼玉大）	$4Na＋O_2$ $\longrightarrow 2Na_2O$
☑ 0795 ☐	塩化リチウムの水溶液を炎色反応で調べたら，炎の色が[　　　]色になった。　　　　　　　　　（昭和女子大）	赤
☑ 0796 ☐	ナトリウムは[　　　]色の炎色反応を示す。　（千葉工業大）	黄
☑ 0797 ☐	硝酸カリウム水溶液を白金線につけ，バーナーで加熱した。[　　　]色の炎色反応が観察された。　　（帝京大）	赤紫

物質の三態と状態変化

熱化学

電池と電気分解

化学反応と平衡

無機化学

有機化学

高分子化合物

☑ 0798	アルカリ金属の単体は，アルカリ金属の化合物の[ ]によって陰極側に得られる。 (山梨大)	溶融塩電解 (融解塩電解)
☑ 0799	ナトリウムの単体は，[ ]をるつぼに入れて強熱することにより液体とし，炭素棒を電極として電気分解を行うことで得られる。 (埼玉大)	塩化ナトリウム (NaCl)
☑ 0800	カリウムは，密度が小さく，（硬い　軟らかい）金属である。 (センター試験)	軟らかい
☑ 0801	ナトリウムの酸化物は，水と反応すると水酸化物を，酸と反応すると塩を生じるため，[ ]酸化物と呼ばれる。 (宇都宮大)	塩基性
☑ 0802	ナトリウムの単体は，空気中で酸素と速やかに反応して酸化物となる。この酸化物と水の反応を化学反応式で答えよ。 (大阪市立大)	$Na_2O + H_2O$ $\longrightarrow 2NaOH$
☑ 0803	アルカリ金属の水酸化物は一般に（強酸性　強塩基性）で，いずれも炎色反応を示す。 (神戸学院大)	強塩基性
☑ 0804	水酸化ナトリウムの固体は，空気中の水蒸気を吸収してその水に溶ける。この現象は[ ]と呼ばれる。 (島根大)	潮解
☑ 0805	ナトリウムの（酸化物　水酸化物　炭酸塩）は，潮解性を示す。 (千葉工業大)	水酸化物
☑ 0806	水酸化ナトリウム水溶液は大気中の二酸化炭素を吸収する。このとき起きる反応を化学反応式で答えよ。 (東京学芸大)	$2NaOH + CO_2$ $\longrightarrow Na_2CO_3 + H_2O$

0807	炭酸ナトリウムは白色の固体であり，水への溶解度が高く，その水溶液は（酸性　中性　塩基性）を示す。 （名古屋工業大）	塩基性
0808	炭酸ナトリウムに十分量の塩酸を加えると，二酸化炭素が発生し，塩化ナトリウムと水が生成する。この反応を化学反応式で答えよ。　　　　　　　　　　（鳥取大）	$Na_2CO_3 + 2HCl$ $\longrightarrow 2NaCl + H_2O$ $+ CO_2$
0809	乾燥した試験管に炭酸水素ナトリウムを入れて加熱すると，ある物質と二酸化炭素と水が生成する。この反応を化学反応式で答えよ。　　　　　　　　　　（鳥取大）	$2NaHCO_3 \longrightarrow$ $Na_2CO_3 + H_2O + CO_2$
0810	炭酸ナトリウム十水和物を乾いた空気中に放置すると，結晶の表面が白色粉末状に変化する。この現象のことを□□□と呼ぶ。　　　　　　　　　　（島根大）	風解
0811	□□□は加熱すると二酸化炭素を発生するため，ベーキングパウダーや消火剤などに利用される。　（山梨大）	炭酸水素ナトリウム （$NaHCO_3$）
0812	ガラスやセッケンの原料として多量に使用される炭酸ナトリウムの工業的製法の名称を答えよ。　（横浜国立大）	アンモニアソーダ法 （ソルベー法）
0813	炭酸ナトリウムは，工業的にはアンモニアソーダ法（ソルベー法）によってつくられる。この方法の第1段階で沈殿するナトリウムの化合物を化学式で答えよ。（茨城大）	$NaHCO_3$
0814	炭酸水素ナトリウムは□□□の飽和水溶液にアンモニアを吸収させ，二酸化炭素を吹き込むことで工業的に製造される。　　　　　　　　　　（山梨大）	塩化ナトリウム （NaCl）

物質の三態と状態変化

熱化学

電池と電気分解

化学反応と平衡

無機化学

有機化学

高分子化合物

☑ 0815	アンモニアソーダ法の最初の過程は，アンモニアを含んだ塩化ナトリウムの飽和水溶液と二酸化炭素から炭酸水素ナトリウムを沈殿として析出させる反応である。この反応を化学反応式で答えよ。　　　　　　　　（鹿児島大）	$NaCl + NH_3 + CO_2 + H_2O \longrightarrow NaHCO_3 + NH_4Cl$
☑ 0816	炭酸ナトリウムの製造方法では，まず炭酸水素ナトリウムを生成させる。<u>これを集めて焼くと，炭酸ナトリウムと二酸化炭素が得られる</u>。下線部の反応を化学反応式で答えよ。　　　　　　　　（島根大）	$2NaHCO_3 \longrightarrow Na_2CO_3 + H_2O + CO_2$
☑ 0817	アンモニアソーダ法の反応全体を表す化学反応式を答えよ。　　　　　　　　　　　　　　　　　（横浜国立大）	$CaCO_3 + 2NaCl \longrightarrow Na_2CO_3 + CaCl_2$
☑ 0818	アンモニアソーダ法を用いれば，塩化ナトリウム1.17kgから理論的には約 ◻ kgの炭酸ナトリウムが得られることになる。　　　　　　　　　　　　　（明治大）	1.1

🔍 解説
$$\frac{1.17 \times 10^3}{58.5} \times \frac{1}{2} \times 106 \times 10^{-3} ≒ 1.1 \text{ kg}$$

☑ 0819	図に示す**NaCl**から**Na₂CO₃**を合成する方法について，化合物Aの化学式を答えよ。	$NaHCO_3$

NaCl $\xrightarrow{\text{H}_2\text{O, NH}_3,\text{ CO}_2}$ 化合物A

NaCl $\xrightarrow[\text{電解}]{\text{溶融塩}}$ Na $\xrightarrow{\text{H}_2\text{O}}$ NaOH $\xrightarrow{\text{CO}_2}$ Na₂CO₃

化合物A $\xrightarrow{\text{加熱}}$ Na₂CO₃

（センター試験）

41 2族元素

POINT

▶ 周期表の2族に属する元素を，[アルカリ土類金属]元素という。

▶ 2族元素の原子は，いずれも価電子を[2]個もち，[2]価の[陽]イオンになりやすい。

▶ 酸化カルシウムを[生石灰]，水酸化カルシウムを[消石灰]という。また，水酸化カルシウムの水溶液を[石灰水]という。

ビジュアル要点

● 2族元素の単体と化合物

名称	アルカリ土類金属			
	マグネシウム	カルシウム	ストロンチウム	バリウム
化学式	Mg	Ca	Sr	Ba
炎色反応	示さない	[橙赤]色	[紅]色	[黄緑]色
水との反応	[熱水]とは反応する	激しく反応する		
水酸化物	水に溶けにくい	水に少し溶ける		水に溶ける
炭酸塩	水に[溶けにくい]			
硫酸塩	水に溶ける	水に溶けにくい（$CaSO_4$は少し溶ける）		

● カルシウムの反応

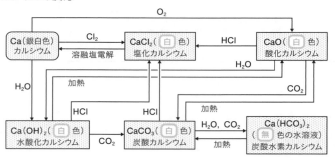

計算問題は，特に指定のない場合は四捨五入により有効数字
2桁で解答し，必要があれば，次の値を使うこと。
H＝1.0，O＝16，S＝32，Ca＝40

物質の三態と
状態変化

熱化学

電池と
電気分解

化学反応と
平衡

無機
化学

有機
化学

高分子化合物

☑ 0820 ⌂	2族の元素は，□□□□元素と呼ばれる。 (茨城大)	アルカリ土類金属
☑ 0821 ⌂	アルカリ土類金属は水溶液中では常に□□□価の陽イオンとなる。 (静岡大)	2
☑ 0822 ⌂	カルシウム，ストロンチウム，バリウムの硫酸塩は水に（溶ける　溶けにくい）。 (横浜国立大)	溶けにくい
☑ 0823 ⌂	アルカリ土類金属は，単体が常温の水と反応し□□□を発生して水酸化物になり，また，炎色反応を示す。ただし，マグネシウムはこれらの性質を示さない。 (日本女子大)	水素 (H_2)
☑ 0824 ⌂	アルカリ土類金属のうち，黄緑色の炎色反応を示す元素を元素記号で答えよ。 (日本女子大)	Ba
☑ 0825 ⌂	BeとMgの単体や化合物は炎色反応を示さないが，Ca，Sr，Baの単体や化合物は炎色反応を示す。Caの単体や化合物の炎色反応で観察される色として最も適切なものを1つ選べ。 ア　黄　　　イ　橙赤　　　ウ　紅　　　エ　黄緑 (横浜国立大)	イ
☑ 0826 ⌂	カルシウムの単体と水との反応では，□□□と水素ガスが生成する。 (横浜国立大)	水酸化カルシウム ($Ca(OH)_2$)

0827	カルシウムはイオン化傾向が大きな元素であり，その単体は常温の水と反応し，水素を発生する。この反応を化学反応式で答えよ。 (群馬大)	$Ca + 2H_2O \longrightarrow Ca(OH)_2 + H_2$
0828	**Mg**は常温の空気中では，酸化されて，表面に酸化物の被膜ができる。この反応の化学反応式を答えよ。 (電気通信大)	$2Mg + O_2 \longrightarrow 2MgO$
0829	マグネシウムの酸化物は，水と反応すると水酸化物を，酸と反応すると塩を生じるため，＿＿＿酸化物と呼ばれる。 (宇都宮大)	塩基性
0830	酸化カルシウムは発熱しながら水と反応して水酸化物を形成する。その水酸化物は水に溶けると強い（酸性　塩基性）を示す。 (兵庫県立大)	塩基性
0831	酸化マグネシウムは希塩酸に溶ける。この反応の化学反応式を答えよ。 (埼玉大)	$MgO + 2HCl \longrightarrow MgCl_2 + H_2O$
0832	酸化カルシウムは＿＿＿とも呼ばれ，水と反応して水酸化カルシウムを生じるため，乾燥剤として利用される。 (鹿児島大)	生石灰
0833	石灰水に二酸化炭素を通じると炭酸カルシウムの沈殿を生成するが，さらに通じ続けると，この沈殿は＿＿＿となって溶解する。 (成蹊大)	炭酸水素カルシウム $(Ca(HCO_3)_2)$
0834	二酸化炭素を石灰水に吹き込むと白色沈殿を生じる。この反応の化学反応式を答えよ。 (横浜国立大)	$Ca(OH)_2 + CO_2 \longrightarrow CaCO_3 + H_2O$
0835	石灰石や大理石などとして天然に多量に存在しているのは＿＿＿である。 (成蹊大)	炭酸カルシウム $(CaCO_3)$

0836 ☑ ☐	［　　　　］は，炭酸カルシウムを主成分とする石灰石が地下水により溶けてできる。　　　　　　　　　（武蔵野大）	鍾乳洞

| 0837 ☑ ☐ | 炭酸カルシウムを加熱して分解すると二酸化炭素を発生して［　　　　］となる。　　　　　　　　　　　（成蹊大） | 酸化カルシウム（CaO） |

| 0838 ☑ ☐ | 大理石の主成分に，塩酸を加えたときの化学反応式を答えよ。　　　　　　　　　　　　　　　　　　（岡山県立大） | $CaCO_3+2HCl \longrightarrow$ $CaCl_2+H_2O+CO_2$ |

| 0839 ☑ ☐ | セッコウを約140℃に加熱すると焼きセッコウが得られる。34.4 gのセッコウがすべて焼きセッコウになったとすると，何gの焼きセッコウが得られるか。　（横浜国立大） | 29 g |

解説

$$CaSO_4 \cdot 2H_2O \longrightarrow CaSO_4 \cdot \frac{1}{2}H_2O + \frac{3}{2}H_2O$$

得られる焼きセッコウの質量は，

$$\frac{34.4}{172} \times 145 = 29 \text{ g}$$

| 0840 ☑ ☐ | ［　　　　］は，水に溶けにくく，胃や腸のＸ線撮影の造影剤として利用されている。　　　　　（センター試験） | 硫酸バリウム（BaSO_4） |

| 0841 ☑ ☐ | バリウムイオンはＸ線を透過させ（やすい　にくい）性質をもつので，その硫酸塩は胃や腸のＸ線撮影の造影剤に用いられている。　　　　　　　　　　　（横浜国立大） | にくい |

42 アルミニウム・亜鉛

🔑 POINT

▶ アルミニウムは周期表の 13 族に属する典型元素で，その原子は 3 個の価電子をもち， 3 価の 陽 イオンになりやすい。

▶ 亜鉛は周期表の 12 族に属する遷移元素で，その原子は 2 個の価電子をもち， 2 価の 陽 イオンになりやすい。

▶ アルミニウムと亜鉛は，いずれも単体や化合物が酸の水溶液にも強塩基の水溶液にも反応する 両性 金属である。

🧪 ビジュアル要点

● アルミニウムの反応

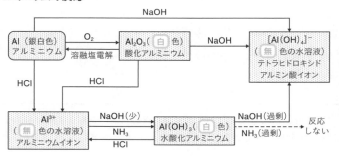

● 亜鉛の反応

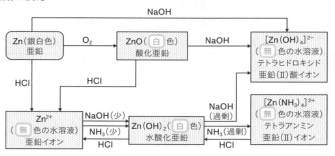

物質の三態と状態変化

熱化学

電池と電気分解

化学反応と平衡

無機化学

有機化学

高分子化合物

☑ 0842	アルミニウムは，周期表の 族に属する典型元素で，アルミニウム原子は3個の価電子をもつ。　（新潟大）	13
☑ 0843	アルミニウムは13族に属する元素で， 価の陽イオンになりやすい。　（横浜市立大）	3
☑ 0844	アルミニウムは軽くて（硬い　軟らかい）金属で，アルミニウム箔などの家庭用品や窓枠などの建築材料として利用される。　（岐阜大）	軟らかい
☑ 0845	アルミニウム単体は，ボーキサイトを精製して得られた酸化アルミニウムを，氷晶石と共に して製造される。　（中央大）	溶融塩電解（融解塩電解）
☑ 0846	アルミニウムの単体は，鉱石の から得られる酸化アルミニウムを，融解した氷晶石に溶かし込み，溶融塩電解によって製造されている。　（北九州市立大）	ボーキサイト
☑ 0847	アルミニウムの単体を得るには，ボーキサイトから純粋な酸化アルミニウムをつくり，これを とともに融解し，炭素電極で溶融塩電解する。　（広島市立大）	氷晶石（Na_3AlF_6）
☑ 0848	アルミニウムは，ボーキサイトから得られたアルミナを氷晶石とともに溶融塩電解して製造される。アルミナの組成式を答えよ。　（宇都宮大）	Al_2O_3
☑ 0849	アルミニウムは濃硝酸には溶けない。これは，金属表面に安定な酸化物の被膜ができ，内部が保護されるためである。このような状態を という。　（群馬大）	不動態
☑ 0850	単体のアルミニウムを空気中に放置したり，濃硝酸に入れたりすると，表面に を形成し，不動態になる。　（愛媛大）	酸化被膜

☑ 0851 ☐	アルミニウムに人工的に酸化被膜を厚くつけた製品を [ ] という。 　　　　　　　　　　　　　　　（岡山県立大）	アルマイト
☑ 0852 ☐	アルミニウムの強い（酸化　還元）力は小規模な金属精錬に利用されている。 　　　　　　　　　　　　　　　（横浜市立大）	還元
☑ 0853 ☐	単体のアルミニウムは酸化されやすく，ほかの物質を還元する性質が強いため，アルミニウムを利用して赤褐色の鉄の酸化物である [ ] を還元できる。　　　（岡山大）	酸化鉄（Ⅲ） （Fe_2O_3）
☑ 0854 ☐	アルミニウムの粉末と酸化鉄（Ⅲ）の粉末を混合して点火すると，激しく反応し，還元した鉄を生じる。この反応は一般に [ ] と呼ばれる。 　　　　　　　　（和歌山大）	テルミット反応
☑ 0855 ☐	アルミニウムの粉末と酸化鉄（Ⅲ）の粉末を混合して添加すると融解した鉄を生じる。この反応におけるアルミニウムの役割を答えよ。 　　　　　　　　　　　　（大分大）	還元剤
☑ 0856 ☐	アルミニウムと酸化鉄（Ⅲ）との混合物はテルミットと呼ばれ，点火すると激しく反応して溶融した鉄を生じる。この酸化還元反応を化学反応式で表せ。　（北九州市立大）	$2Al+Fe_2O_3$ $\longrightarrow Al_2O_3+2Fe$
☑ 0857 ☐	アルミニウムの単体は塩酸や水酸化ナトリウム水溶液と反応して [ ] を生成する。 　　　　　　　（東北学院大）	水素 （H_2）
☑ 0858 ☐	アルミニウムの単体は，酸の水溶液に溶けて水素を発生し，強塩基の水溶液にも溶けて水素を発生する。このような性質をもつ金属の名称を答えよ。 　　　　　（新潟大）	両性金属
☑ 0859 ☐	アルミニウムは両性金属であるため，希塩酸や水酸化ナトリウム水溶液と反応して溶ける性質をもつ。希塩酸とアルミニウムの反応を化学反応式で示せ。 　　　（岐阜大）	$2Al+6HCl$ $\longrightarrow 2AlCl_3+3H_2$

物質の三態と状態変化

熱化学

電池と電気分解

化学反応と平衡

無機化学

有機化学

高分子化合物

☑ 0860	アルミニウムを塩酸に溶解すると，塩化アルミニウム水溶液が生じる。生じた水溶液は 　　　 水溶液を少量ずつ加えると，白濁した後，無色透明になる。 （宇都宮大）	水酸化ナトリウム (NaOH)
☑ 0861	アルミニウムは酸の水溶液にも強塩基の水溶液にも反応しそれぞれ塩をつくる。アルミニウムと水酸化ナトリウム水溶液の反応を化学反応式で示せ。 （金沢大）	$2Al+2NaOH+6H_2O$ $\longrightarrow 2Na[Al(OH)_4]+3H_2$
☑ 0862	亜鉛の単体は融点が比較的低く，銀白色光沢をもつ金属である。亜鉛原子は価電子を2個もち，　　　価の陽イオンになりやすい。 （佐賀大）	2
☑ 0863	亜鉛の単体は酸の水溶液にも強塩基の水溶液にも反応して塩をつくるので，亜鉛は 　　　 金属に分類される。 （成蹊大）	両性
☑ 0864	亜鉛と塩酸の化学反応式を示せ。 （佐賀大）	$Zn+2HCl$ $\longrightarrow ZnCl_2+H_2$
☑ 0865	亜鉛を濃硝酸に溶かすときに起こる反応を，化学反応式で表せ。希硝酸ではなく，濃硝酸であることに留意せよ。 （学習院大）	$Zn+4HNO_3 \longrightarrow$ $Zn(NO_3)_2+2NO_2$ $+2H_2O$
☑ 0866	水酸化ナトリウム水溶液は亜鉛の小片を溶かすことができる。この化学反応式を答えよ。 （電気通信大）	$Zn+2NaOH+2H_2O$ $\longrightarrow Na_2[Zn(OH)_4]+H_2$
☑ 0867	アルミニウムと亜鉛は，いずれも酸化物の粉末の色は 　　　 色である。 （センター試験）	白
☑ 0868	12族および13族のそれぞれ代表的な元素である亜鉛およびアルミニウムのそれぞれの酸化物は（酸のみと　塩基のみと　酸・塩基いずれとも）反応する。 （茨城大）	酸・塩基いずれとも

☑ 0869	酸化アルミニウムに塩酸を加えて反応させたときの化学反応式を答えよ。 （岡山県立大）	$Al_2O_3+6HCl \longrightarrow$ $2AlCl_3+3H_2O$
☑ 0870	<u>酸化アルミニウムは水酸化ナトリウム水溶液に溶け</u>，また塩酸にも溶けて，それぞれ塩を生じる。下線部の反応の化学反応式を答えよ。 （埼玉大）	$Al_2O_3+2NaOH$ $+3H_2O \longrightarrow$ $2Na[Al(OH)_4]$
☑ 0871	酸化アルミニウムが塩酸に完全に溶解した後，その水溶液に水酸化ナトリウム水溶液を加えていくと，白色沈殿が生じた。この沈殿の化学式を答えよ。 （宇都宮大）	$Al(OH)_3$
☑ 0872	Al^{3+}を含む水溶液に少量の水酸化ナトリウム水溶液またはアンモニア水を加えると，白色沈殿が生じる。この沈殿は希塩酸や過剰の（水酸化ナトリウム水溶液　アンモニア水）には溶解する。 （麻布大）	水酸化ナトリウム水溶液
☑ 0873	Al^{3+}を含む水溶液に少量の**NaOH**を加えると，白色沈殿が生成する。<u>この沈殿を含む水溶液に**NaOH**をさらに加えると，沈殿は溶解する</u>。下線部の反応を化学反応式で記せ。 （岡山大）	$Al(OH)_3+NaOH$ $\longrightarrow Na[Al(OH)_4]$
☑ 0874	酸化アルミニウムは両性酸化物であり，ルビーや◻の主成分である。 （横浜国立大）	サファイア
☑ 0875	亜鉛の酸化物**ZnO**を塩酸に溶かした後，アンモニア水を少しずつ加えていくと◻色沈殿を生じる。 （大阪市立大）	白
☑ 0876	亜鉛イオンを含む水溶液にアンモニア水を加えると白色ゲル状沈殿として化合物Aが生じる。化合物Aを化学式で答えよ。 （佐賀大）	$Zn(OH)_2$

物質の三態と状態変化

熱化学

電池と電気分解

化学反応と平衡

無機化学

有機化学

高分子化合物

□ 0877	亜鉛イオンを含む水溶液に少量の水酸化ナトリウム水溶液を加えると白色沈殿が生じる。この白色沈殿に過剰の水酸化ナトリウム水溶液を加えたときのイオン反応式を答えよ。　　　　　　　　　　　　　　　（高知大）	$Zn(OH)_2+2NaOH \longrightarrow$ $[Zn(OH)_4]^{2-}+2Na^+$
□ 0878	Zn^{2+}を含む水溶液にアンモニア水を加えると，白色沈殿が生成した。さらにアンモニア水を加えると白色沈殿が溶けて無色の溶液になった。下線部の反応をイオン反応式で答えよ。　　　　　　　　　　　（茨城大）	$Zn(OH)_2+4NH_3 \longrightarrow$ $[Zn(NH_3)_4]^{2+}+2OH^-$
□ 0879	亜鉛イオンを含む溶液に硫化水素を通すと，塩基性の溶液では　　　色沈殿が生じ，酸性の溶液では沈殿を生じない。　　　　　　　　　　　　　　　（関西学院大）	白
□ 0880	硫酸アルミニウムと硫酸カリウムの混合水溶液を濃縮してつくられる化合物は，　　　　　と呼ばれる。この化合物は，複塩であり，結晶中に水分子を水和水として含んでいる。　　　　　　　　　　　　　　　（宇都宮大）	ミョウバン
□ 0881	硫酸アルミニウムと硫酸カリウムの混合水溶液を濃縮すると，正八面体の無色透明な結晶が得られる。この結晶の組成式を答えよ。　　　　　　　　　　　　（横浜市立大）	$AlK(SO_4)_2 \cdot 12H_2O$
□ 0882	薄い鉄板を亜鉛でめっきすると鉄板はさびにくくなる。このような鉄板の名称は　　　　　である。　（岐阜大）	トタン
□ 0883	亜鉛をめっきした鉄板をトタンという。トタンでは鉄が露出しても，鉄の腐食が（防止　促進）される。　　　　　　　　　　　　　　　（岡山県立大）	防止
□ 0884	亜鉛は，鉄よりイオン化傾向が（大きい　小さい）ので，トタンに用いられる。　　　　　　　　（センター試験）	大きい

THEME 43 | スズ・鉛

🔑 POINT

▶ スズと鉛は，いずれも周期表の [14] 族に属する典型元素である。

▶ スズと鉛は，いずれも単体が酸の水溶液にも強塩基の水溶液にも溶ける [両性] 金属である。

▶ 鉛(Ⅱ)イオン Pb^{2+} は，塩化物イオン Cl^- と反応して [白] 色沈殿 $PbCl_2$ を生じるなど，さまざまな陰イオンと沈殿を生じる。

🧪 ビジュアル要点

● スズ・鉛の単体

名称	スズ	鉛
化学式	Sn	Pb
性質	・銀白色で軟らかい。 ・両性金属であり，酸，強塩基の水溶液に溶ける。	・青灰色で軟らかい。 ・両性金属であり，硝酸，強塩基の水溶液に溶けるが，塩酸，希硫酸には難溶性塩の被膜をつくるため溶けない。
用途	・ブリキ ・はんだ，青銅などの合金	・[鉛]蓄電池の電極 ・放射線遮蔽物質

● 鉛(Ⅱ)イオンの反応

鉛(Ⅱ)イオン Pb^{2+} はさまざまな [陰] イオンと沈殿を生じる。

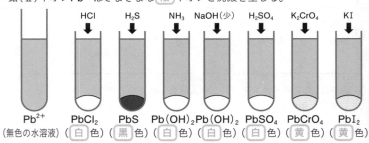

	HCl	H_2S	NH_3	NaOH(少)	H_2SO_4	K_2CrO_4	KI
Pb^{2+}	$PbCl_2$	PbS	$Pb(OH)_2$	$Pb(OH)_2$	$PbSO_4$	$PbCrO_4$	PbI_2
（無色の水溶液）	（[白]色）	（[黒]色）	（[白]色）	（[白]色）	（[白]色）	（[黄]色）	（[黄]色）

※NaOH水溶液を過剰に加えると $[Pb(OH)_4]^{2-}$ となって溶けて，無色の水溶液になる。

☑ 0885 ◻	スズ，鉛は，酸とも塩基とも反応する◻◻◻◻金属である。 (岡山県立大)	両性
☑ 0886 ◻	鉛は，元素の周期表の◻◻◻◻族に属する元素であり，イオン化傾向は水素より大きい。 (近畿大)	14
☑ 0887 ◻	鉛(Ⅱ)イオンは，塩化物イオンとは白色の沈殿を，硫化物イオンとは◻◻◻◻色の沈殿を，クロム酸イオンとは黄色の沈殿を生じる。 (近畿大)	黒
☑ 0888 ◻	◻◻◻◻は水に溶解し，無色の水溶液となる。この水溶液にアンモニア水を加えると白色沈殿を生じ，また硫化水素を吹き込むと黒色沈殿を生じる。空欄に入る物質を1つ選べ。 ア Pb イ Pb(NO₃)₂ ウ PbCl₂ エ PbSO₄ (横浜国立大)	イ
☑ 0889 ◻	酢酸鉛(Ⅱ)の水溶液に少量の水酸化ナトリウム水溶液を加えると白色沈殿を生じたが，さらに多量の（アンモニア水 水酸化ナトリウム水溶液）を加えると白色沈殿は溶けた。 (愛知教育大)	水酸化ナトリウム水溶液
☑ 0890 ◻	スズを鋼板にめっきしたものを◻◻◻◻という。 (横浜国立大)	ブリキ
☑ 0891 ◻	ブリキでは表面に傷がつき，鉄が露出すると，鉄の腐食が（防止 促進）される。 (岡山県立大)	促進

物質の三態と状態変化

熱化学

電池と電気分解

化学反応と平衡

無機化学

有機化学

高分子化合物

211

THEME 44 合　金

POINT

▶ ステンレス鋼 は，鉄にクロムやニッケルなどを混合した合金であり，腐食が起こりにくい。

▶ 青銅 は，銅とスズを混合した合金であり，美術工芸品などに用いられる。

▶ 黄銅 は，銅と亜鉛を混合した合金であり，硬貨などに用いられる。

ビジュアル要点

● 主な合金

名称	成分	性質	用途
マグネシウム合金	Mg, Al , Zn	軽い，強度大	航空機，自動車
ジュラルミン	Al, Cu, Mg, Mn	軽い，強度大	航空機の機体，アタッシュケース
ステンレス鋼	Fe, Cr, Ni, C	さびにくい	調理器具，医療器具
青銅（ブロンズ）	Cu, Sn	硬い，耐食性大	美術工芸品
黄銅（真ちゅう）	Cu, Zn	加工性，耐食性大	5円硬貨，金管楽器
白銅	Cu, Ni	加工性，耐食性大	50円，100円硬貨
ニクロム	Ni , Cr	電気抵抗大	電熱線

● 新しい合金

名称	機能	性質	用途
形状記憶合金	高温（低温）での形を記憶している	変形しても，加熱すると元の形に戻る	温度センサー メガネフレーム
水素吸蔵合金	金属の結晶格子のすき間に水素原子を吸収・貯蔵する	安全に水素を貯蔵できる	ニッケル-水素 電池 燃料電池自動車
合金超伝導体（超伝導合金）	ある温度以下で電気抵抗が 0 になる	強い 電磁石 をつくることができる	リニアモーターカー MRI

物質の三態と状態変化

熱化学

電池と電気分解

化学反応と平衡

無機化学

有機化学

高分子化合物

必要があれば，次の値を使うこと。
Cu＝63.5，Ni＝59
アボガドロ定数N_A＝6.02×10^{23}/mol

0892	2種類以上の金属を溶かし合わせたものを□□□という。 (群馬大)	合金
0893	アルミニウムと少量の銅，マグネシウムなどとの合金は航空機の機体などに利用される。この合金の名称を答えよ。 (横浜市立大)	ジュラルミン
0894	アルミニウムに少量の銅，マグネシウムやマンガンを添加した合金はジュラルミンと呼ばれ，軽くて強度が（大きい　小さい）。 (新潟大)	大きい
0895	鉄は地殻中に多く存在し，安価で加工しやすいが，さびやすい。鉄をさびにくくするには，クロム，ニッケルとの合金にする方法がある。この合金の名称は□□□である。 (岐阜大)	ステンレス鋼
0896	銅は，単体としての利用に加え，合金としても利用される。例えば，美術工芸品には，銅とスズの合金である□□□が用いられる。 (岐阜大)	青銅 （ブロンズ）
0897	硬貨には，銅と亜鉛との合金である黄銅（真ちゅう）や銅とニッケルとの合金である□□□などが利用されている。 (岐阜大)	白銅

☑ 0898	100円硬貨が質量4.8 gで，75質量％の銅と25質量％の ニッケルからなる合金であるとして，100円硬貨1枚に 含まれる全原子数を求めよ。 　ア　2.4×10^{21}　　　イ　3.5×10^{22} 　ウ　4.6×10^{22}　　　エ　5.7×10^{23} 　　　　　　　　　　　　　　　　　　　（東京電機大）	ウ
🔍 解説	$\left(\dfrac{4.8 \times 0.75}{63.5} + \dfrac{4.8 \times 0.25}{59} \right) \times 6.02 \times 10^{23} \fallingdotseq \mathbf{4.6 \times 10^{22}}$	
☑ 0899	亜鉛と銅の合金は　　　　　と呼ばれ，美しい色調と優れ た加工性をもち，硬貨や金管楽器に使用される。 　　　　　　　　　　　　　　　　　　　（明治大）	黄銅 （真ちゅう）
☑ 0900	合金の　　　　　は電気抵抗が大きいので，電熱線に利用 されている。　　　　　　　　　　　　　（日本大）	ニクロム
☑ 0901	とニッケルからなる合金は，最も一般的な形状 記憶合金として眼鏡のフレームなどに利用されている。 　　　　　　　　　　　　　　　　　　　（明治大）	チタン （Ti）
☑ 0902	は水素を貯蔵できるので，燃料電池自動車に利 用されている。　　　　　　　　　　　　（日本大）	水素吸蔵合金
☑ 0903	水素吸蔵合金は，安全に水素を貯蔵できるので，　　　　 電池に用いられる。　　　　　　　　　（センター試験）	ニッケル‐水素
☑ 0904	合金超伝導体（超伝導合金）は強力な　　　　　をつくる ことができるので，リニアモーターカーに利用されてい る。　　　　　　　　　　　　　　　　　（日本大）	電磁石

物質の三態と状態変化

熱化学

電池と電気分解

化学反応と平衡

無機化学

有機化学

高分子化合物

THEME 45 遷移元素の特徴

🔑 POINT

▶ 遷移元素は，周期表の③〜12族に属する元素で，すべて金属元素である。

▶ 遷移元素では，原子の最外殻電子の数は，1個または2個である。

▶ 遷移元素は，典型元素と異なり，周期表の横に並んだ元素どうしの性質も似ている場合が多い。

🧪 ビジュアル要点

● 遷移元素と周期表

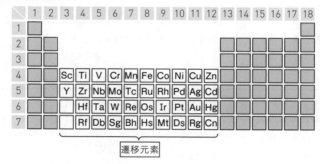

遷移元素

● 遷移元素の特徴

・原子の最外殻電子の数は1個または2個なので，周期表の横に並んだ元素どうしの性質も似ている場合が多い。

・単体は融点が高く，密度が大きいものが多い。

・同一の元素でも，いろいろな酸化数をとるものが多い。また，価数の異なるイオンになるものが多い。

・イオンや化合物には有色のものが多い。

・単体や化合物が触媒としてはたらくものが多い。

・酸化数の大きい原子を含む化合物は，酸化剤に利用されるものが多い。

・錯イオンをつくるものが多い。

0905	遷移元素では，周期表で横に並んだ元素の性質は（似ている　似ていない）ことが多い。 (茨城大)	似ている
0906	遷移元素の原子がもつ最外殻電子は，第4周期の場合はいずれも□□□である。 ア　1個　イ　2個　ウ　1個または2個 (青山学院大)	ウ
0907	常温・常圧において，第4周期の遷移元素に属する元素の単体はすべて（固体　液体　気体）である。 (青山学院大)	固体
0908	遷移元素の単体は，一般に，典型元素の金属の単体よりも融点は（高く　低く），電気の伝導性は高い。 (大分大)	高く
0909	遷移金属は陽イオンとなる場合，その価数は周期的に変化（する　しない）。 (静岡大)	しない
0910	次のア～ウのうちから，典型元素に当てはまらず，遷移元素だけに当てはまるものを1つ選べ。 ア　同族元素は化学的性質が似ている。 イ　イオンや化合物は無色である。 ウ　複数の異なる酸化数をとる元素が多い。 (岡山大)	ウ
0911	原子番号の最も小さい遷移元素を原子番号で答えよ。	21

族\周期	1	2	3	4	5	6	7	8	9	10	11	12	13	14	15	16	17	18
1	1																	2
2	3	4											5	6	7	8	9	10
3	11	12											13	14	15	16	17	18
4	19	20	21	22	23	24	25	26	27	28	29	30	31	32	33	34	35	36

(昭和大)

物質の三態と状態変化

熱化学

電池と電気分解

化学反応と平衡

無機化学

有機化学

高分子化合物

THEME 46 鉄

POINT

▶ 鉄は周期表の 8 族に属する元素で,酸化数 +2 と +3 の化合物が存在する。

▶ 単体の鉄は,赤鉄鉱Fe_2O_3や磁鉄鉱Fe_3O_4などを多く含む 鉄鉱石 をコークスや一酸化炭素で 還元 して得る。

▶ 鉄(Ⅱ)イオンFe^{2+}を含む水溶液は 淡緑 色,鉄(Ⅲ)イオンFe^{3+}を含む水溶液は 黄褐 色である。

ビジュアル要点

● 鉄の工業的製法

① 溶鉱炉に,鉄鉱石(主成分は赤鉄鉱Fe_2O_3,磁鉄鉱Fe_3O_4)とコークスC, 石灰石$CaCO_3$ を入れて,下から熱風を送りながら強熱する。

② 鉄鉱石が,コークスや一酸化炭素COにより還元される。

③ 溶鉱炉の底で,炭素含有量約4%の 銑鉄 が得られる。

④ 銑鉄を 転炉 に入れて,酸素O_2を吹き込むことで,炭素含有量が少ない 鋼 が得られる。

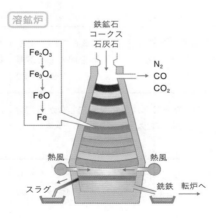

溶鉱炉

鉄鉱石
コークス
石灰石

N_2
CO
CO_2

Fe_2O_3
↓
Fe_3O_4
↓
FeO
↓
Fe

熱風　　　　　熱風

スラグ　　　銑鉄　転炉へ

● 鉄の反応

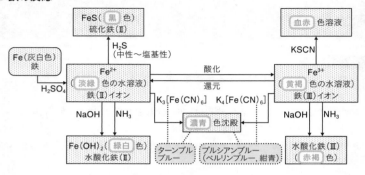

計算問題は，特に指定のない場合は四捨五入により有効数字
2桁で解答し，必要があれば，次の値を使うこと。
$O=16$，$Fe=56$

☑ 0912 ☐	鉄は周期表で第4周期，□□□□族の元素で，地殻中に酸化物や硫化物として5％含まれ，酸素，ケイ素，アルミニウムに次いで多量に存在する。 (福岡教育大)	8
☑ 0913 ☐	鉄には酸化数+2と+3の化合物が存在するが，空気中では（+2 +3）の化合物の方が安定である。 (宮崎大)	+3
☑ 0914 ☐	鉄は，塩酸または希硫酸を加えると可燃性気体である□□□□を発生して溶解するが，濃硝酸を加えても溶解しない。 (鹿児島大)	水素 (H₂)
☑ 0915 ☐	鉄片に希硫酸を加えたところ，気体を発生しながら完全に溶け，□□□□色の溶液になった。 (大阪府立大)	淡緑
☑ 0916 ☐	鉄は，水素よりイオン傾向が大きいが，□□□□となり濃硝酸には溶けない。 (センター試験)	不動態

物質の三態と状態変化

熱化学

電池と電気分解

化学反応と平衡

無機化学

有機化学

高分子化合物

☑ 0917 ☐	鉄は塩酸や希硫酸には水素を発生して溶けるが，濃硝酸には不動態となり溶けない。下線部の化学反応式を答えよ。 (福岡教育大)	$Fe+H_2SO_4$ $\longrightarrow FeSO_4+H_2$
☑ 0918 ☐	鉄はアルミニウム，ニッケルとともに濃硝酸に溶けない。これは，金属表面に緻密な [　　　] を生じ，内部が保護されるからである。 (宮崎大)	酸化被膜
☑ 0919 ☐	鉄が酸化されて生じる化合物には，赤褐色の酸化鉄(Ⅲ)と黒色の四酸化三鉄がある。鉄を湿った空気中に放置して生じるさびに含まれるのはどちらか。 (宮崎大)	酸化鉄(Ⅲ)
☑ 0920 ☐	鉄を強熱すると黒さびを生じ，これが鉄の表面を覆って内部を保護する。黒さびの化学式を答えよ。 (福岡教育大)	Fe_3O_4
☑ 0921 ☐	四酸化三鉄には＋2と＋3の酸化数の鉄（鉄(Ⅱ)と鉄(Ⅲ)）が含まれている。そのモル比（鉄(Ⅱ)：鉄(Ⅲ)）はいくつになるか答えよ。 (宮崎大)	鉄(Ⅱ)：鉄(Ⅲ) ＝1：2
☑ 0922 ☐	鉄鉱石には主成分がFe_3O_4である [　　　] や主成分がFe_2O_3である赤鉄鉱がある。 (山口大)	磁鉄鉱
☑ 0923 ☐	鉄の製錬は，酸化鉄を含む鉄鉱石と，炭素を主成分とする [　　　] を石灰石と共に溶鉱炉へ投入して行う。 (鹿児島大)	コークス
☑ 0924 ☐	鉄の製錬では，鉄鉱石，石灰石，コークスに高温の空気が送り込まれ，酸素とコークスとの反応によって生じた一酸化炭素によって，鉄鉱石は段階的に [　　　] されて銑鉄となる。 (大阪府立大)	還元

☑ 0925 ☑	赤鉄鉱をコークスや石灰石と共に溶鉱炉に入れ熱風を送ると，主にコークスの燃焼で生じたガスによって鉄の酸化物が還元され，炭素を約 4 ％含む ___ が得られる。 (岐阜大)	銑鉄
☑ 0926 ☑	製鉄において，高温の一酸化炭素ガスが溶鉱炉内を上昇していくとき，Fe_2O_3 を $Fe_2O_3 \longrightarrow Fe_3O_4 \longrightarrow$ ___ $\longrightarrow Fe$ へと段階的に還元していく。 (東京農工大)	FeO
☑ 0927 ☑	鉄の製錬で，Fe_3O_4 から FeO を生じる反応を化学反応式で答えよ。 (大阪府立大)	$Fe_3O_4 + CO$ $\longrightarrow 3FeO + CO_2$
☑ 0928 ☑	酸化鉄(Ⅲ)は，高炉の中でコークスから生じた一酸化炭素と反応して，鉄と ___ になる。 (上智大)	二酸化炭素 (CO_2)
☑ 0929 ☑	鉄の単体は，一酸化炭素により鉄鉱石を還元することにより得られる。鉄鉱石の成分 Fe_2O_3 が Fe に還元される化学反応式を答えよ。 (福岡教育大)	$Fe_2O_3 + 3CO$ $\longrightarrow 2Fe + 3CO_2$
☑ 0930 ☑	鉄の製錬において鉄鉱石の主成分である三酸化二鉄から鉄を得る反応は，$Fe_2O_3 + 3CO \longrightarrow 2Fe + 3CO_2$ で表すことができる。1.6 t の三酸化二鉄から得られる鉄の質量 〔kg〕を答えよ。 (北里大)	1.1×10^3 kg
	🔍 解説 $\dfrac{1.6 \times 10^6}{160} \times 2 \times 56 \times 10^{-3} \fallingdotseq 1.1 \times 10^3$ kg	
☑ 0931 ☑	鉄は比較的軟らかい金属であるが，純鉄に少量の炭素を混ぜた ___ は硬くて粘り強くなるため，鉄骨やレールなどに利用される。 (岐阜大)	鋼

物質の三態と状態変化

熱化学

電池と電気分解

化学反応と平衡

無機化学

有機化学

高分子化合物

□ 0932 □	Fe^{2+}について，硫酸塩の水溶液は［　　　］色を示す。 (宮崎大)	淡緑
□ 0933 □	鉄は希硫酸と反応し水素を発生して溶け，淡緑色水溶液となる。この水溶液から水を蒸発させると，淡緑色の固体［　　　］を得ることができる。　　(山口大)	硫酸鉄(II)七水和物 $(FeSO_4 \cdot 7H_2O)$
□ 0934 □	Fe^{2+}について，アンモニア水を過剰に加えると，沈殿を(生じる　生じない)。　　(宮崎大)	生じる
□ 0935 □	鉄(II)イオンを含む水溶液に水酸化ナトリウム水溶液を加えると，緑白色の［　　　］の沈殿が生じる。　(立教大)	水酸化鉄(II) $(Fe(OH)_2)$
□ 0936 □	硫酸鉄(II)の水溶液に水酸化ナトリウム水溶液を加えると，緑白色の沈殿が生じる。この沈殿を含む水溶液に空気を吹き込むと，しだいに［　　　］色に変化する。 (大阪教育大)	赤褐
□ 0937 □	Fe^{2+}を含む水溶液に$NaOH$を過剰に加えると緑白色の沈殿を生じた。この変化のイオン反応式を答えよ。(宮崎大)	$F^{2+} + 2OH^-$ $\longrightarrow Fe(OH)_2$
□ 0938 □	鉄片に希硫酸を加えたところ完全に溶けた。この溶液にヘキサシアニド鉄(III)酸カリウム水溶液を加えたところ，［　　　］と呼ばれる青色沈殿を生じた。　(大阪府立大)	ターンブルブルー
□ 0939 □	［　　　］は水に容易に溶解し，淡緑色の水溶液となる。この水溶液にヘキサシアニド鉄(III)酸カリウム水溶液を加えると，濃青色の沈殿が生成する。空欄に入る物質を1つ選べ。 ア　Fe　　　　　　　イ　$FeCl_3 \cdot 6H_2O$ ウ　$Fe(OH)_2$　　　エ　$FeSO_4 \cdot 7H_2O$　　(横浜国立大)	エ

☑ 0940 ☐	Fe^{3+}について，シアン化物イオンCN^-と配位数 ◻ の錯イオンを形成する。 　　　　　　　　　　（宮崎大）	6
☑ 0941 ☐	鉄(Ⅲ)イオンを含む水溶液に水酸化ナトリウム水溶液を加えると，赤褐色の沈殿 ◻ が生じる。　　　（岡山大）	水酸化鉄(Ⅲ)
☑ 0942 ☐	塩化鉄(Ⅱ)の水溶液に塩素を通じると鉄(Ⅱ)イオンが酸化され，この水溶液を濃縮すると黄褐色の ◻ が得られる。　　　　　　　　　　　　　　　（岐阜大）	塩化鉄(Ⅲ)六水和物 ($FeCl_3 \cdot 6H_2O$)
☑ 0943 ☑	塩化鉄(Ⅲ)六水和物の水溶液を沸騰水に加えると赤褐色の溶液ができる。この反応で生成する赤褐色の物質の名称を答えよ。 　　　　　　　　　　　　　　　（山口大）	水酸化鉄(Ⅲ)
☑ 0944 ☐	Fe^{3+}を含む塩基性～中性の水溶液に硫化水素を通じると黒色の沈殿が生じる。この沈殿を化学式で答えよ。 　　　　　　　　　　　　　　　（立教大）	FeS
☑ 0945 ☐	塩化鉄(Ⅲ)の水溶液に，ヘキサシアニド鉄(Ⅱ)酸カリウムの水溶液を加えると，沈殿が生じる。この沈殿の色を答えよ。 　　　　　　　　　　　　　　（大阪教育大）	濃青色 (プルシアンブルー)

物質の三態と状態変化

熱化学

電池と電気分解

化学反応と平衡

無機化学

有機化学

高分子化合物

THEME 47 銅

POINT

▶ 銅は周期表の 11 族に属する元素で，単体は 赤 色の光沢をもっている。

▶ 銅は，イオン化傾向が水素より 小さい ため， 塩酸 や希硫酸とは反応しないが，酸化力の強い熱濃硫酸や 硝酸 とは反応する。

▶ 粗銅板を陽極，純銅板を陰極として，硫酸銅(Ⅱ)水溶液の電気分解を行うことで銅の純度を高められる。この操作を銅の 電解精錬 という。

ビジュアル要点

● 銅の工業的製法 (p122参照)

① 黄銅鉱（主成分はCuFeS$_2$）に石灰石やケイ砂を入れ，加熱して硫化銅(Ⅰ)Cu$_2$Sを得る。

② 硫化銅(Ⅰ)を空気中で強熱して，純度99％程度の 粗銅 を得る。

③ 陽極に粗銅板，陰極に純銅板を用いて， 硫酸銅(Ⅱ) の希硫酸溶液を電気分解すると， 陽 極の粗銅板は溶解し， 陰 極で99.99％以上の純銅が得られる。これを銅の電解精錬という。

陰極：$Cu^{2+} + 2e^- \longrightarrow Cu$

陽極：$Cu \longrightarrow Cu^{2+} + 2e^-$

● 銅の反応

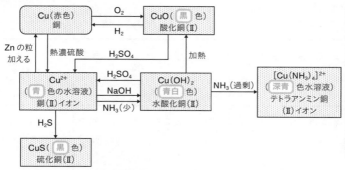

☑ 0946 ⌂	銅の単体は軟らかく赤い金属であり，熱や[ ]を非常によく通し，延性や展性に富んでいる。 (岐阜大)	電気
☑ 0947 ⌂	銅は，湿った空気中では[ ]と呼ばれるさびを生じる。 (センター試験)	緑青（ろくしょう）
☑ 0948 ⌂	銅は水溶液中で主に[ ]価の陽イオンとして存在する。 (富山大)	2
☑ 0949 ⌂	銅は赤みを帯びた金属である。炎色反応は[ ]色である。 (青山学院大)	青緑
☑ 0950 ⌂	銅はイオン化傾向が水素よりも（大きい 小さい）ため，塩酸や希硫酸とは反応しないが，硝酸や加熱した濃硫酸とは反応し硝酸銅や硫酸銅が生成する。 (静岡大)	小さい
☑ 0951 ⌂	銅は塩酸などには侵されにくいが，[ ]には溶けて銅(Ⅱ)イオンになる。空欄に当てはまる最も適当なものを次のア～ウから1つ選べ。 ア 還元力のある酸 イ 酸化力のある酸 ウ 揮発性の酸 (龍谷大)	イ
☑ 0952 ⌂	銅は，熱濃硫酸と反応（する しない）。 (センター試験)	する
☑ 0953 ⌂	銅を濃硝酸に溶かすときに起こる反応を，化学反応式で表せ。 (学習院大)	$Cu + 4HNO_3 \longrightarrow Cu(NO_3)_2 + 2NO_2 + 2H_2O$

物質の三態と状態変化

熱化学

電池と電気分解

化学反応と平衡

無機化学

有機化学

高分子化合物

☑ 0954 ☆	銅の単体を空気中で加熱すると，黒色の酸化銅(Ⅱ)となるが，1000℃以上で加熱すると，赤色の◯◯◯となる。　　　　　　　　　　　　　　　　　　(麻布大)	酸化銅(Ⅰ) (Cu_2O)
☑ 0955 ☆	硫酸銅(Ⅱ)水溶液に，(亜鉛　白金)の粒を加えると，単体の銅が析出する。　　　　　　　　　　　　(センター試験)	亜鉛
☑ 0956 ☆	銅の電気分解は工業的製法として重要であり，粗銅から電気分解により純銅を得るプロセスは◯◯◯と呼ばれる。　　　　　　　　　　　　　　　　　　　(岐阜大)	電解精錬
☑ 0957 ☆	銅の電解精錬では，(陽極　陰極)に高純度の銅が析出する。　　　　　　　　　　　　　　　　　(センター試験)	陰極
☑ 0958 ☆	銅の電解精錬では，(陽極　陰極)の下に，銅よりイオン化傾向の小さい金属が沈殿する。　　　　(センター試験)	陽極
☑ 0959 ☆	銅の硫酸塩の五水和物は青色であり，水和水を失うと◯◯◯色になる。　　　　　　　　　　　　　　(成蹊大)	白
☑ 0960 ☆	硫酸銅(Ⅱ)五水和物の水溶液(青色)に水酸化ナトリウム水溶液を加えると，◯◯◯色の沈殿を生じた。　　　　　　　　　　　　　　　　　　　　(愛知教育大)	青白
☑ 0961 ☆	青色の硫酸銅(Ⅱ)水溶液に少量の塩基を加えると，◯◯◯の青白色沈殿が生じる。空欄に当てはまる最も適当なものを次のア～ウから1つ選べ。 ア　$Cu(OH)_2$　　　イ　$[Cu(NH_3)_4](OH)_2$ ウ　CuO　　　　　　　　　　　　　　　(龍谷大)	ア

☑ 0962 🔖	銅(Ⅱ)イオンを含む水溶液に少量のアンモニア水を加えると青白色沈殿を生じる。この反応のイオン反応式を答えよ。 (高知大)	$Cu^{2+}+2NH_3+2H_2O$ $\longrightarrow Cu(OH)_2+2NH_4^+$
☑ 0963 🔖	硫酸銅(Ⅱ)水溶液に，（水酸化ナトリウム水溶液　アンモニア水）を少量加えると沈殿が生じるが，これをさらに加えると生じた沈殿が溶ける。 (センター試験)	アンモニア水
☑ 0964 🔖	銅(Ⅱ)イオンを含む水溶液に強塩基や少量のアンモニア水を加えると，青白色沈殿が生じ，さらに過剰のアンモニア水を加えると，その沈殿は溶解して◻◻色の水溶液となる。 (東海大)	深青
☑ 0965 🔖	銅(Ⅱ)イオンを含む水溶液に少量のアンモニア水を加えて生じた青白色沈殿に，過剰のアンモニア水を加えたときのイオン反応式を答えよ。 (高知大)	$Cu(OH)_2+4NH_3\longrightarrow$ $[Cu(NH_3)_4]^{2+}+2OH^-$
☑ 0966 🔖	銅(Ⅱ)イオンを含む水溶液にアンモニア水をゆっくり滴下していったところ，青白色の沈殿が生成した。この沈殿を含む溶液を加熱すると，沈殿の色が◻◻色に変化する。 (神奈川大)	黒
☑ 0967 🔖	銅の酸化物CuOを塩酸に溶かした後，硫化水素を通じると◻◻色沈殿を生じた。 (大阪市立大)	黒

物質の三態と状態変化

熱化学

電池と電気分解

化学反応と平衡

無機化学

有機化学

高分子化合物

THEME 48 銀・金

🔑 POINT

▶ 銀と金は周期表の 11 族に属する元素である。

▶ 銀は，イオン化傾向が水素より 小さい ため， 塩酸 や希硫酸とは反応しないが，酸化力の強い熱濃硫酸や 硝酸 とは反応する。

▶ 金は，イオン化傾向が小さく，硝酸や熱濃硫酸にも溶けないが， 王水 には溶ける。

🧪 ビジュアル要点

● 銀の反応

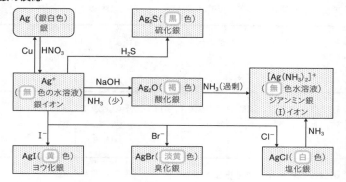

● ハロゲン化銀の性質

名称	塩化銀	臭化銀	ヨウ化銀
化学式	$AgCl$	$AgBr$	AgI
沈殿の色	白 色	淡黄 色	黄 色
アンモニア水への溶解性	溶ける	少し溶ける	溶けにくい
チオ硫酸ナトリウム水溶液への溶解性	溶ける	溶ける	溶ける

☑ 0968 ⌂	遷移元素である銀は，電気の伝導性が金属の中で最も大きく，化学的に安定であるが，酸化力の強い酸には溶け，酸化数 ___ の化合物をつくる。 (大分大)	+1
☑ 0969 ⌂	銀は電気伝導性，熱伝導性が（大きい　小さい）。 (成蹊大)	大きい
☑ 0970 ⌂	銀は塩酸や希硫酸には溶けないが，___ や熱濃硫酸には溶ける。電気伝導性と熱伝導性が金属の中で最大である。 (横浜国立大)	硝酸
☑ 0971 ⌂	銀は塩酸や希硫酸とは反応しないが，濃硝酸などの酸化力の強い酸とは反応し，溶解する。銀と濃硝酸との反応で生成する気体を化学式で答えよ。 (群馬大)	NO_2
☑ 0972 🏛	銀を濃硝酸に溶かしたときの化学反応式を答えよ。 (福井県立大)	$Ag + 2HNO_3 \longrightarrow$ $AgNO_3 + NO_2 + H_2O$
☑ 0973 ⌂	銀は酸化力の強い硝酸や熱濃硫酸に溶ける。その溶液に硫化水素を通じると，黒色の ___ の沈殿が生じる。 (昭和大)	硫化銀 (Ag_2S)
☑ 0974 ⌂	硝酸銀の水溶液に塩基を加えると，___ 色の沈殿が生成する。 (慶應義塾大)	褐
☑ 0975 🏛	銀イオンを含む溶液に少量の水酸化ナトリウム水溶液を加えると褐色沈殿が生じる。この反応のイオン反応式を答えよ。 (高知大)	$2Ag^+ + 2OH^-$ $\longrightarrow Ag_2O + H_2O$
☑ 0976 ⌂	硝酸銀水溶液に少量の塩基を加えると褐色の沈殿を生成するが，さらに ___ を加えると，沈殿は溶けて無色の溶液となる。 (福井県立大)	アンモニア水

物質の三態と状態変化

熱化学

電池と電気分解

化学反応と平衡

無機化学

有機化学

高分子化合物

□ 0977	酸化銀は過剰のアンモニア水に溶けて，無色の溶液を与える。生成した錯イオンの化学式を答えよ。（電気通信大）	$[Ag(NH_3)_2]^+$
□ 0978	銀イオンを含む溶液に少量の水酸化ナトリウム水溶液を加えると褐色沈殿が生じる。この褐色沈殿に，過剰のアンモニア水を加えたときのイオン反応式を答えよ。(高知大)	$Ag_2O+4NH_3+H_2O \longrightarrow$ $2[Ag(NH_3)_2]^+ +2OH^-$
□ 0979	銀イオンを含む水溶液にハロゲン化物イオンを加えると，ハロゲン化銀を生成する。このうち，□□□□は水に対する溶解度が大きく沈殿が生じない。（昭和大）	フッ化銀 （AgF）
□ 0980	塩化銀は水に（溶けやすい 溶けにくい）。（富山大）	溶けにくい
□ 0981	Ag^+を含む水溶液に希塩酸を加えると，□□□色沈殿が生じた。（茨城大）	白
□ 0982	塩化ナトリウム水溶液に硝酸銀水溶液を加えると，白色沈殿が生じた。この沈殿物の説明として正しいものはどれか。 ア　光を当てると黄色くなる。 イ　水によく溶け，還元作用がある。 ウ　アルコールに溶ける。 エ　アンモニア水に溶ける。（東北学院大）	エ
□ 0983	塩化銀の飽和水溶液と沈殿との混合物に対してアンモニア水を加えると，□□□色の水溶液になる。（慶應義塾大）	無
□ 0984	塩化銀をアンモニア水に浸したところ溶解した。この反応を化学反応式で答えよ。（広島大）	$AgCl+2NH_3 \longrightarrow$ $[Ag(NH_3)_2]Cl$

0985	塩化銀AgClに光を当てたときに起こる反応を化学反応式で答えよ。 (群馬大)	$2AgCl \longrightarrow 2Ag + Cl_2$
0986	臭化銀は淡黄色の沈殿であるが，この沈殿に光を当てると沈殿が次第に □ 色になる。 (福岡女子大)	黒
0987	□ は光によって分解して銀を析出する性質を利用して，写真フィルムに用いられている。 (昭和大)	臭化銀 (AgBr)
0988	□ の単体は最も展性・延性に富み，黄金色の美しい光沢をもち装飾品に利用されている。 (成蹊大)	金
0989	金は空気中で安定であり，特有の光沢がある金属である。純度の高い金は軟らかく，たたいて変形させると薄く広がり，引っ張ると長く延びる。下線部の性質を □ という。 (群馬大)	展性
0990	金は希塩酸や硝酸とは反応しないが，□ には溶ける。 (中央大)	王水

物質の三態と状態変化

熱化学

電池と電気分解

化学反応と平衡

無機化学

有機化学

高分子化合物

THEME 49 クロム・マンガン・その他の金属

🔑 POINT

▶ クロムは周期表の **6** 族に属する元素で，**クロム酸カリウム**K_2CrO_4や二クロム酸カリウム$K_2Cr_2O_7$などの化合物をつくる。

▶ マンガンは周期表の **7** 族に属する元素で，酸化マンガン(IV)MnO_2や**過マンガン酸カリウム**$KMnO_4$などの化合物をつくる。

▶ 単体の **チタン** は軽くて硬く，耐食性に優れているため，メガネのフレームなどに用いられる。

🧪 ビジュアル要点

● クロムの反応

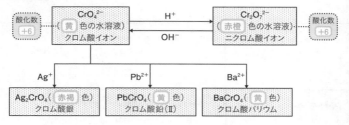

● マンガンの反応

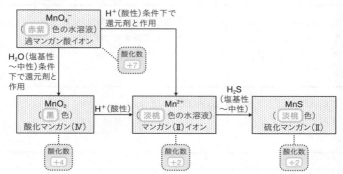

☑ 0591 ☐	6族の遷移元素であるクロムCrは,化合物中では主に+3と□□□の酸化数となる。 (福井県立大)	+6
☑ 0992 ☐	クロム酸イオンと反応して沈殿を生じるAg^+以外の金属イオンを次のア〜エから1つ選べ。 ア Al^{3+} イ Ba^{2+} ウ Ca^{2+} エ Cu^{2+} (中京大)	イ
☑ 0993 ☐	クロム酸カリウムの水溶液に,かくはんしながら硝酸銀水溶液を少しずつ加えると,□□□色の沈殿が生成し始めた。 (愛知教育大)	赤褐
☑ 0994 ☐	銀イオンとクロム酸イオンは,どのように反応して赤褐色の沈殿を生成するか。イオン反応式を答えよ。 (福井県立大)	$2Ag^+ + CrO_4{}^{2-}$ $\longrightarrow Ag_2CrO_4$
☑ 0995 ☐	クロム酸カリウム水溶液に硝酸鉛(Ⅱ)水溶液を加えると□□□色の沈殿が生じる。 (順天堂大)	黄
☑ 0996 ☐	Pb^{2+}を含む水溶液にクロム酸カリウム水溶液を加えると沈殿が生じた。この反応をイオン反応式で示せ。 (徳島大)	$Pb^{2+} + CrO_4{}^{2-}$ $\longrightarrow PbCrO_4$
☑ 0997 ☐	クロム酸カリウムは,水に溶けると黄色のクロム酸イオンを生じる。また,クロム酸カリウム水溶液を硫酸で酸性にすると,水溶液は黄色から□□□色に変色する。 (福井県立大)	赤橙
☑ 0998 ☐	クロム酸カリウム水溶液を硫酸酸性にすると□□□イオンを生じる。 (順天堂大)	ニクロム酸

物質の三態と状態変化

熱化学

電池と電気分解

化学反応と平衡

無機化学

有機化学

高分子化合物

☑ 0999	二クロム酸カリウムが溶けている酸性水溶液の色を，次のア～エのうちから1つ選べ。 ア　無色　　　イ　深青色 ウ　緑色　　　エ　赤橙色　　　　　　（埼玉大）
	エ

☑ 1000	クロム酸カリウムの水溶液（黄色）に硫酸を加えると溶液の色が赤橙色となった。この溶液の色の変化を，クロムに関するイオン反応式で示せ。　　　　　　（愛知教育大）
	$2CrO_4^{2-}+2H^+$ $\longrightarrow Cr_2O_7^{2-}+H_2O$

☑ 1001	クロムの塩である二クロム酸カリウムは，強力な（酸化剤　還元剤）である。　　　　　　　　　　　　（埼玉大）
	酸化剤

☑ 1002	マンガンは，　　　　色の金属で，空気中では表面が酸化されやすい。　　　　　　　　　　　　　　　（東海大）
	銀白

☑ 1003	マンガンの最大酸化数は　　　　である。　　　（明治大）
	$+7$

☑ 1004	マンガンは鉄よりもイオン化傾向が大きく，<u>その単体は酸の水溶液に溶けてマンガン(II)イオンとなる</u>。下線部の反応をイオン反応式で表せ。　　　　　　（金沢大）
	$Mn+2H^+$ $\longrightarrow Mn^{2+}+H_2$

☑ 1005	過マンガン酸カリウムは，黒紫色の結晶であり，水に溶けて　　　　色の過マンガン酸イオンを生じる。（東海大）
	赤紫

☑ 1006	過マンガン酸イオンは，酸性水溶液中で強い（酸化剤　還元剤）としてはたらく。　　　　　　　　　（金沢大）
	酸化剤

☑ 1007 ☐	酸化マンガン(Ⅳ)は，□□□色の粉末で，酸化作用を示し，マンガン乾電池に使用される。 (東海大)	黒
☑ 1008 ☐	酸化マンガン(Ⅳ)を濃塩酸に加えて加熱したときに起こる反応を化学反応式で表せ。 (金沢大)	$MnO_2 + 4HCl \longrightarrow$ $MnCl_2 + Cl_2 + 2H_2O$
☑ 1009 ☐	マンガン(Ⅱ)イオンに硫化水素を通じたところ，淡桃色の沈殿が生じた。この沈殿の化学式を答えよ。 (金沢大)	MnS
☑ 1010 ☐	□□□は塩酸や希硫酸には溶けないが，硝酸や熱濃硫酸には溶ける。また，多くの金属をよく溶かし，アマルガムと呼ばれる合金をつくる。空欄に入る物質を1つ選べ。 ア　Hg　　イ　Cd ウ　Ti　　エ　Pt (横浜国立大)	ア
☑ 1011 ☐	□□□の融点は−39℃であり，単体としては，常温で唯一の液体の金属である。 (東海大)	水銀 (Hg)
☑ 1012 ☐	□□□は軽くて硬く，メガネのフレームなどに使われている。酸化物は光触媒としてビルの外壁やガラスに塗布して使用されている。 (横浜国立大)	チタン (Ti)
☑ 1013 ☐	13族元素の□□□は，窒素と化合して青色発光ダイオードの材料として使われている。 (金沢大)	ガリウム (Ga)

物質の三態と状態変化

熱化学

電池と電気分解

化学反応と平衡

無機化学

有機化学

高分子化合物

THEME 50 金属イオンの分離

♥ POINT

▶ 多くの種類の金属イオンを含む混合水溶液から，各イオンを分離。確認する操作を 系統分離 （または 系統分析 ）という。

▶ 銀 イオンと鉛イオンは，希塩酸を加えると 白 色沈殿を生じる。

▶ 銅(Ⅱ)イオンは，硫化水素を通じると，pHに関係なく 黒 色沈殿を生じる。

⚗ ビジュアル要点

● 金属イオンの系統分離

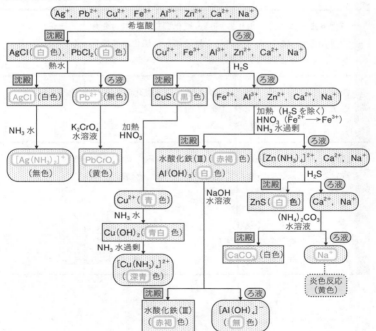

235

1014 ☑ 🖵	Ag^+, Na^+, Cu^{2+}, Zn^{2+}, Fe^{3+} を含む混合試料水溶液に希塩酸を加えて塩化物を沈殿させ, ろ過により分離した。このとき沈殿する塩化物の化学式を答えよ。 (弘前大)	AgCl
1015 ☑ 🖵	AgClの沈殿の色として最も適切なものはどれか。 ア 青色　　イ 赤色　　ウ 黒色　　エ 白色 (京都産業大)	エ
1016 ☑ 🖵	Ca^{2+}, Cu^{2+}, Fe^{3+}, Na^+, Pb^{2+}, Zn^{2+} を含む混合水溶液に, 希塩酸を加えると白色沈殿が生じた。この白色沈殿に含まれる沈殿の化学式を答えよ。 (岡山大)	$PbCl_2$
1017 ☑ 🖵	Al^{3+}, Fe^{3+}, Cu^{2+}, Ag^+ を含む水溶液に希塩酸を加えて生じた沈殿Aをろ過して分けた。このろ液に硫化水素を通じて生じた沈殿Bの色を答えよ。 (京都女子大)	黒色
1018 ☑ 🖵	塩化アルミニウム, 塩化鉄(Ⅲ), 塩化銅(Ⅱ)が溶けた水溶液に希塩酸を加えて, 液性を酸性にし, 硫化水素を通じた。このとき沈殿する物質は [　　　] である。 (岐阜大)	硫化銅(Ⅱ) (CuS)
1019 ☑ 🖵	Ca^{2+}, Fe^{3+}, Zn^{2+} を含む混合水溶液に, 塩化アンモニウムとアンモニア水を過剰に加え塩基性にすると [　　　] の赤褐色沈殿が生じる。 (長崎大)	水酸化鉄(Ⅲ)
1020 ☑ 🖵	Cu^{2+}, Zn^{2+}, Fe^{3+} を含む混合溶液から, Fe^{3+} のみを沈殿物として分離するために使用する試薬を, 次のア〜エから1つ選べ。 ア アンモニア水 (過剰) イ アンモニア水 (少量) ウ 硫化水素 (塩基性条件下) エ 硫化水素 (酸性条件下) (中京大)	ア

物質の三態と状態変化

熱化学

電池と電気分解

化学反応と平衡

無機化学

有機化学

高分子化合物

☑ 1021 ☐	Na^+，Ca^{2+}，Zn^{2+}，Fe^{3+}を含む水溶液にNH_3水を十分に加えてろ過し，沈殿Aとろ液Bを得た。ろ液BにH_2Sを通じてろ過し，沈殿Cとろ液Dを得た。沈殿Cを組成式で答えよ。　　　　　　　　　　（山形大）	ZnS
☑ 1022 ☐	Ca^{2+}，Zn^{2+}，Na^+，Fe^{3+}を含む試料水溶液から各イオンを分離した。沈殿Cの化学式を答えよ。　　（京都産業大） 	$CaCO_3$
☑ 1023 ☐	Cu^{2+}，Fe^{3+}，Zn^{2+}のいずれかを含む水溶液に過剰量の水酸化ナトリウム水溶液を加えると青白色沈殿を生じた。この水溶液に硫化水素を加えると　　　　色沈殿が生じる。　　　　　　　　　　（自治医科大）	黒

有機化学

有機化合物は，炭素・水素・酸素・窒素・硫黄・ハロゲンといった限られた種類の元素から構成されていますが，極めて多くの種類が存在し，性質もさまざまです。不飽和結合や官能基などに着目して，有機化合物の性質について学んでゆきましょう。

51 | 有機化合物の特徴

⚷ POINT

▶ 炭素原子が骨格となっている化合物を 有機 化合物といい，炭素と水素だけからできた化合物をとくに 炭化水素 という。

▶ 炭化水素のうち，炭素原子どうしが鎖状に結合したものを 鎖式 炭化水素または脂肪族炭化水素，環状に結合したものを 環式 炭化水素という。

▶ 炭化水素のうち，炭素どうしの結合がすべて単結合であるものを 飽和 炭化水素，二重結合や三重結合を含むものを 不飽和 炭化水素という。

🧪 ビジュアル要点

● 有機化合物の分類

分類			一般式	一般名	例	
鎖式 炭化水素	脂肪族 炭化水素	飽和 炭化水素	C_nH_{2n+2} $(n \geqq 1)$	アルカン	メタン	CH_4
		不飽和 炭化水素	C_nH_{2n} $(n \geqq 2)$	アルケン	エチレン（エテン）	$CH_2＝CH_2$
			C_nH_{2n-2} $(n \geqq 2)$	アルキン	アセチレン	$CH≡CH$
環式 炭化水素	脂環式 炭化水素	飽和 炭化水素	C_nH_{2n} $(n \geqq 3)$	シクロ アルカン	シクロヘキサン	$\begin{array}{c} CH_2 \\ H_2C \quad CH_2 \\ H_2C \quad CH_2 \\ CH_2 \end{array}$
		不飽和 炭化水素	C_nH_{2n-2} $(n \geqq 3)$	シクロ アルケン	シクロヘキセン	$\begin{array}{c} CH_2 \\ H_2C \quad CH \\ H_2C \quad CH \\ CH_2 \end{array}$
	芳香族 炭化水素	不飽和 炭化水素			ベンゼン	$\begin{array}{c} CH \\ HC \quad CH \\ HC \quad CH \\ CH \end{array}$
					トルエン	$\begin{array}{c} CH_3 \\ C \\ HC \quad CH \\ HC \quad CH \\ CH \end{array}$

※脂環式炭化水素は，脂肪族炭化水素に分類されることもある。

☑ 1024	［　　　　］原子を骨格として含む化合物を有機化合物と総称し，それ以外の化合物を無機化合物と呼ぶ。　（大分大）	炭素
☑ 1025	有機化合物は一般に分子でできた物質であり，無機化合物と比べると融点や沸点が（高い　低い）。　（神戸学院大）	低い
☑ 1026	炭素原子が鎖状に結合している炭化水素を［　　　　］炭化水素という。　（帯広畜産大）	鎖式
☑ 1027	炭素と水素だけからできている炭化水素を分類すると，鎖式炭化水素と［　　　　］炭化水素に分類される。　（東海大）	環式
☑ 1028	環式炭化水素は，［　　　　］炭化水素と芳香族炭化水素に分類される。　（東海大）	脂環式
☑ 1029	［　　　　］化合物は，分子中にベンゼンのような芳香環をもつ化合物の総称である。　（横浜国立大）	芳香族
☑ 1030	［　　　　］をもつ化合物は芳香族炭化水素と呼ばれる。　（愛媛大）	ベンゼン環
☑ 1031	脂肪族化合物は，炭素原子間の結合がすべて単結合の［　　　　］炭化水素と，炭素原子間の結合に二重結合や三重結合を含む不飽和炭化水素に分類できる。　（横浜国立大）	飽和
☑ 1032	分子から何個かの原子がとれた形の特定の原子団を［　　　　］という。　（帯広畜産大）	基

物質の三態と状態変化

熱化学

電池と電気分解

化学反応と平衡

無機化学

有機化学

高分子化合物

THEME 52 有機化合物の分析

🔑 POINT

▶ ある有機化合物について，成分元素の種類や含有量を調べることで，その化合物の組成式を求める操作を 元素分析 という。

▶ 化合物の成分元素の原子の数を，最も簡単な整数比に直して，各元素記号の右下に示したものを 組成 式という。

▶ 元素分析の実験装置では，塩化カルシウムによって 水 を吸収し，ソーダ石灰によって 二酸化炭素 を吸収する。

🧪 ビジュアル要点

● 元素分析（組成式の決定）

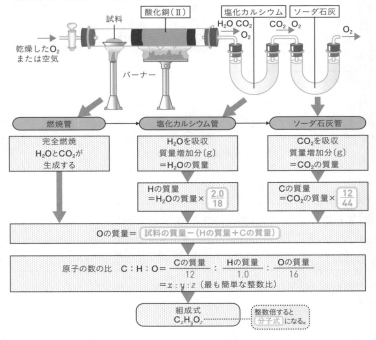

物質の三態と状態変化

熱化学

電池と電気分解

化学反応と平衡

無機化学

有機化学

高分子化合物

計算問題は，特に指定のない場合は四捨五入により有効数字
2桁で解答し，必要があれば，次の値を使うこと。
$H=1.0$，$C=12$，$O=16$
また，$0℃$，$1.013×10^5\,Pa$における気体1 molの体積は，
22.4 Lとする。

☑ 1033 ☐	酸化銅（Ⅱ）などの酸化剤を用いて有機化合物を完全燃焼させると，成分元素の炭素は◻になり，水素は水になる。 （弘前大）	二酸化炭素
1034	有機化合物を構成する元素の種類や割合を調べることを，有機化合物の◻という。 （群馬大）	元素分析
1035	元素分析装置において水を吸収するために用いる物質の名称は◻である。 （茨城大）	塩化カルシウム
1036	元素分析では，酸素を通気させながら試料をバーナーで加熱する。燃焼ガスはバーナーで加熱された◻の中を通過させ，塩化カルシウムとソーダ石灰の中を順に通過させる。 （鹿児島大）	酸化銅（Ⅱ）
1037	元素分析では，試料中の水素は水に，炭素は二酸化炭素になるので，塩化カルシウムを用いて水を，◻を用いて二酸化炭素を吸収させる。 （富山大）	ソーダ石灰
1038	元素分析装置では，乾燥酸素中で燃焼させ，生じた◻を塩化カルシウムを詰めたガラス管，二酸化炭素をソーダ石灰を詰めたガラス管で吸収させる。 （帯広畜産大）	水蒸気

図の元素分析装置で流通させるガスAの名称を答えよ。

酸素

試料　酸化銅(Ⅱ)　塩化カルシウム　ソーダ石灰

（北九州市立大）

元素分析装置の構成として，燃焼管に，　　　　の順に接続する。ただし，燃焼管とは酸素を通じながら試料を酸化銅(Ⅱ)とともに完全燃焼させる管のことである。

ア　塩化カルシウム管→ソーダ石灰管
イ　ソーダ石灰管→塩化カルシウム管

（茨城大）

ア

ある化合物32.8 mgを元素分析装置で完全燃焼させると二酸化炭素79.2 mg，水14.4 mgを与えた。この化合物32.8 mgに含まれる酸素の質量を答えよ。　（横浜市立大）

9.6 mg

解説

水素の質量：$14.4 \times \dfrac{2.0}{18} = 1.6$ mg

炭素の質量：$79.2 \times \dfrac{12}{44} = 21.6$ mg

よって，酸素の質量は，$32.8 - (1.6 + 21.6) = 9.6$ mg

分子式$C_9H_{10}O_2$をもつ化合物Aを完全燃焼させると，0℃，1.013×10^5 Paで67.2 Lの二酸化炭素が発生した。ここで用いた化合物Aの質量を求めよ。　（宇都宮大）

5.0×10 g

解説

燃焼の化学反応式は，$C_9H_{10}O_2 + \dfrac{21}{2}O_2 \longrightarrow 9CO_2 + 5H_2O$

二酸化炭素の物質量は$\dfrac{67.2}{22.4} = 3.00$ molなので，Aの質量は，

$150 \times 3.00 \times \dfrac{1}{9} = 50$ g

物質の三態と状態変化

熱化学

電池と電気分解

化学反応と平衡

無機化学

有機化学

高分子化合物

1043

10.0 mgの精製した化合物Aを酸素気流下で完全に燃焼させたところ，21.2 mgの二酸化炭素と3.24 mgの水が得られた。化合物Aの組成式を示せ。　　　　(横浜国立大)

$C_4H_3O_2$

解説

水素の質量：$3.24 \times \dfrac{2.0}{18} = 0.36$ mg

炭素の質量：$21.2 \times \dfrac{12}{44} ≒ 5.78$ mg

酸素の質量：$10.0 - (0.36 + 5.78) = 3.86$ mg

したがって，原子の数の比は，

$$C : H : O = \dfrac{5.78}{12} : \dfrac{0.36}{1.0} : \dfrac{3.86}{16} ≒ 4 : 3 : 2$$

であることから，化合物Aの組成式は$C_4H_3O_2$である。

1044

分子式C_nH_mで表される112 mgの炭化水素Aを完全燃焼させたところ，水とともに352 mgの二酸化炭素が得られた。Aの組成式を求めよ。　　　　(滋賀県立大)

CH_2

解説

炭素の質量：$352 \times \dfrac{12}{44} = 96$ mg

水素の質量：$112 - 96 = 16$ mg

したがって，原子の数の比は，

$$C : H = \dfrac{96}{12} : \dfrac{16}{1.0} = 1 : 2$$

よって，炭化水素Aの組成式はCH_2である。

1045

元素分析の結果，ある化合物の元素構成は炭素69.8%，水素11.6%，酸素18.6%であった。この化合物の組成式を求めよ。　　　　(岡山県立大)

$C_5H_{10}O$

解説

原子の数の比は，

$$C : H : O = \dfrac{69.8}{12} : \dfrac{11.6}{1.0} : \dfrac{18.6}{16} ≒ 5 : 10 : 1$$

よって，この化合物の組成式は$C_5H_{10}O$である。

元素分析装置を用いて化合物A 66 mgを完全燃焼させたところ，塩化カルシウムの質量が81 mg，ソーダ石灰の質量が165 mg増加した。化合物Aの組成式を求めよ。

(鹿児島大)

$C_5H_{12}O$

解説

水素の質量：$81 \times \dfrac{2.0}{18} = 9.0$ mg

炭素の質量：$165 \times \dfrac{12}{44} = 45$ mg

酸素の質量：$66 - (9.0 + 45) = 12$ mg

したがって，原子の数の比は，

$$C : H : O = \dfrac{45}{12} : \dfrac{9.0}{1.0} : \dfrac{12}{16}$$

$$= 5 : 12 : 1$$

よって，化合物Aの組成式は$C_5H_{12}O$である。

炭化水素A 216 mgをすべて気化させると0℃，1.013×10^5 Paで67.2 mLの体積を占めた。同量のAを完全燃焼させると二酸化炭素660 mgと水324 mgが得られた。Aの分子式を求めよ。

(金沢大)

C_5H_{12}

解説

水素の質量：$324 \times \dfrac{2.0}{18} = 36$ mg

炭素の質量：$660 \times \dfrac{12}{44} = 180$ mg

酸素の質量：$216 - (36 + 180) = 0$ mg

したがって，原子の数の比は，

$$C : H = \dfrac{180}{12} : \dfrac{36}{1.0}$$

$$= 5 : 12$$

よって，化合物Aの組成式はC_5H_{12}である。

炭化水素Aの分子量をMとすると

$$\dfrac{216 \times 10^{-3}}{M} = \dfrac{67.2 \times 10^{-3}}{22.4} \quad \text{よって} \quad M = 72$$

よって，化合物Aの分子式はC_5H_{12}である。

物質の三態と状態変化

熱化学

電池と電気分解

化学反応と平衡

無機化学

有機化学

高分子化合物

☑ **1048**

分子量90の有機化合物A 21.0 mgを元素分析装置で完全燃焼させたところ，二酸化炭素30.8 mg，水12.6 mgを得た。有機化合物Aの分子式を答えよ。　　　　(茨城大)

$C_3H_6O_3$

🔍 解説

水素の質量：$12.6 \times \dfrac{2.0}{18} = 1.4$ mg　　　炭素の質量：$30.8 \times \dfrac{12}{44} = 8.4$ mg

酸素の質量：$21.0 - (1.4 + 8.4) = 11.2$ mg

したがって，原子の数の比は，$C:H:O = \dfrac{8.4}{12} : \dfrac{1.4}{1.0} : \dfrac{11.2}{16} = 1:2:1$

よって，有機化合物Aの組成式はCH_2Oである。
有機化合物Aの分子量は90なので，分子式は$C_3H_6O_3$である。

☑ **1049**

化合物Aは分子量が200より小さい。化合物A 30 mgを完全燃焼させたところ，二酸化炭素88 mgと水18 mgを生じた。化合物Aの分子式を示せ。　　　(岐阜大)

C_8H_8O

🔍 解説

水素の質量：$18 \times \dfrac{2.0}{18} = 2.0$ mg　　　炭素の質量：$88 \times \dfrac{12}{44} = 24$ mg

酸素の質量：$30 - (2 + 24) = 4.0$ mg

したがって，原子の数の比は，$C:H:O = \dfrac{24}{12} : \dfrac{2.0}{1.0} : \dfrac{4.0}{16} = 8:8:1$

よって，化合物Aの組成式はC_8H_8Oである。
化合物Aの分子量は200より小さいので，分子式もC_8H_8Oである。

☑ **1050**

化合物Xの分子量は50以上100未満である。4.3 gの化合物Xを完全に燃焼させたところ，8.8 gの二酸化炭素と2.7 gの水が生じた。化合物Xの分子式を求めよ。(岩手大)

$C_4H_6O_2$

🔍 解説

水素の質量：$2.7 \times \dfrac{2.0}{18} = 0.30$ g　　　炭素の質量：$8.8 \times \dfrac{12}{44} = 2.4$ g

酸素の質量：$4.3 - (0.30 + 2.4) = 1.6$ g

したがって，原子の数の比は，$C:H:O = \dfrac{2.4}{12} : \dfrac{0.30}{1.0} : \dfrac{1.6}{16} = 2:3:1$

よって，化合物Aの組成式はC_2H_3Oである。
化合物Aの分子量は50以上100未満なので，分子式は$C_4H_6O_2$である。

THEME 53 飽和炭化水素

POINT

▶ すべて単結合からなる鎖式飽和炭化水素を アルカン という。

▶ 分子式は同じだが構造式が異なる化合物どうしを 構造 異性体という。

▶ 分子内の原子や原子団が、他の原子や原子団に置き換わる反応を 置換 反応という。

ビジュアル要点

● アルカンの立体構造

炭素原子に4つの同一の原子が結合する場合、炭素原子は 正四面体 の中心に位置し、その他の4原子は各頂点に位置する。

炭素数が2以上のアルカンでは、炭素原子どうしが単結合で結ばれている。炭素原子間の単結合C−Cは結合を軸に自由に回転 できる 。

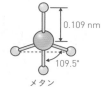

メタン

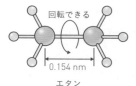

エタン

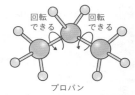

プロパン

● アルカンの置換反応

アルカンと塩素の混合気体に光を照射すると、アルカン中の水素原子が塩素原子に置き換わる。これを置換反応という。

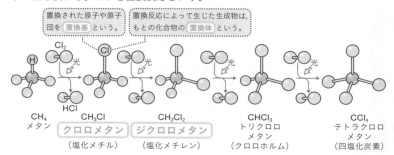

置換された原子や原子団を 置換基 という。

置換反応によって生じた生成物は、もとの化合物の 置換体 という。

CH_4 メタン / CH_3Cl クロロメタン （塩化メチル） / CH_2Cl_2 ジクロロメタン （塩化メチレン） / $CHCl_3$ トリクロロメタン （クロロホルム） / CCl_4 テトラクロロメタン （四塩化炭素）

物質の三態と状態変化

熱化学

電池と電気分解

化学反応と平衡

無機化学

有機化学

高分子化合物

1051	鎖式飽和炭化水素を [＿＿＿] という。その炭素数をnとすると，一般式はC_nH_{2n+2}で表される。 (茨城大)	アルカン
1052	異性体の存在は，有機化合物の特徴の一つであり，分子の構造式が異なる異性体を [＿＿＿] 異性体と呼ぶ。 (埼玉大)	構造
1053	分子式がC_nH_{2n+2}である鎖式炭化水素をアルカンという。nが [＿＿＿] 以上になると，アルカンには構造異性体が存在する。 (滋賀県立大)	4
1054	炭素数が5のアルカンの構造異性体の数は [＿＿＿] 種類である。 (金沢工業大)	3

🔍 解説

① $CH_3-CH_2-CH_2-CH_2-CH_3$　　② $CH_3-CH_2-\overset{\displaystyle CH_3}{\underset{|}{CH}}-CH_3$

③ $CH_3-\overset{\displaystyle CH_3}{\underset{\underset{\displaystyle CH_3}{|}}{\overset{|}{C}}}-CH_3$

1055	炭素数$n＝6$のアルカンの構造異性体の数は [＿＿＿] 種類である。 (東京電機大)	5

🔍 解説

① $CH_3-CH_2-CH_2-CH_2-CH_2-CH_3$

② $CH_3-CH_2-CH_2-\overset{\displaystyle CH_3}{\underset{|}{CH}}-CH_3$　　③ $CH_3-CH_2-\overset{\displaystyle CH_3}{\underset{|}{CH}}-CH_2-CH_3$

④ $CH_3-\overset{\displaystyle CH_3}{\underset{\underset{\displaystyle CH_3}{|}}{\overset{|}{CH}}}-CH-CH_3$　　⑤ $CH_3-CH_2-\overset{\displaystyle CH_3}{\underset{\underset{\displaystyle CH_3}{|}}{\overset{|}{C}}}-CH_3$

☑ 1056	炭素数n=4のアルカンには，炭素間の結合に枝分れがないブタンと，枝分れがある◯◯◯の2つの構造異性体が存在する。　　　　　　　　　　　　（東京電機大）	2-メチルプロパン (イソブタン)
☑ 1057	ペンタンの構造異性体を，次のア〜エのうちから1つ選べ。 ア　2,2-ジメチルプロパン イ　シクロペンタン ウ　2-メチルペンタン エ　2,2-ジメチルブタン　　　　　　　　　（広島市立大）	ア
☑ 1058	メタン分子は◯◯◯構造をしている。　　　　（茨城大）	正四面体
☑ 1059	エタンの炭素原子間の結合は，その結合を軸として回転（できる　できない）。　　　　　　　　（センター試験）	できる
☑ 1060	C_nH_{2n+2}の一般式で表される化合物について，nが◯◯◯以下の直鎖状アルカンは常温・常圧において気体である。　　　　　　　　　　　　　　　（東京理科大）	4
☑ 1061	アルカンが完全燃焼すると二酸化炭素と◯◯◯が生じ，燃焼するときに多量の熱を発生するので燃料として用いられる。　　　　　　　　　　　　　（滋賀県立大）	水
☑ 1062	ある直鎖状のアルカン1 molを完全燃焼させるのに酸素が8 mol必要であった。このアルカンの名称は◯◯◯である。　　　　　　　　　　　　　　　　（立正大）	ペンタン
☑ 1063	アルカンは一般に反応性に乏しいが，アルカンと塩素の混合ガスに光照射すると反応が進行する。この反応は（付加　置換）反応である。　　　　　　（同志社大）	置換

物質の三態と状態変化

熱化学

電池と電気分解

化学反応と平衡

無機化学

有機化学

高分子化合物

☑ 1064	アルカンと塩素の混合気体に紫外線を当てると，置換反応が段階的に進行し，アルカンの水素原子が塩素原子で置き換えられた ___ の混合物が得られる。 （新潟大）	置換体
☑ 1065	アルカンを臭素と混合して光を照射すると，アルカンの分子中の ___ 原子が臭素原子に置き換わる。 （金沢大）	水素
☑ 1066	メタンに ___ を混ぜて光を当てると，クロロメタンが生じる。 （九州工業大）	塩素
☑ 1067	プロパンを塩素化すると複数の化合物が生成するが，このうち，分子式C_3H_7Clで表される構造異性体は2種類であり，分子式$C_3H_6Cl_2$で表される構造異性体は ___ 種類である。 （新潟大）	4
☑ 1068	メタンは実験室では， ___ と水酸化ナトリウムを加熱して得られる。 （同志社大）	酢酸ナトリウム(CH_3COONa)
☑ 1069	一般式がC_nH_{2n}で表される飽和炭化水素を ___ という。 （滋賀県立大）	シクロアルカン
☑ 1070	シクロヘキサンには， ___ 形や舟形と呼ばれる配座異性体が存在する。 （埼玉大）	いす
☑ 1071	シクロプロパンに臭素を反応させると，不斉炭素原子をもたない鎖状化合物が生成し，臭素水の色が赤褐色から ___ 色に変わる。 （新潟大）	無

THEME 54 : 不飽和炭化水素

🔑 POINT

- ▶ 炭素原子間に二重結合を1個もつ鎖式不飽和炭化水素を アルケン ，炭素原子間に三重結合を1個もつ鎖式不飽和炭化水素を アルキン という。
- ▶ 炭素原子間の二重結合に対して，官能基の空間配置が異なる立体異性体を， シス-トランス 異性体（または幾何異性体）という。
- ▶ 不飽和結合の1本が開いて，他の原子や原子団が結合する反応を 付加 反応という。

🧪 ビジュアル要点

● アルケンの立体構造

二重結合C＝Cを構成する2個の炭素原子と，それらに結合する4個の原子は 同一平面 上にある。炭素原子間の二重結合は自由に回転 できない 。

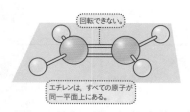

回転できない。

エチレンは，すべての原子が同一平面上にある。

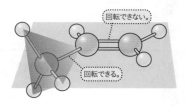

回転できない。

回転できる。

● シス-トランス異性体

C＝C結合が回転できないことに基づく異性体を，シス-トランス異性体（または幾何異性体）という。C＝Cに対して，同一の2つの官能基が同じ側に結合したものを シス 形，反対側に結合したものを トランス 形という。

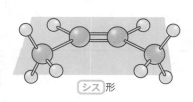

シス 形

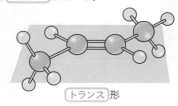

トランス 形

物質の三態と状態変化

熱化学

電池と電気分解

化学反応と平衡

無機化学

有機化学

高分子化合物

● アルキンの立体構造

三重結合C≡Cを構成する2個の炭素原子と，それらに結合する2個の原子は 一直線 上にある。炭素原子間の三重結合は自由に回転 できない 。

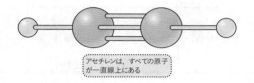

アセチレンは，すべての原子が一直線上にある

計算問題は，特に指定のない場合は四捨五入により有効数字
2桁で解答し，必要があれば，次の値を使うこと。
H＝1.0，C＝12，Br＝80
また，0℃，1.013×10⁵ Paにおける気体1 molの体積は，
22.4 Lとする。

☑ 1072	炭素原子間に二重結合を1個もつ鎖式不飽和炭化水素を総称してアルケンといい，分子式は◻◻◻◻の一般式で表される。　　　　　　　　　　（東京電機大）	C_nH_{2n}
☑ 1073	炭素原子間の距離は，エタン，エチレン（エテン），アセチレンの順に（長く　短く）なる。　　（センター試験）	短く
☑ 1074	エチレン分子を構成する原子はすべて同一◻◻◻◻上にある。　　　　　　　　　　　　　　　　　　（茨城大）	平面
☑ 1075	アルケンの炭素-炭素二重結合はその結合を軸にして自由に回転（できる　できない）。　　　　　（東邦大）	できない
☑ 1076	構成原子間の結合様式や結合の種類は同じだが，分子の立体的な配置が異なるために生じる異性体を◻◻◻◻異性体と呼ぶ。　　　　　　　　　　　　　（埼玉大）	立体

☑ 1077 ☆	立体異性体の中には炭素原子間の二重結合が自由回転できないことで生じる□□□異性体がある。　(成蹊大)	シス - トランス (**幾何**)
☑ 1078 ☆	アルケンは二重結合を1個もち，シス形と□□□形の2種類の異性体が存在することがある。　(滋賀県立大)	トランス
☑ 1079 ☆	次の図の化合物A，Bのような構造の違いに基づく関係を何というか（$R^1 \neq H$，$R^2 \neq H$）。 　　　R^1　　R^2　　　　R^1　　H 　　　　C＝C　　　　　　C＝C 　　　H　　　H　　　　H　　R^2 　　　　　A　　　　　　　　B 　(愛知教育大)	シス - トランス異性体 (**幾何異性体**)
☑ 1080 ▣	C_nH_{2n}の一般式で表される化合物について，nが□□□以上のアルケンにはシス-トランス異性体がある。　(東京理科大)	4
☑ 1081 ☆	2-ブテンにはシス-トランス異性体（幾何異性体）が存在（する　しない）。　(神戸学院大)	する
☑ 1082 ▣	分子式C_4H_8の鎖式炭化水素には，□□□種類の異性体がある。　(立命館大)	4
☑ 1083 ▣	鎖式炭化水素C_5H_{10}には何種類の異性体が存在するか，答えよ。ただし，シス-トランス異性体がある場合には，別の異性体として数えよ。　(群馬大)	6 種類
☑ 1084 ☆	エチレンは，工業的に□□□を主とする炭化水素の熱分解により製造される。　(福井大)	ナフサ

☑ 1085	エタノールに濃硫酸を加え，約170℃に加熱するとエチレンが生成する。この反応では水が生じるので◻◻◻◻反応と呼ばれる。　　　　　　　　　　　（奈良女子大）	脱水
☑ 1086	エタノールを濃硫酸存在下で170℃まで加熱すると気体状の物質エチレンが生成する。この反応の化学反応式を答えよ。　　　　　　　　　　　　　　　（県立広島大）	$C_2H_5OH \longrightarrow$ $CH_2=CH_2+H_2O$
☑ 1087	◻◻◻◻反応とは，一般に不飽和結合の部分に原子または原子団が付け加わる反応である。　　　　　（奈良女子大）	付加
☑ 1088	エチレンに◻◻◻◻を付加すると，エタンが生じる。　　　　　　　　　　　　　　　　　　　（福井大）	水素 (H_2)
☑ 1089	臭素水にエチレンを反応させると，臭素の赤褐色が消失して◻◻◻◻が得られる。　　　　　　　　（立教大）	1,2-ジブロモエタン
☑ 1090	エチレンを室温・大気圧で密閉したのち，臭素水を加えてかくはんすると溶液の色が（濃く　薄く）なる。　　　　　　　　　　　　　　　　　（県立広島大）	薄く
☑ 1091	アルケンは塩素や臭素と付加反応を起こす。例えば，臭素を含む溶液にプロペンを吹き込むと，溶液の色が◻◻◻◻色から無色に変わる。　　　　　　（新潟大）	赤褐
☑ 1092	無色でかすかに甘いにおいがする炭素2個が結合したエチレンに塩素を反応させると◻◻◻◻が生じる。　　　　　　　　　　　　　　　　　　（帯広畜産大）	1,2-ジクロロエタン
☑ 1093	エチレンは二重結合を1個もつため，◻◻◻◻重合を行うと鎖状高分子化合物のポリエチレンが得られる。　　　　　　　　　　　　　　　　（県立広島大）	付加

物質の三態と状態変化

熱化学

電池と電気分解

化学反応と平衡

無機化学

有機化学

高分子化合物

☑ 1094

$(CH_3)_2C=CHCH_3$で表される化合物35 gを，ニッケル触媒を用いて十分量の水素と反応させた。この反応で消費された水素は0℃，$1.013×10^5$ Paで何Lか。　(岡山大)

1.1×10 L

🔍 解説　この化合物の分子量は70であり，分子内にC＝C結合が1つ存在する。よって，付加反応で消費される水素の体積は，

$$\frac{35}{70}×1×22.4≒1.1×10 \text{ L}$$

☑ 1095

アセチレンC_2H_2のように分子内に炭素ー炭素三重結合を1つ含む鎖式不飽和炭化水素を[　　]という。(愛媛大)

アルキン

☑ 1096

鎖式炭化水素のうち，[　　]結合を含む不飽和炭化水素をアルキンという。　(帯広畜産大)

三重

☑ 1097

炭素数をn（ただし，$n≧2$）とすると，アルキンの分子式はどのような一般式で表されるか。　(昭和大)

C_nH_{2n-2}

☑ 1098

炭素原子間に三重結合を1個もつ鎖式不飽和炭化水素のうち，炭素数$n=2$のものはアセチレン，$n=3$のものは[　　]という。　(東京電機大)

プロピン

☑ 1099

アセチレン分子を構成する原子はすべて同一[　　]上にある。　(茨城大)

直線

☑ 1100

アセチレンは，無色・無臭の気体であり，工業的には[　　]の熱分解により合成されている。　(明治大)

石油
(メタン，ナフサ)

☑ 1101

最も簡単なアルキンであるアセチレンは無色・無臭の気体であり，[　　]に水を加えて発生させることができる。　(昭和大)

炭化カルシウム
(カーバイド)

物質の三態と状態変化

熱化学

電池と電気分解

化学反応と平衡

無機化学

有機化学

高分子化合物

☑ 1102	アセチレンは，実験室においては炭化カルシウムに水を作用させると発生させることができる。この反応の化学反応式を示せ。 (横浜国立大)	$CaC_2 + 2H_2O$ $\longrightarrow CH \equiv CH$ $+ Ca(OH)_2$
☑ 1103	アセチレンは酸素を十分に供給して完全燃焼させると，高温の炎を生じ，□□□などに用いられる。 (愛媛大)	溶接
☑ 1104	アセチレンは□□□反応を起こしやすく，触媒を用いて塩化水素やシアン化水素と反応させると，それぞれ塩化ビニルやアクリロニトリルが得られる。 (昭和大)	付加
☑ 1105	1 molのアセチレンに1 molの水素を付加せると，無色・無臭の気体である□□□が生じる。 (東海大)	エチレン (エテン)
☑ 1106	アセチレン1分子に白金やニッケルを触媒として水素1分子を付加させるとエチレンが生じ，水素2分子を付加させると□□□が生じる。 (愛媛大)	エタン
☑ 1107	図はある気体の発生を観察するための装置である。試験管Aで起きた変化をア，イのうちから1つ選べ。 ア 臭素水の色が消えた。 イ 臭素水の色は変化しなかった。 (センター試験)	ア
☑ 1108	アセチレン7.80 gに臭素Br_2を反応させた。完全に反応させるためには少なくとも何gの臭素が必要か。 (上智大)	96 g

図はある気体の発生を観察するための装置である。 — 炭化カルシウム、水、試験管A、臭素水、水槽

🔍 解説　アセチレンの分子量は26であり，アセチレン1 molあたり最大で2 molの臭素が付加する。よって，必要な臭素の質量は，

$$\frac{7.80}{26} \times 160 \times 2 = 96 \text{ g}$$

☑ 1109 ☐	次の反応式中の化合物Aに当てはまる物質名を答えよ。 アセチレン $\xrightarrow[\text{HgCl}_2触媒]{\text{HCl}}$ A <div align="right">(茨城大)</div>	塩化ビニル
☑ 1110 ☐	アセチレンに，銅触媒を用いて等しい物質量のシアン化水素を付加させると，ビニル化合物の一つである，□ が得られる。 <div align="right">(横浜国立大)</div>	アクリロニトリル
☑ 1111 ☐	アセチレンに触媒を用いて酢酸を付加させると，塗料や接着剤などに利用されている高分子の原料となる，□ が得られる。 <div align="right">(東海大)</div>	酢酸ビニル
☑ 1112 ☐	酢酸亜鉛を触媒としてアセチレンに□を付加させると酢酸ビニルを生じる。 <div align="right">(大阪市立大)</div>	酢酸
☑ 1113 ☐	アセチレンに硫酸水銀(Ⅱ)を触媒として水を付加させると，不安定な中間生成物のビニルアルコールを経て，安定な□が生成する。 <div align="right">(埼玉大)</div>	アセトアルデヒド
☑ 1114 ☐	アセチレンに水を付加させてできる□は不安定で，ただちにアセトアルデヒドになる。 <div align="right">(横浜国立大)</div>	ビニルアルコール
☑ 1115 ☐	次式の空欄に当てはまる化合物を答えよ。 □ + H_2O $\xrightarrow{\text{HgSO}_4}$ $\underset{\text{O}}{\overset{\|}{CH_3CH}}$ <div align="right">(群馬大)</div>	アセチレン (CH≡CH)
☑ 1116 ☐	アセチレンを赤熱した鉄に触れさせると，付加重合が起こり□が生成される。 <div align="right">(昭和大)</div>	ベンゼン
☑ 1117 ☐	加熱した鉄触媒を用いてアセチレン□分子を結合させるとベンゼンが生じる。 <div align="right">(滋賀県立大)</div>	3

物質の三態と状態変化

熱化学

電気分解と電池

化学反応と平衡

無機化学

有機化学

高分子化合物

□ 1118	エチレン（エテン）とアセチレンに共通する記述として誤っているものを，次のア～エのうちから1つ選べ。 ア 水が付加するとエタノールが生成する。 イ 十分量の水素と反応させるとエタンが生成する。 ウ すべての原子が同じ平面上にある。 エ 水上置換法で捕集できる。 （センター試験）	ア
□ 1119	エタン，エチレン，アセチレン，シクロヘキサンのうち，臭素と暗所で反応し，臭素の赤褐色が消える分子を組み合わせたものを選べ。 ア エタン，エチレン イ エタン，アセチレン ウ エチレン，アセチレン エ エチレン，シクロヘキサン （横浜国立大）	ウ
□ 1120	C_4H_6の分子式をもつ鎖式不飽和炭化水素には，構造異性体が ____ 種類存在する。 （愛媛大）	4

🔍解説

① $H-C{\equiv}C-CH_2-CH_3$ ② $CH_3-C{\equiv}C-CH_3$

③ $CH_2{=}C{=}CH-CH_3$ ④ $CH_2{=}CH-CH{=}CH_2$

55 アルコールとエーテル

POINT

▶ 炭化水素の水素原子をヒドロキシ基−**OH**で置換した構造をもつ化合物を アルコール という。

▶ アルコールは分子中の ヒドロキシ 基の数によって，1価アルコール，2価アルコール，3価アルコール，……に分類される。

▶ アルコールは，ヒドロキシ基が結合している炭素原子に 炭化水素 基が何個結合しているかによって，第一級アルコール，第二級アルコール，第三級アルコールに分類される。

 ビジュアル要点

● 価数による分類

分類	1価アルコール	2価アルコール	3価アルコール
例	エタノール CH_3-CH_2-OH	エチレングリコール CH_2-OH $\mid$ CH_2-OH	グリセリン CH_2-OH $\mid$ $CH-OH$ $\mid$ CH_2-OH

● 級数による分類

分類	第一級アルコール	第二級アルコール	第三級アルコール
構造	Hでもよい ····· $R-\overset{\displaystyle H}{\underset{\displaystyle H}{C}}-OH$	$R-\overset{\displaystyle H}{\underset{\displaystyle R'}{C}}-OH$	$R'-\overset{\displaystyle R}{\underset{\displaystyle R''}{C}}-OH$
例	エタノール $CH_3-\overset{\displaystyle H}{\underset{\displaystyle H}{C}}-OH$	2-プロパノール $CH_3-\overset{\displaystyle H}{\underset{\displaystyle CH_3}{C}}-OH$	2-メチル-2-プロパノール $CH_3-\overset{\displaystyle CH_3}{\underset{\displaystyle CH_3}{C}}-OH$

● 級数による反応のちがい

分類	第一級アルコール	第二級アルコール	第三級アルコール
酸化反応	$R-CH_2-OH$ 第一級アルコール 酸化 ↓ $-2H$ $R-CHO$ アルデヒド 酸化 ↓ $+O$ $R-COOH$ カルボン酸	$\begin{array}{c}R-CH-R'\\ \mid \\ OH\end{array}$ 第二級アルコール 酸化 ↓ $-2H$ $\begin{array}{c}R-C-R'\\ \parallel \\ O\end{array}$ ケトン	$\begin{array}{c}R'\\ \mid \\ R-C-R''\\ \mid \\ OH\end{array}$ 第三級アルコール ↓ ×

1121	炭化水素の水素原子をヒドロキシ基で置換した形の化合物を　　　と総称する。 (弘前大)	アルコール
1122	アルコールは分子内に　　　基を含んでいる。 (近畿大)	ヒドロキシ
1123	エタノールの示性式を答えよ。 (高知大)	C_2H_5OH
1124	2-ブタノールの示性式を答えよ。 (佐賀大)	$C_2H_5CH(OH)CH_3$

☑ 1125	分子中の[___]基の数によって1価アルコール，2価アルコール，3価アルコールと分類される。　（日本大）	ヒドロキシ
☑ 1126	アルコールの分子中にヒドロキシ基が1個のものを1価アルコール，2個以上のものを[___]アルコールと総称する。　（弘前大）	多価
☑ 1127	アルコールは，ヒドロキシ基をもつ炭素原子に結合している[___]基の数により第一級，第二級および第三級アルコールに分類される。　（九州産業大）	炭化水素
☑ 1128	ヒドロキシ基が結合している炭素に，他の炭化水素基が1個結合しているものは，[___]アルコールである。　（成蹊大）	第一級
☑ 1129	アルコールの水への溶解度は，分子量が小さいほど，また，分子中のヒドロキシ基の数が多いほど（大きく　小さく）なる。　（弘前大）	大きく
☑ 1130	炭素数が[___]以下の第一級アルコールは，任意の割合で水と混合することができる。　（金沢工業大）	3
☑ 1131	アルコールのヒドロキシ基は水溶液中で電離しにくいので，水溶液は（酸性　中性　塩基性）である。　（弘前大）	中性
☑ 1132	アルコールの融点や沸点は，分子量が同程度の炭化水素に比べて（高い　低い）。　（立教大）	高い
☑ 1133	アルコールに[___]を加えると，気体である水素が発生し，ナトリウムアルコキシドが生じる。　（甲南大）	ナトリウム (Na)

物質の三態と状態変化

熱化学

電池と電気分解

化学反応と平衡

無機化学

有機化学

高分子化合物

☑ 1134	エタノールに金属ナトリウムを加えると水素が発生し，□□□が生成する。　　　　　　　　　　　　　　　　（大分大）	ナトリウムエトキシド
☑ 1135	化合物Aに金属ナトリウムを加えると水素が生成した。この反応より化合物AがもつO原子1つの官能基の名称を答えよ。　　　　　　　　　　　　　　　　（京都女子大）	ヒドロキシ基
☑ 1136	エタノールと金属ナトリウムとの化学反応式を答えよ。　　　　　　　　　　　　　　　　　　　　　（高知大）	$2C_2H_5OH+2Na$ $\longrightarrow 2C_2H_5ONa+H_2$
☑ 1137	160 ～ 170℃に加熱した濃硫酸にエタノールを加えると□□□が得られる。　　　　　　　　　　　　　　　（福井大）	エチレン（エテン）

☑ 1138	分子内脱水によってアルケンが生じないアルコールを，次のア～エのうちから1つ選べ。	ウ

ア

$$CH_3-\underset{\underset{OH}{\mid}}{CH}-CH-CH_3$$

イ

$$CH_3-\underset{\underset{CH_3}{\mid}}{CH}-CH_2-CH_2-OH$$

ウ

$$CH_3-\underset{\underset{CH_3}{\mid}}{\overset{\overset{CH_3}{\mid}}{C}}-CH_2-OH$$

エ

$$CH_3-\underset{\underset{OH}{\mid}}{\overset{\overset{CH_3}{\mid}}{C}}-CH_2-CH_3$$

　　　　　　　　　　　　　　　　　　　　（麻布大）

☑ 1139	エタノールに濃硫酸を加え，約140℃に加熱すると□□□が生成する。　　　　　　　　　　　　　　（奈良女子大）	ジエチルエーテル
☑ 1140	第一級アルコールを二クロム酸カリウムで酸化反応を行うと□□□になり，さらに酸化反応を進行させるとカルボン酸になる。　　　　　　　　　　　　　（九州産業大）	アルデヒド

☑ 1141 ☐	第一級アルコールを適当な酸化剤を用いて酸化するとアルデヒドになり，さらに酸化すると□□□になる。 (弘前大)	カルボン酸
☑ 1142 ☐	エタノールをニクロム酸カリウムの硫酸酸性水溶液で酸化すると□□□が生じ，さらに酸化すると食酢の成分である酢酸が得られる。 (明治大)	アセトアルデヒド
☑ 1143 ☐	メタノールを，白金や銅を触媒として酸素と反応させると，□□□が生じる。 (センター試験)	ホルムアルデヒド
☑ 1144 ☐	ホルムアルデヒドを酸化すると還元性を示す□□□が生成する。 (九州産業大)	ギ酸
☑ 1145 ☐	第二級アルコールが酸化されると□□□になる。 (弘前大)	ケトン
☑ 1146 ☐	2-プロパノールを硫酸酸性溶液中でニクロム酸カリウムを用いて酸化すると□□□になる。 (宮城大)	アセトン
☑ 1147 ☐	アルコールAを硫酸酸性のニクロム酸カリウム水溶液に加えて加熱すると，エチルメチルケトンが得られる。アルコールAの名称を記せ。 (広島市立大)	2-ブタノール
☑ 1148 ☐	分子式が$C_4H_{10}O$で示される有機化合物Aに十分な量のニクロム酸カリウム水溶液を加えて加熱したところ，ケトンが生成した。このケトンの示性式を答えよ。 (岩手大)	$CH_3COCH_2CH_3$
☑ 1149 ☐	第□□□級アルコールは酸化されにくい。 (九州産業大)	三

1150 ☑ ♡	次のア〜エのうち，第三級アルコールはどれか。 ア 2-メチル-1-ブタノール イ 2-メチル-2-ブタノール ウ 3-メチル-1-ブタノール エ 3-メチル-2-ブタノール　　　　　（東邦大）	イ
1151 ☑ ♡	［　　　］は有害な液体で，着火剤として使われる他，ホルムアルデヒドの原料になる。　　　　　（東北学院大）	メタノール
1152 ☑ ▣	メタノールは，現在工業的には高温・高圧下で触媒を用いて合成されている。この反応の化学反応式を答えよ。 　　　　　（早稲田大）	$CO + 2H_2$ $\longrightarrow CH_3OH$
1153 ☑ ♡	アルコール飲料（酒）の成分であるアルコールの物質名は［　　　］である。　　　　　（弘前大）	エタノール
1154 ☑ ♡	リン酸を触媒にして，高温・高圧下でエチレンに［　　　］を付加すると，エタノールが得られる。　（福井大）	水
1155 ☑ ♡	エタノールは，リン酸を触媒にして，高温・高圧下で［　　　］に水蒸気を付加させてつくられる。　（神戸学院大）	エチレン （エテン）
1156 ☑ ♡	グリセリンは3個の［　　　］基をもち，その分子式は$C_3H_8O_3$である。　　　　　（甲南大）	ヒドロキシ
1157 ☑ ♡	一般式R−O−R′ で表される化合物を［　　　］という。ただし，R，R′ は炭化水素基を表す。　　　（立正大）	エーテル

THEME 56 アルデヒドとケトン

📌 POINT

▶ カルボニル基＞C＝Oの炭素原子に1個（または2個）の水素原子が結合した化合物R−CHOを アルデヒド という。

▶ カルボニル基の炭素原子に2個の炭化水素基が結合した化合物R−CO−R'を ケトン という。

▶ アルデヒドには還元性があり、 銀鏡 反応を示し、 フェーリング 液を還元する。

⚗️ ビジュアル要点

● 銀鏡反応

アルデヒドによって 銀イオンAg⁺ が還元されて、 銀Ag が試験管の内壁に析出して鏡のようになる。

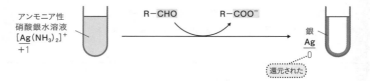

● フェーリング液の還元

アルデヒドによってフェーリング液中の 銅(Ⅱ)イオンCu²⁺ が還元されて、 酸化銅(Ⅰ)Cu₂O の赤色沈殿が生じる。

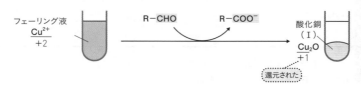

● ヨードホルム反応

$$CH_3-\underset{O}{\overset{\parallel}{C}}-R \quad \text{または} \quad CH_3-\underset{OH}{\overset{\mid}{C}H}-R$$ をもつ化合物に，ヨウ素と水酸化ナトリウム水溶液を加えると，黄色の ヨードホルムCHI_3 が生じる。

<ヨードホルム反応を示す化合物>

$$CH_3-\underset{O}{\overset{\mid}{C}}-H \qquad CH_3-\underset{O}{\overset{\mid}{C}}-CH_3 \qquad CH_3-\underset{O}{\overset{\mid}{C}}-C_2H_5$$

アセトアルデヒド　　　　　アセトン　　　　　エチルメチルケトン

$$CH_3-\underset{OH}{\overset{\mid}{C}H}-H \qquad CH_3-\underset{OH}{\overset{\mid}{C}H}-CH_3 \qquad CH_3-\underset{OH}{\overset{\mid}{C}H}-C_2H_5$$

エタノール　　　　　2-プロパノール　　　　　2-ブタノール

☑ 1158	一般式R−CHOで表される化合物を 〔　　〕という。ただし，Rは炭化水素基（ここではHを含む）を表す。 (立正大)	アルデヒド
☑ 1159	一般式R−CO−R′ で表される化合物を 〔　　〕という。ただし，R，R′ は炭化水素基を表す。 (立正大)	ケトン
☑ 1160	分子式C_3H_8Oで表される化合物には，カルボニル基を含む構造異性体は存在（する　しない）。 (センター試験)	しない
☑ 1161	アルデヒドを還元すると，第〔　　〕級アルコールが生じる。 (センター試験)	一
☑ 1162	メタノールの蒸気を，空気中でCuやPtなどの触媒に接触させて酸化すると還元性を示す〔　　〕が生成する。 (九州産業大)	ホルムアルデヒド
☑ 1163	アセトアルデヒドを酸化すると，〔　　〕が生じる。 (センター試験)	酢酸

物質の三態と状態変化

熱化学

電池と電気分解

化学反応と平衡

無機化学

有機化学

高分子化合物

☑ 1164 ☐	ある化合物にアンモニア性硝酸銀水溶液を反応させると，銀が析出する。この反応名を示せ。　　（横浜国立大）	銀鏡反応
☑ 1165 ☐	ある有機化合物にアンモニア性硝酸銀水溶液を加えて温めると，試験管の内壁に銀が析出し，鏡のようになった。この反応で特定された官能基の名称を答えよ。　（茨城大）	ホルミル基（アルデヒド基）
☑ 1166 ☐	アルデヒドをアンモニア性硝酸銀水溶液と反応させると，□□□が析出する。　　　　　　　　　（センター試験）	銀
☑ 1167 ☐	アセトアルデヒドを試験管中のアンモニア性硝酸銀水溶液に加えると銀鏡反応が起きた。この反応はアセトアルデヒドのどのような性質が関係しているか。　（大分大）	還元性
☑ 1168 ☐	アルデヒドをフェーリング液とともに加熱すると酸化銅（Ⅰ）が沈殿した。生じた沈殿は何色か答えよ。　（金沢大）	赤色
☑ 1169 ☐	□□□に硫酸銅（Ⅱ）と酒石酸ナトリウムカリウムと水酸化ナトリウムの混合水溶液を加えて加熱すると赤色沈殿を生じた。空欄に当てはまる化合物をア～エから１つ選べ。 ア　アセトアルデヒド　　　イ　アセトン ウ　フマル酸　　　　　　　エ　リノール酸　（宮崎大）	ア
☑ 1170 ☐	化合物Aにアンモニア性硝酸銀溶液を加えて温めると，試験管の壁面が銀色になった。化合物Aにフェーリング液を加え加熱したときに生じると考えられる沈殿の化学式を示せ。　　　　　　　　　　　　　　（岐阜大）	Cu_2O

☑ 1171	アセトアルデヒドをフェーリング溶液に加えて熱したところ，赤色の沈殿が生じた。このときの反応をイオン反応式で示せ。　　　　　　　　　　　　　（名古屋市立大）	$2Cu^{2+}+CH_3CHO$ $+5OH^- \longrightarrow$ $Cu_2O+CH_3COO^-$ $+3H_2O$
☑ 1172	［　　　　］は銅線を空気中でバーナーにより熱し，メタノールの蒸気で満たされた試験管の中に入れることで生じる。この化合物の約37％水溶液は防腐剤や消毒剤として利用される。　　　　　　　　　　　（明治大）	ホルムアルデヒド
☑ 1173	アセトアルデヒドの示性式を答えよ。　　　　（高知大）	CH_3CHO
☑ 1174	アセトアルデヒドは，工業的には塩化パラジウム(II)と塩化銅(II)を触媒として，［　　　］を酸化してつくられる。　　　　　　　　　　　　　　　　　（大阪市立大）	エチレン**(エテン)**
☑ 1175	エチレン（エテン）を，塩化パラジウム(II)と塩化銅(II)を触媒として水中で酸素と反応させると，［　　　］が生じる。　　　　　　　　　　　　　　　（センター試験）	アセトアルデヒド
☑ 1176	次式の空欄に当てはまる化合物の示性式を答えよ。 2［　　　］$+ O_2 \xrightarrow{\text{PdCl}_2,\ \text{CuCl}_2} 2CH_3CH$ $\underset{O}{\overset{\parallel}{}}$　　　　　（群馬大）	$CH_2{=}CH_2$
☑ 1177	実験室では，ニクロム酸カリウムの硫酸酸性水溶液で［　　　］を酸化すると，アセトアルデヒドが得られる。　　　　　　　　　　　　　　　　　　　（福井大）	エタノール
☑ 1178	アセトンの示性式を答えよ。　　　　　　　（宮崎大）	CH_3COCH_3

☑ 1179 ☐	アセトンは無色の液体で，沸点はエタノールより（高く　低く），水にも溶ける。　　　　　　　（宮城大）	低く
☑ 1180 ☐	アセトンを合成する実験について，図のAに当てはまる物質名を答えよ。 （センター試験） 	酢酸カルシウム
☑ 1181 ☐	アセトンは酢酸カルシウムを[　　　]することによって得られる。　　　　　　　　　　（大阪府立大）	乾留
☑ 1182 ☐	アセトンは還元すると第[　　]級アルコールになる。 　　　　　　　　　　　　　　　　　　　　（群馬大）	二
☑ 1183 ☐	アセトンは銀鏡反応を（示す　示さない）。　（宮城大）	示さない
☑ 1184 ◼	以下に示すアセトンの性質のうち，正しくない記述はどれか。 ア　芳香をもつ液体である。 イ　水と任意に混ざる。 ウ　クメン法により生成する。 エ　脱水縮合すると酸無水物を生じる。　（金沢工業大）	エ
☑ 1185 ☐	ある化合物をヨウ素ヨウ化カリウム水溶液に加えて加温して，水酸化ナトリウム水溶液を少しずつ加えたところ黄色沈殿が生じた。この反応の名称を答えよ。（宇都宮大）	ヨードホルム反応

☑ 1186	2-ブタノールに，ヨウ素と水酸化ナトリウム水溶液を加えて反応させたところ，◯◯◯色の沈殿ヨードホルムが生成した。 (佐賀大)	黄
☑ 1187	カルボニル基を有する化合物Aに◯◯◯と水酸化ナトリウム水溶液を加えて温めると，黄色沈殿が生じたので，ヨードホルム反応は陽性であった。 (岡山県立大)	ヨウ素
☑ 1188	ある化合物にヨウ素と水酸化ナトリウムの水溶液を加え，温めると黄色沈殿が生じた。この沈殿の分子式を示せ。 (横浜国立大)	CHI_3
☑ 1189	◯◯◯にヨウ素水溶液を添加し，さらに水酸化ナトリウム水溶液を加えて加熱すると黄色沈殿が生成した。空欄に当てはまる化合物をア～エから1つ選べ。 ア　アセトアルデヒド　　イ　フマル酸 ウ　ベンズアルデヒド　　エ　リノール酸　(宮崎大)	ア
☑ 1190	アセトンにヨウ素と水酸化ナトリウム水溶液を加えて温めると，特有の臭気をもつ黄色結晶が生じる。アセトンと同様の反応を示す化合物を，ア～エのうちから1つ選べ。 ア　メタノール　　　　イ　エタノール ウ　1-ブタノール　　　エ　ギ酸　(宮城大)	イ
☑ 1191	ヨードホルム反応を呈さない分子を，次のア～エのうちから1つ選べ。 ア　アセトアルデヒド　　イ　ホルムアルデヒド ウ　2-ブタノール　　　　エ　エタノール　(立教大)	イ

熱化学

電池と電気分解

化学反応と平衡

無機化学

有機化学

高分子化合物

57 脂肪族カルボン酸と酸無水物

POINT

▶ カルボキシ基－COOHをもつ化合物を カルボン酸 という。

▶ 2個のカルボキシ基から水1分子がとれて縮合した構造をもつ化合物を 酸無水物 （またはカルボン酸無水物）という。

▶ 4つの異なる原子や原子団が結合している炭素原子を 不斉炭素原子 という。このような炭素原子をもつ化合物には，実像と鏡像の関係にある 鏡像 異性体（または光学異性体）が存在する。

ビジュアル要点

● カルボン酸の性質

・水溶液中でわずかに電離して 弱酸 性を示す。

$$R-COOH \rightleftarrows R-COO^- + H^+$$

・水酸化ナトリウムなどの 塩基 と中和反応して，塩をつくる。

$$R-COOH + NaOH \longrightarrow R-COONa + H_2O$$

・カルボン酸は二酸化炭素よりも 強い 酸であるため，炭酸水素ナトリウム $NaHCO_3$ 水溶液を加えると，炭酸が遊離して 二酸化炭素 が発生する。

$$R-COOH + NaHCO_3 \longrightarrow R-COONa + H_2O + CO_2$$

● 脱水反応

・酢酸に脱水剤を加えて加熱すると，カルボキシ基2個から水1分子がとれて縮合する。

・マレイン酸を加熱すると，カルボキシ基2個から水1分子がとれて縮合する。

物質の三態と状態変化

熱化学

電池と電気分解

化学反応と平衡

無機化学

有機化学

高分子化合物

● 鏡像異性体

　乳酸のように，炭素原子に4つの異なる原子や原子団が結合している化合物には 鏡像 異性体（または光学異性体）が存在する。

乳酸

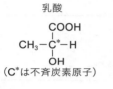

(C*は不斉炭素原子)

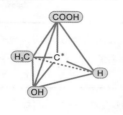

鏡

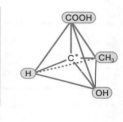

☑ 1192	分子中にカルボキシ基をもつ化合物を　　　　という。 （大阪府立大）	カルボン酸
☑ 1193	分子内に　　　　基をもつ化合物をカルボン酸という。 （神戸大）	カルボキシ
☑ 1194	カルボン酸のうち分子内にカルボキシ基を1個もつものをモノカルボン酸，2個もつものを　　　　という。 （長崎県立大）	ジカルボン酸
☑ 1195	カルボン酸はカルボキシ基の数により，モノカルボン酸，ジカルボン酸というように呼称される。特に脂肪族のモノカルボン酸は，　　　　と呼ばれる。 （宮崎大）	脂肪酸
☑ 1196	最も分子量が小さい脂肪酸を　　　　という。 （名古屋市立大）	ギ酸
☑ 1197	リノール酸やドコサヘキサエン酸などのように，炭化水素基内に二重結合をもつ脂肪酸を　　　　という。 （甲南大）	不飽和脂肪酸

☑ 1198 ☐	一般式R−COOHで表されるカルボン酸のうち，Rにヒドロキシ基をもつカルボン酸は，□□□と呼ばれている。　（長崎県立大）	ヒドロキシ酸
☑ 1199 ☐	乳酸はヒドロキシ酸の代表的な化合物であり，分子中に□□□基とヒドロキシ基をそれぞれ1つずつもつ。　（徳島大）	カルボキシ
☑ 1200 ☐	脂肪族炭化水素基に結合したカルボキシ基は，□□□性を示す。　（近畿大）	弱酸
☑ 1201 ☐	カルボン酸は弱酸であり，塩化水素や硫酸よりも弱い酸ではあるが，□□□よりも強い。　（宮崎大）	炭酸
☑ 1202 ☐	酢酸と炭酸水素ナトリウム水溶液を反応させたところ，気体が発生した。発生した気体は□□□である。　（大阪府立大）	二酸化炭素
☑ 1203 ☐	□□□はホルムアルデヒドを酸化して生じる刺激臭の液体である。　（宮崎大）	ギ酸
☑ 1204 ☐	酢酸は無色の液体で水に（よく溶ける　溶けにくい）。　（大分大）	よく溶ける
☑ 1205 ☐	カルボン酸の一つである酢酸は食酢中に4〜5％含まれる刺激臭のある液体である。酢酸の純粋なものは気温が低いと凝固するので特に□□□と呼ばれる。　（神戸大）	氷酢酸
☑ 1206 ☐	酢酸に脱水剤を加えて加熱すると，酢酸分子から水がとれて縮合し，□□□を生じる。　（宮崎大）	無水酢酸

物質の三態と状態変化

熱化学

電池と電気分解

化学反応と平衡

無機化学

有機化学

高分子化合物

☑ 1207 ☐	酸無水物は2個の [____] 基から水分子がとれて結合したものである。 (近畿大)	カルボキシ
☑ 1208 ☐	無水酢酸は水に (よく溶け　溶けにくく)，中性を示す。 (大分大)	溶けにくく
☑ 1209 ☐	アミド結合はカルボキシ基をもつ化合物と [____] 基をもつ化合物から水分子がとれて結合して生じる。(近畿大)	アミノ
☑ 1210 ☐	マレイン酸とフマル酸は [____] 異性体の関係にある。 (名古屋市立大)	シス - トランス (幾何)
☑ 1211 ☐	ジカルボン酸のうち，分子式 $C_4H_4O_4$ で示される [____] を加熱すると分子内で脱水反応が起こるが，そのシス-トランス異性体であるフマル酸では起こらない。 (大阪府立大)	マレイン酸
☑ 1212 ☐	マレイン酸を160℃で加熱すると分子内脱水反応が起こり，[____] が得られた。 (香川大)	無水マレイン酸
☑ 1213 ☐	立体異性体の中には，互いに実像と鏡像の関係にある [____] 異性体がある。 (成蹊大)	鏡像 (光学)
☑ 1214 ☐	鏡像異性体 (光学異性体) には結合する4つの原子や原子団がすべて異なる炭素原子が存在する。このような炭素原子のことを [____] 炭素原子と呼ぶ。 (埼玉大)	不斉
☑ 1215 ☐	乳酸では，中心の炭素原子にメチル基，[____] 基，カルボキシ基および水素原子の4つの異なる原子あるいは原子団が結合している。 (大分大)	ヒドロキシ

58 エステルと油脂

📍 POINT

▶ カルボン酸の−COOHとアルコールの−OHが縮合すると エステル 結合
−COO−をもつ化合物ができる。このような化合物を エステル という。

▶ グリセリンがもつ３個の−OHに高級脂肪酸が結合したエステルを 油脂
という。

▶ 油脂を水酸化ナトリウム水溶液でけん化すると， グリセリン と脂肪酸の
ナトリウム塩，すなわち セッケン が生じる。

🧪 ビジュアル要点

● エステル化と加水分解

カルボン酸と アルコール が反応すると，水分子がとれてエステル結合をもつ
エステルが生じる。この反応を エステル化 という。エステルに希塩酸や希硫酸
を加えて加熱すると，カルボン酸と アルコール を生じる。この反応を 加水分解
という。

$$\underset{\text{カルボン酸}}{R-\overset{\overset{\textstyle O}{\|}}{C}-OH} + \underset{\text{アルコール}}{HO-R'} \underset{\xleftarrow{\text{加水分解}}}{\xrightarrow{\text{エステル化}}} \underset{\text{エステル}}{R-\overset{\overset{\textstyle O}{\|}}{C}-O-R'} + H_2O$$

エステル結合

● けん化

エステルに水酸化ナトリウムなどの強塩基の水溶液を加えて加熱すると，加水
分解に引き続き，生じたカルボン酸が中和され，カルボン酸の塩とアルコールが
生じる。この反応を けん化 という。

$$\underset{\text{エステル}}{R-\overset{\overset{\textstyle O}{\|}}{C}-O-R'} + NaOH \xrightarrow{\text{けん化}} \underset{\text{カルボン酸の塩}}{R-\overset{\overset{\textstyle O}{\|}}{C}-ONa} + \underset{\text{アルコール}}{R'-OH}$$

● 油脂のけん化

油脂を水酸化ナトリウム水溶液でけん化すると， セッケン （脂肪酸のナトリ
ウム塩）と グリセリン が生じる。

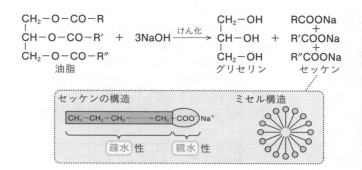

物質の三態と状態変化

熱化学

電池と電気分解

化学反応と平衡

無機化学

有機化学

高分子化合物

計算問題は，特に指定のない場合は四捨五入により有効数字
2桁で解答し，必要があれば，次の値を使うこと。
$H=1.0$, $C=12$, $O=16$, $K=39$, $I=127$

☑ 1216	一般式R－COO－R′で表される化合物を[　　]という。ただし，R，R′は炭化水素基を表す。　　　（立正大）	エステル
☑ 1217	エステルは水に（溶けやすい　溶けにくい）特徴をもつ。　　　（大分大）	溶けにくい
☑ 1218	分子式$C_4H_8O_2$で表されるエステルは，全部で[　　]種類ある。　　　（京都産業大）	4
☑ 1219	アルコールとカルボン酸から水分子がとれて生じる化合物をエステルといい，エステルの生成反応を[　　]という。　　　（京都産業大）	エステル化
☑ 1220	カルボン酸の－COOHとアルコールの－OHから水分子がとれて縮合すると，[　　]結合が生成する。この反応をエステル化という。　　　（宮崎大）	エステル

☑ 1221	カルボン酸と[　　　]を混合し，酸を加えて加熱するとエステルが得られる。その中でも，分子量の小さいものは芳香をもつため，香料などに用いられる。　　（千葉大）	アルコール
☑ 1222	酢酸とエタノールの混合物に濃硫酸を少量加えて加熱すると，[　　　]と水が生成する。　　　　　　（大分大）	酢酸エチル（$CH_3COOC_2H_5$）
☑ 1223	酢酸と[　　　]を少量の濃硫酸存在下で加熱することでエステル結合をもつ酢酸エチルが生成する。（兵庫県立大）	エタノール（C_2H_5OH）
☑ 1224	酢酸エチルの示性式を答えよ。　　　　　　　　（高知大）	$CH_3COOC_2H_5$
☑ 1225	グリセリンを混酸と反応させると，爆薬にも用いられる化合物が得られる。この化合物の名称を答えよ。（宇都宮大）	ニトログリセリン
☑ 1226	狭心症の治療に利用されるニトログリセリンは，[　　　]に濃硝酸と濃硫酸の混合液を作用させると生成する。　　　　　　　　　　　　　　　（名古屋市立大）	グリセリン
☑ 1227	$CH_3(CH_2)_4OH$と酢酸の混合物に濃硫酸を少量加えて加熱すると，バナナのような香りをもつ化合物が生じた。この反応を化学反応式で示せ。　　　　　　（金沢大）	CH_3COOH $+CH_3(CH_2)_4OH \longrightarrow$ $CH_3COO(CH_2)_4CH_3$ $+H_2O$
☑ 1228	エステルに希塩酸や希硫酸を加えて加熱すると，[　　　]が進み，カルボン酸とアルコールを生じる。　　　　　　　　　　　　　　　　　（宮崎大）	加水分解

☑ 1229	酢酸エチルを酸で加水分解したときの化学反応式を答えよ。 (宮崎大)	$CH_3COOC_2H_5 + H_2O$ $\rightleftharpoons CH_3COOH$ $+ C_2H_5OH$
☑ 1230	エステルに強塩基を加えて加熱すると，加水分解に引き続き，生成したカルボン酸が塩基で中和され，カルボン酸の塩とアルコールが生成する。このような反応の名称を答えよ。 (宮崎大)	けん化
☑ 1231	酢酸エチルに水酸化ナトリウム水溶液を加えて加熱すると〔 〕とエタノールが生成する。 (大分大)	酢酸ナトリウム
☑ 1232	酢酸エチルに水酸化ナトリウム水溶液を加えた場合の化学反応式を答えよ。 (宮崎大)	$CH_3COOC_2H_5$ $+ NaOH$ $\longrightarrow CH_3COONa$ $+ C_2H_5OH$
☑ 1233	油脂は3分子の高級脂肪酸と1分子の多価アルコールである〔 〕がエステル結合で結ばれた化合物である。 (秋田大)	グリセリン
☑ 1234	油脂は，1分子の多価アルコールと〔 〕分子の高級脂肪酸がエステル結合した化合物である。 (香川大)	3
☑ 1235	天然の油脂を構成する脂肪酸には，分子量が大きい〔 〕脂肪酸が多い。 (鳥取大)	高級

物質の三態と状態変化

熱化学

電池と電気分解

化学反応と平衡

無機化学

有機化学

高分子化合物

☑ 1236 牛脂を構成している主な脂肪酸はパルミチン酸 $C_{15}H_{31}COOH$, ステアリン酸 $C_{17}H_{35}COOH$, オレイン酸 $C_{17}H_{33}COOH$である。この３種類の脂肪酸すべてを同物量ずつ含む脂肪の分子量を整数値で答えよ。 （和歌山大） | 860

🔍 解説　分子式は$C_{55}H_{104}O_6$であるから，求める分子量は
$$12 \times 55 + 1.0 \times 104 + 16 \times 6 = 860$$

☑ 1237 油脂が常温（室温）で液体か固体かは，油脂を構成する成分のうち□□□□の構造の違いによる。 （香川大） | 脂肪酸

☑ 1238 不飽和脂肪酸を構成脂肪酸に多くもつ油脂は，常温でも（固体　液体　気体）であることが多い。 （鳥取大） | 液体

☑ 1239 一般に，油脂の融点は炭素数が（多い　少ない）ほど高くなり，炭素数が等しい場合は二重結合の数が少ないほど高くなる。 （神戸大） | 多い

☑ 1240 油脂を構成する脂肪酸として，低級飽和脂肪酸を多く含んでいる場合や，高級脂肪酸でも不飽和結合を多く含む場合は，常温で液体となり□□□□という。 （福井県立大） | 脂肪油

☑ 1241 油脂の構成脂肪酸として高級飽和脂肪酸を多く含む場合は，常温で固体となり□□□□と呼ばれる。 （杏林大） | 脂肪

☑ 1242 液体の油脂にニッケルを触媒に用いた反応による処理を施すと不飽和脂肪酸が飽和脂肪酸になり，□□□□と呼ばれる固体の油脂に変えることができる。 （秋田大） | 硬化油

物質の三態と状態変化

熱化学

電気分解と電池

化学反応と平衡

無機化学

有機化学

高分子化合物

☑ 1243	不飽和脂肪酸を構成脂肪酸にもつ油脂に[ ]を付加し，常温で固体の油脂に変化させたものを硬化油と呼び，マーガリンなどの原料に使われる。 （鳥取大）	水素
☑ 1244	油脂Xは空気中の酸素で酸化されて徐々に固まる性質をもっており，このような油脂を[ ]という。 （東京理科大）	乾性油
☑ 1245	油脂1gを完全にけん化するのに必要な水酸化カリウムの質量をmg単位で表したときの数値を[ ]と呼ぶ。 （明治大）	けん化価
☑ 1246	けん化価の大小によっていろいろな油脂の[ ]を比較することができる。 （兵庫県立大）	平均分子量（分子量）
☑ 1247	油脂Aと油脂Bのけん化価を求めたところ，油脂Aが190，油脂Bが210であった。油脂Aと油脂Bの平均分子量は，どちらが大きいか。 （大分大）	油脂A
☑ 1248	構成脂肪酸としてリノレン酸$C_{17}H_{29}COOH$のみを含む油脂（分子量872）のけん化価を整数値で答えよ。 （中央大）	193

🔍解説 $\dfrac{1}{872} \times 3 \times 56 \times 10^3 \fallingdotseq 193$

☑ 1249	[ ]とは油脂100g中の二重結合に付加するヨウ素の質量をg単位で表したときの数値である。 （県立広島大）	ヨウ素価
☑ 1250	油脂に付加するヨウ素I_2の質量は，油脂に含まれる[ ]結合の数を知る目安となる。 （福井県立大）	$C=C$

1251	オレイン酸のみを構成脂肪酸とする油脂のヨウ素価は86である。この油脂1分子中に含まれる**C＝C**結合の数を整数値で求めよ。ただし，油脂の分子量を885とする。 (宮崎大)	3
1252	油脂を水酸化ナトリウム水溶液でけん化すると，グリセリンと脂肪酸のナトリウム塩が得られる。脂肪酸のナトリウム塩は□□□と呼ばれる。 (愛媛大)	セッケン
1253	油脂をけん化するとセッケンと□□□を生じる。 (明治大)	グリセリン ($C_3H_5(OH)_3$)
1254	油脂に□□□水溶液を加えて加熱すると，汚れを落とす作用を示すセッケンが得られる。 (秋田大)	水酸化ナトリウム (NaOH)
1255	セッケン分子中の長い炭化水素部分は（親水 疎水）性であるため，油脂のような物質になじみやすい。 (日本大)	疎水
1256	水溶液中のセッケンは，疎水性部分を内側，親水性部分を外側にしたコロイド粒子をつくる。これを□□□といい，負に帯電している。 (福井県立大)	ミセル
1257	セッケン水に少量の油を入れ，激しくかき混ぜると油が水の中に分散する。この現象を□□□という。 (群馬大)	乳化
1258	セッケンは，水溶液中では一部が加水分解して□□□性を示す。 (駒澤大)	弱塩基

☑ 1259 ☐	セッケンはMg^{2+}やCa^{2+}と反応して水に不溶な塩をつくるため，□水や海水を用いるとセッケンの洗浄力は低下する。 　　　　　　　　　　　（成蹊大）	硬
☑ 1260 ☐	セッケン水には油汚れを落とす洗浄作用がある。同じ作用をもつ□洗剤にはアルキルベンゼンスルホン酸ナトリウムなどが用いられている。 　　（愛媛大）	合成 (中性)
☑ 1261 ☐	合成洗剤は強酸と強塩基からなる塩なので，水溶液は□性を示し，マグネシウムイオンやカルシウムイオンの存在下でも洗浄能力の低下が少ない。 （早稲田大）	中
☑ 1262 ☐	硫酸ドデシルナトリウムの0.5％水溶液に1 mol/Lの塩化カルシウム水溶液を1 mLずつ加えた。試験管内の様子として適当なものを，次のア～ウのうちから1つ選べ。 ア　油状物質が浮いた。 イ　白濁した。 ウ　均一な溶液であった。 　（センター試験）	ウ
☑ 1263 ☐	液体が表面積をできるだけ小さくしようとする力を□という。 　　　　　　　　　　　（愛媛大）	表面張力
☑ 1264 ☐	セッケンは疎水性を示す炭化水素基と親水性を示す脂肪酸イオンをもち，水に溶けて表面張力を低下させる。このような性質を示す物質を□と呼ぶ。 （千葉大）	界面活性剤

THEME 59 芳香族炭化水素

🔑 POINT

▶ ベンゼン環をもつ炭化水素を 芳香族 炭化水素という。

▶ ベンゼン環に結合した水素原子は置換されやすい。ハロゲン原子で置換される反応を ハロゲン化 ，スルホ基 $-SO_3H$ で置換される反応を スルホン化 ，ニトロ基 $-NO_2$ で置換される反応を ニトロ化 という。

▶ ベンゼンにPtまたはNiを触媒として，高圧下で水素と反応させると シクロヘキサン が生じる。また，ベンゼンに光（紫外線）を当てながら塩素と反応させると， 1,2,3,4,5,6-ヘキサクロロシクロヘキサン が生じる。

🧪 ビジュアル要点

● ベンゼンの置換反応

・ハロゲン化

塩素　　　　　　　　クロロベンゼン

・スルホン化

硫酸　　　　　　　　ベンゼンスルホン酸

・ニトロ化

硝酸　　　　　　　　ニトロベンゼン

物質の三態と状態変化

熱化学

電池と電気分解

化学反応と平衡

無機化学

有機化学

高分子化合物

● ベンゼンの付加反応

・水素の付加

シクロヘキサン

・ハロゲンの付加

1,2,3,4,5,6- ヘキサクロロシクロヘキサン
（ベンゼンヘキサクロリド（BHC））

● ベンゼンの酸化反応

無水マレイン酸

☑ 1265	ベンゼンは，常温・常圧で無色の（固体　液体　気体）であり，特有の臭いをもつ。各種化学製品の合成原料として利用される。　　　　　　　　　　　（上智大）	液体
☑ 1266	ベンゼンは水に（溶けやすい　溶けにくい），不飽和炭化水素である。　　　　　　　　　　　　　　　（駒澤大）	溶けにくい
☑ 1267	ベンゼンの構造式は，単結合と二重結合を交互に書いて表す。ベンゼンのすべての炭素-炭素結合は（同等である　同等ではない）。　　　　　　　　　（横浜国立大）	同等である

☑ 1268 ☐	ベンゼンやトルエンのようにベンゼン環をもつ炭化水素を[　　　]炭化水素という。　　　　　　　　　　（茨城大）	芳香族
☑ 1269 ☐	分子中にベンゼン環をもつ炭化水素を芳香族炭化水素といい，その中で最も単純な構造をもつ化合物は[　　　]である。　　　　　　　　　　　　　　　　　　（九州産業大）	ベンゼン
☑ 1270 ☐	置換基のないベンゼン環のみが直接2個結合した化合物を[　　　]といい，直接3個結合した化合物をアントラセンという。　　　　　　　　　　　　　　　　　（東洋大）	ナフタレン
☑ 1271 ☐	ベンゼン環に2個の置換基がある場合には，置換基の位置によってo-，m-，[　　　]の3種類の構造異性体が存在する。　　　　　　　　　　　　　　　　　　（東洋大）	p-
☑ 1272 ☐	分子式C_8H_{10}のベンゼン環をもつ炭化水素には，[　　　]種類の異性体がある。　　　　　　　　　　（立命館大）	4

① CH_3 CH_3　② CH_3 CH_3　③ CH_3 CH_3　④ CH_2-CH_3

☑ 1273 ☐	ベンゼンとヘキサンを空気中でそれぞれ燃やしたところ，[　　　]の方がより多くのすすを出しながら燃えるのが観察された。　　　　　　　　　　　　　　　　（茨城大）	ベンゼン
☑ 1274 ☐	ベンゼンは，非常に安定な化合物である。その不飽和結合はアルケンとは異なり，ベンゼンは[　　　]反応を起こしてクロロベンゼンなどに変換される。　　（同志社大）	置換

☑ 1275	ベンゼンに鉄を触媒として塩素を作用させたところ，一置換体である ☐ を生じた。 (成蹊大)	クロロベンゼン
☑ 1276	ベンゼンに濃硫酸を加えて加熱すると，ベンゼンの水素原子がスルホ基によって置換され，☐ が生じる。 (帯広畜産大)	ベンゼンスルホン酸
☑ 1277	ベンゼンに ☐ を加えて加熱したところ，ベンゼンスルホン酸を生じた。 (成蹊大)	濃硫酸
☑ 1278	ベンゼンに濃硫酸と濃硝酸の混合物を加え加熱すると一置換体である ☐ が生成した。 (奈良女子大)	ニトロベンゼン
☑ 1279	トルエンを混酸でニトロ化すると，異性体である化合物A，Bの混合物が得られた。Aはo-異性体であることがわかった。Aの物質名を答えよ。 (愛知教育大)	o-ニトロトルエン
☑ 1280	トルエンを高温で混酸と反応させると，爆薬にも用いられる ☐ が得られる。 (宇都宮大)	2,4,6-トリニトロトルエン (TNT)
☑ 1281	ベンゼンにニッケルを触媒として高温・高圧下で水素を作用させたところ，☐ を生じた。 (成蹊大)	シクロヘキサン
☑ 1282	光照射下でベンゼンを塩素と反応させると，☐ が得られた。 (立教大)	1,2,3,4,5,6-ヘキサクロロシクロヘキサン (ベンゼンヘキサクロリド，BHC)
☑ 1283	☐ はベンゼンを酸化バナジウム（V）触媒存在下で空気酸化すると得られる。 (名古屋市立大)	無水マレイン酸

物質の三態と状態変化

熱化学

電池と電気分解

化学反応と平衡

無機化学

有機化学

高分子化合物

THEME 60 フェノール類

⚑ POINT

▶ ベンゼン環にヒドロキシ基−OHが直接結合した化合物を フェノール 類
という。

▶ フェノール類に 塩化鉄(Ⅲ) 水溶液を加えると青紫〜赤紫色を呈する。

▶ フェノールは，プロペンとベンゼンを原料とする クメン 法により合成される。

🧪 ビジュアル要点

● フェノール類の性質

・水溶液中でわずかに電離して 弱酸 性を示す。

$$\text{OH} \rightleftharpoons \text{O}^- + \text{H}^+$$

フェノキシドイオン

・水酸化ナトリウムなどの 塩基 と中和反応して，塩をつくる。

$$\text{OH} + \text{NaOH} \xrightarrow{\text{中和}} \text{ONa} + \text{H}_2\text{O}$$

ナトリウムフェノキシド

・フェノールは二酸化炭素よりも 弱い 酸であるため，ナトリウムフェノキシド
水溶液に二酸化炭素を通じると， フェノール が遊離する。

$$\text{ONa} + \text{CO}_2 + \text{H}_2\text{O} \xrightarrow{\text{弱酸の遊離}} \text{OH} + \text{NaHCO}_3$$

物質の三態と状態変化

熱化学

電池と電気分解

化学反応と平衡

無機化学

有機化学

高分子化合物

● **ナトリウムとの反応**

ナトリウムフェノキシド

● **臭素化**

2,4,6-トリブロモ
フェノール

● **ニトロ化**

ニトロフェノール　　ピクリン酸
(2,4,6-トリニトロフェノール)

● **エステル化**

エステル結合　アセチル基

無水酢酸　　　　エステル化
（アセチル化）　酢酸フェニル　　酢酸

☑ 1284 ☐	芳香環の水素原子を[ ]基で置換した化合物をフェノール類という。　　　　　　　　　　（弘前大）	ヒドロキシ
☑ 1285 ☐	フェノールは，常温・常圧で特有の刺激臭をもつ無色の（固体　液体　気体）であり，医薬品，農薬，染料などの原料として用いられている。　　　　　　（東京農工大）	固体
☑ 1286 ☐	フェノール類の1つにクレゾールがある。クレゾールはベンゼンに2つの置換基が結合した化合物で，置換位置の違いによる[ ]つの構造異性体がある。　（大分大）	3
☑ 1287 ☐	フェノールの水溶液は[ ]性を示す。空欄に入る語句を，ア～エのうちから1つ選べ。ア　強酸　　　　　イ　弱酸ウ　弱塩基　　　　エ　強塩基　　　　　（大阪市立大）	イ
☑ 1288 ☐	フェノールは，水酸化ナトリウム水溶液と反応して[ ]を生成する。　　　　　　　　　　　　（山口大）	ナトリウムフェノキシド
☑ 1289 ☐	ベンジルアルコールとフェノールについて，それぞれを水酸化ナトリウム水溶液に加え，振り混ぜたところ，一方は透明のままで，もう一方は白濁した。白濁した方はどちらか。　　　　　　　　　　　　　　　（大分大）	ベンジルアルコール
☑ 1290 ☐	ナトリウムフェノキシドの水溶液に二酸化炭素を通じたところ，有機化合物として[ ]が得られた。（群馬大）	フェノール
☑ 1291 ☐	[ ]の水溶液に二酸化炭素を通じると，フェノールが生じる。　　　　　　　　　　　　　（九州工業大）	フェノールの塩（ナトリウムフェノキシド）

物質の三態と状態変化

熱化学

電池と電気分解

化学反応と平衡

無機化学

有機化学

高分子化合物

☑ 1292 △	ナトリウムフェノキシドにどのような操作をすればフェノールに変換することができるか，次のア〜エのうちから1つ選べ。 ア　水を加え加熱する。　　　イ　塩酸を加える。 ウ　水酸化カリウム水溶液を加える。 エ　常圧の水素の中に入れる。　　　　　　（奈良女子大）	イ
☑ 1293 △	フェノールを確認するのに最適な方法はどれか。 ア　アンモニア性硝酸銀水溶液を加えて加熱する。 イ　さらし粉水溶液を加える。 ウ　塩化鉄(Ⅲ)水溶液を加える。 エ　フェーリング液を加えて加熱する。　（首都大東京）	ウ
☑ 1294 △	サリチル酸メチルの水溶液に塩化鉄(Ⅲ)水溶液を1〜2滴加えると，赤紫色を呈した。これはサリチル酸メチルが□□□類の特徴を有するからである。（東京農工大）	フェノール
☑ 1295 △	安息香酸，p-クレゾール，トルエン，アニリンの4種類の芳香族化合物中で，塩化鉄(Ⅲ)水溶液を加えると，青紫〜赤紫色を呈するものはどれか。　　　　（岩手大）	p-クレゾール
☑ 1296 △	塩化鉄(Ⅲ)水溶液を加えると紫色の呈色反応が見られる化合物はどれか。 （センター試験）	エ
☑ 1297 ■	分子式C_7H_8Oで表される芳香族化合物Aがある。化合物Aは，単体のナトリウムと反応して水素を発生し，塩化鉄(Ⅲ)水溶液を加えると呈色しなかった。化合物Aは何か。 ア　o-クレゾール　　　　イ　o-キシレン ウ　ベンジルアルコール　　エ　スチレン　（千葉工業大）	ウ

☑ 1298 ☐	フェノールはナトリウムと反応し，□□□と水素を生じる。 (明治大)	ナトリウムフェノキシド
☑ 1299 ☐	フェノールは，ナトリウムと反応することでナトリウムフェノキシドと□□□を生成する。 (愛媛大)	水素
☑ 1300 ☐	フェノールに過剰量の臭素を加えると，□□□色の沈殿が生じた。 (学習院大)	白
☑ 1301 ☐	フェノールの水溶液に臭素水を十分量加えると反応が進行し，融点94℃の白色結晶が沈殿する。得られる結晶の物質名を示せ。 (弘前大)	2,4,6-トリブロモフェノール
☑ 1302 ☐	フェノールの水溶液に□□□を加えると，2,4,6-トリブロモフェノールの白色沈殿を生じることから，この反応はフェノールの検出反応に利用される。 (愛媛大)	臭素水
☑ 1303 ☐	化合物Aの水溶液に臭素水を加えると分子式$C_6H_3OBr_3$で表される化合物が生成した。化合物Aの名称を答えよ。 (宇都宮大)	フェノール
☑ 1304 ☐	フェノールのニトロ化において得られる，1つの水素原子をニトロ基で置換した□□□は，主に2種類の混合物として存在する。 (愛媛大)	ニトロフェノール
☑ 1305 ■	フェノールに無水酢酸を加える反応で新しくつくられる炭素との結合として適当なものを，ア〜エのうちから1つ選べ。 ア C−Br　　イ C−O ウ C−C　　エ C−N (センター試験)	イ

☑ 1306 ◼	次のア～エの中から，エタノールとフェノールの両方に共通する性質を1つ選べ。 ア　水によく溶ける。 イ　無水酢酸と反応して，酢酸エステルが生成する。 ウ　酸化するとアルデヒドを生じる。 エ　水溶液は酸性である。　　　　　　　　　（千葉工業大）	イ
☑ 1307 ☐	フェノールとアセトンがプロペンとベンゼンから製造される方法は何と呼ばれているか。　　　　　　（高知大）	クメン法
☑ 1308 ☐	フェノールは，工業的には，触媒を用いてベンゼンとプロペンから◻︎を合成し，これを酸化して得られるクメンヒドロペルオキシドを硫酸で分解することにより合成される。　　　　　　　　　　　　　　（九州工業大）	クメン
☑ 1309 ☐	ベンゼンにプロペンを付加させるとクメンが生じる。クメンを酸化して硫酸で分解するとフェノールと◻︎が得られる。　　　　　　　　　　　　　　　　（岩手医科大）	アセトン
☑ 1310 ☐	ベンゼンに濃硫酸を加えて加熱すると◻︎が得られ，これを，固体のNaOHとともに300℃で融解するとナトリウムフェノキシドが得られる。　　（九州工業大）	ベンゼンスルホン酸

物質の三態と状態変化

熱化学

電池と電気分解

化学反応と平衡

無機化学

有機化学

高分子化合物

61 | 芳香族カルボン酸

POINT

▶ ベンゼン環に，カルボキシ基−COOHが直接結合した化合物を，芳香族カルボン酸 という。

▶ サリチル酸とメタノールに濃硫酸を加えて加熱すると，消炎鎮痛剤として用いられる サリチル酸メチル が生じる。

▶ サリチル酸と無水酢酸に濃硫酸を加えて反応させると，解熱鎮痛剤として用いられる アセチルサリチル酸 が生じる。

ビジュアル要点

● 主な芳香族カルボン酸

安息香酸　　サリチル酸　　フタル酸　　イソフタル酸　　テレフタル酸

● サリチル酸の製法

ナトリウムフェノキシドと二酸化炭素を高温・高圧下で反応させるとサリチル酸ナトリウムが生じる。これに希硫酸を加えるとサリチル酸が遊離する。

ナトリウムフェノキシド　　サリチル酸ナトリウム　　　　サリチル酸

● サリチル酸のエステル化

サリチル酸とメタノールに濃硫酸を加えて加熱すると，カルボキシ基がエステル化されてサリチル酸メチルが生じる。

サリチル酸　　　メタノール　　　　　　　　　　　　サリチル酸メチル

物質の三態と状態変化

熱化学

電池と電気分解

化学反応と平衡

無機化学

有機化学

高分子化合物

● **サリチル酸のアセチル化**

サリチル酸と無水酢酸に濃硫酸を加えて反応させると，ヒドロキシ基がアセチル化されてアセチルサリチル酸が生じる。

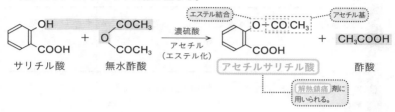

☑ 1311	ベンゼン環の炭素原子に直接カルボキシ基がついたカルボン酸は ☐ と呼ばれている。 （長崎県立大）	芳香族カルボン酸
☑ 1312	☐ はトルエンを過マンガン酸カリウム水溶液で酸化すると生成する。 （山梨大）	安息香酸
☑ 1313	塗料用シンナーの主成分である ☐ を過マンガン酸カリウムで酸化すると，安息香酸が得られた。 （愛知教育大）	トルエン
☑ 1314	エチルベンゼンの酸化反応の主たる生成物を，次のア～エのうちから１つ選べ。 ア CH_2OH イ CH_2COOH ウ $COOH$ エ $CH=CH_2$ （杏林大）	ウ
☑ 1315	ベンジルアルコールを酸化すると ☐ を経て安息香酸が生成する。 （高知大）	ベンズアルデヒド

☑ 1316	フタル酸を加熱すると，酸無水物である[　　]を生成した。 (山形大)	無水フタル酸
☑ 1317	触媒を用いてo-キシレンを高温で酸化すると[　　]が生成する。 (新潟大)	無水フタル酸
☑ 1318	安息香酸のオルト位に[　　]基が結合するとサリチル酸になる。 (高知大)	ヒドロキシ
☑ 1319	ナトリウムフェノキシドに高温・高圧のもとで二酸化炭素を反応させると[　　]が生成する。 (東京農工大)	サリチル酸ナトリウム
☑ 1320	ナトリウムフェノキシドを高温・高圧で二酸化炭素と反応させるとサリチル酸ナトリウムが生じ，これに硫酸を加えると[　　]が得られる。 (岩手医科大)	サリチル酸
☑ 1321	ナトリウムフェノキシドと二酸化炭素を高温・高圧のもとで混合する反応で新しくつくられる炭素との結合として最も適当なものを，ア～エのうちから1つ選べ。 ア C-Br　　イ C-O ウ C-C　　エ C-N　　(センター試験)	ウ
☑ 1322	サリチル酸をメタノールに溶かして，濃硫酸を加えて加熱すると，[　　]と水が生成する。 (高知大)	サリチル酸メチル
☑ 1323	サリチル酸を[　　]中で濃硫酸を加えて加熱すると消炎鎮痛剤として用いられるサリチル酸メチルが生成する。 (山口大)	メタノール

物質の三態と状態変化

熱化学

電池と電気分解

化学反応と平衡

無機化学

有機化学

高分子化合物

☑ 1324	サリチル酸を原料として，[　　]剤として用いられる化合物サリチル酸メチルが合成される。　　（東京農工大）	消炎鎮痛
☑ 1325	サリチル酸からサリチル酸メチルを合成する反応の反応名を答えよ。　　（岐阜大）	エステル化
☑ 1326	サリチル酸を無水酢酸と反応させることで，解熱鎮痛剤としても知られる[　　]を合成することができる。　　（神戸大）	アセチルサリチル酸
☑ 1327	サリチル酸と[　　]に濃硫酸を加えて反応させるとアセチルサリチル酸と酢酸が生成する。　　（高知大）	無水酢酸
☑ 1328	サリチル酸と無水酢酸の混合物に濃硫酸を加えてよく振り混ぜ，冷水に注ぐと，アセチルサリチル酸の[　　]色結晶が得られた。　　（広島市立大）	白
☑ 1329	サリチル酸をエステル化したサリチル酸メチルや[　　]化したアセチルサリチル酸は，医薬品として広く用いられている。　　（愛媛大）	アセチル
☑ 1330	サリチル酸は，無水酢酸と反応させることにより医薬品として用いることができる化合物が得られる。この化合物の薬理効果は何か。　　（徳島大）	解熱鎮痛作用
☑ 1331	次に示すア～ウのうち，それぞれの水溶液に塩化鉄(Ⅲ)の水溶液を加えたとき，赤紫～紫に呈色するものを1つ選べ。 ア　ベンゼン イ　アセチルサリチル酸 ウ　サリチル酸メチル　　（岐阜大）	ウ

62 芳香族アミンとアゾ化合物

🔑 POINT

▶ ベンゼン環にアミノ基−NH₂が直接結合した化合物を 芳香族アミン とい
う。

▶ アニリンに無水酢酸を作用させると，アミノ基が アセチル 化されて
アセトアニリド が生じる。

▶ アニリンを ジアゾ 化して得られる塩化ベンゼンジアゾニウムの水溶液に
ナトリウムフェノキシドの水溶液を加えると，橙赤色の*p*-ヒドロキシア
ゾベンゼン（*p*-フェニルアゾフェノール）が生じる。この反応を
ジアゾカップリング という。

🧪 ビジュアル要点

● 中和反応

アニリンは水に溶けにくいが，弱塩基なので， 酸 の水溶液にはよく溶ける。

$$\text{アニリン} \quad + \quad HCl \quad \xrightarrow{\text{中和}} \quad \text{アニリン塩酸塩}$$

アニリン ＋ HCl →(中和) アニリン塩酸塩
（NH₂ → NH₃Cl）

● アセチル化

アニリンに無水酢酸を作用させると，アセトアニリドが生じる。

アニリン ＋ 無水酢酸 →(アセチル化) アセトアニリド ＋ CH₃−COOH
（アミド結合・アセチル基）

物質の三態と状態変化

熱化学

電池と電気分解

化学反応と平衡

無機化学

有機化学

高分子化合物

● **ジアゾ化**

アニリンを冷やしながら，塩酸と亜硝酸ナトリウムを反応させると塩化ベンゼンジアゾニウムが得られる。この反応を ジアゾ化 という。

アニリン + NaNO$_2$ + 2HCl $\xrightarrow[\text{ジアゾ化}]{\text{5℃以下}}$ 塩化ベンゼンジアゾニウム Cl$^-$ + NaCl + 2H$_2$O

> 塩化ベンゼンジアゾニウムは，水溶液の温度が高くなるとフェノールになる。
>
> N_2Cl + H$_2$O $\xrightarrow{\text{5℃以上}}$ OH + N$_2$ + HCl

● **ジアゾカップリング**

塩化ベンゼンジアゾニウム水溶液にナトリウムフェノキシド水溶液を加えると，橙赤色の*p*-ヒドロキシアゾベンゼン（*p*-フェニルアゾフェノール）が得られる。この反応を ジアゾカップリング という。

$-$N$_2$Cl + $-$ONa $\xrightarrow{\text{ジアゾ}\\\text{カップリング}}$ アゾ基 $-$N＝N$-$ $-$OH + NaCl

塩化ベンゼンジアゾニウム　ナトリウムフェノキシド　　*p*-ヒドロキシアゾベンゼン

1332	アニリンは1つの分子に，官能基として1つの◯◯◯基をもつ。　　　　　　　（近畿大）	アミノ
1333	アニリンは酸化されやすく，空気中では次第に◯◯色に変色する。　　　　　　　（群馬大）	赤褐
1334	アニリンに，さらし粉の水溶液を加えると◯◯◯色を呈した。　　　　　　　（香川大）	赤紫
1335	アニリンは，二クロム酸カリウム硫酸酸性水溶液を加えると水に溶けにくい染料に変化する。この染料を◯◯◯という。　　　　　　　（弘前大）	アニリンブラック

☑ 1336	アニリンは無色透明の液体で，硫酸酸性のニクロム酸カリウム水溶液を用いて酸化すると，水に溶けない□色の物質が生成する。 (新潟大)	黒
☑ 1337	アニリンの水溶液は□性を示す。 ア 強酸　イ 弱酸　ウ 弱塩基　エ 強塩基 (大阪市立大)	ウ
☑ 1338	アニリンと無水酢酸との反応で，□が生成する。 (新潟大)	アセトアニリド
☑ 1339	アニリンと無水酢酸の反応で生じる結合の名称を答えよ。 (福島大)	アミド結合
☑ 1340	ニトロベンゼンを濃塩酸と鉄で還元した後，水酸化ナトリウム水溶液を加えると□に変換することができる。 (奈良女子大)	アニリン
☑ 1341	ニトロベンゼンをスズと塩酸で還元して得られる生成物を答えよ。 (高知大)	アニリン塩酸塩
☑ 1342	ニトロベンゼンを，スズまたは鉄と濃塩酸で還元し，水酸化ナトリウム水溶液を加えると，芳香族化合物Aが得られた。化合物Aの示性式を答えよ。 (神奈川大)	$C_6H_5NH_2$
☑ 1343	アニリンに希塩酸を加え均一な溶液にした後，5℃以下に冷やしながら亜硝酸ナトリウム水溶液を加えると□が生じた。 (東京学芸大)	塩化ベンゼンジアゾニウム
☑ 1344	アニリンを冷やしながら，塩酸と亜硝酸ナトリウムを加えると，□化が進行して塩化ベンゼンジアゾニウムが生成する。 (群馬大)	ジアゾ

物質の三態と状態変化

熱化学

電池と電気分解

化学反応と平衡

無機化学

有機化学

高分子化合物

☑ 1345 ☐	アニリンに塩酸と亜硝酸ナトリウムを冷やしながら加えると塩化ベンゼンジアゾニウムが生成した。冷やすのは塩化ベンゼンジアゾニウムが ____ になるのを避けるためである。 (神奈川大)	フェノール
☑ 1346 ☐	塩化ベンゼンジアゾニウムの水溶液にナトリウムフェノキシドの水溶液を加えると，橙赤色の芳香族アゾ化合物 ____ が得られる。 (群馬大)	p- ヒドロキシアゾベンゼン (p- フェニルアゾフェノール)
☑ 1347 ☐	塩化ベンゼンジアゾニウムの水溶液にナトリウムフェノキシドの水溶液を加えると，____ 色の化合物を生じる。 (関西学院大)	橙赤
☑ 1348 ☐	芳香族ジアゾニウム塩と他の芳香族化合物から，アゾ基をもつ化合物を生じさせる反応を ____ という。 (九州産業大)	ジアゾカップリング
☑ 1349 ☐	ジアゾカップリングの反応で新たに生成する官能基は，____ である。 (弘前大)	アゾ基
☑ 1350 ☐	p-フェニルアゾフェノールのような ____ 基をもつ芳香族化合物の多くは，黄色や橙色，赤色であり，染料や顔料などとして用いられる。 (明治大)	アゾ
☑ 1351 ☐	塩化ベンゼンジアゾニウムの水溶液を高温にすると，塩化ベンゼンジアゾニウムが分解し，____ と窒素が生成する。 (新潟大)	フェノール
☑ 1352 ☐	塩化ベンゼンジアゾニウムの水溶液は，熱すると ____ とフェノールを生じる。 (明治大)	窒素

THEME 63 有機化合物の分離

🔑 POINT

▶ アニリンを含むジエチルエーテル溶液に 希塩酸 を加えると，アニリン
　はアニリン塩酸塩となって水層に移動する。

▶ 安息香酸を含むジエチルエーテル溶液に 炭酸水素ナトリウム水溶液 を加
　えると，安息香酸は安息香酸ナトリウムとなって水層に移動する。

▶ フェノールを含むジエチルエーテル溶液に 水酸化ナトリウム水溶液 を加
　えると，フェノールはナトリウムフェノキシドとなって水層に移動する。

🧪 ビジュアル要点

● 有機化合物の分離のしくみ

① 一般に有機化合物は水に溶けにくいが，酸性や塩基性の化合物にそれぞれ塩
　基や酸の水溶液を加えると，中和反応により 塩 をつくり水に溶ける。

② 弱酸の塩により 強い酸 を加えると弱酸が遊離する。また，弱塩基の塩によ
　り 強い塩基 を加えると弱塩基が遊離する。

● 有機化合物の分離の例

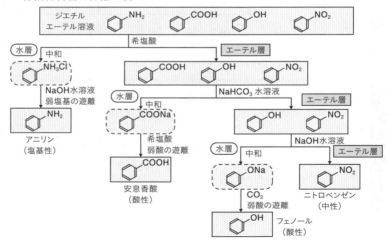

☑ 1353 ☆	有機化合物の混合物を水層とジエチルエーテル層に分離する操作に適した器具をア〜エから選べ。　（横浜国立大）	イ
☑ 1354 ☆	反応溶液を水に投入しエーテルを加えて2層に分離させた。エーテル層は図のA, Bのどちらか。（京都工芸繊維大）	A
☑ 1355 ☆	水層とエーテル層が入っている分液漏斗を十分に振り，その後静置すると，水層は□□□となる。空欄に当てはまる語句を，次のア〜ウのうちから1つ選べ。 ア　上層　　イ　中間層　　ウ　下層　　（筑波大）	ウ
☑ 1356 ☆	フェノール，サリチル酸，クロロベンゼン，アニリンの4種類を含むジエチルエーテル溶液がある。この混合溶液に塩酸を加えたところ，□□□だけが水層に移行した。　（工学院大）	アニリン
☑ 1357 ■	フェノールと安息香酸のエーテル溶液に炭酸水素ナトリウム水溶液を加えることにより，安息香酸だけが水層に移る。その水層を取り出し□□□を加えると安息香酸が沈殿する。　（東京農工大）	塩酸 (強酸)
☑ 1358 ☆	ジエチルエーテル層に安息香酸，p-クレゾール，トルエンが含まれている。これらのうち炭酸水素ナトリウム水溶液と反応して水層に溶解するものはどれか。　（岩手大）	安息香酸

☑ 1359 ☐	炭酸水素ナトリウム水溶液に，サリチル酸メチルとサリチル酸を含む混合溶液を注ぐと，[ ]だけが油状の液体として分離できる。 （広島市立大）	サリチル酸メチル
☑ 1360 📖	フェノールとサリチル酸の混合物をジエチルエーテルに溶解させた後，一方の化合物を分離するために必要な薬品として適切なものを，次のア〜ウのうちから1つ選べ。 ア　水酸化ナトリウム水溶液 イ　塩酸 ウ　炭酸水素ナトリウム水溶液　　（神奈川大）	ウ
☑ 1361 ☐	サリチル酸，トルエン，フェノールをジエチルエーテルに溶かした混合溶液に水酸化ナトリウム水溶液を加えてよく振り混ぜた。エーテル層に含まれる化合物は何か。 （青山学院大）	トルエン

7

高分子化合物

生物のからだをつくるタンパク質やエネルギー
貯蔵物質であるデンプン，衣服の材料であるナ
イロンや容器に利用されるポリエチレンは，す
べて高分子の有機化合物です。高分子化合物の
でき方を押さえながら，さまざまな有機化合物
を見てゆきましょう。

THEME 64 単糖類・二糖類

☝ POINT

▶ グルコース $C_6H_{12}O_6$ は，多くの動植物の体内に貯蔵され，エネルギー源になる単糖である。鎖状構造には ホルミル 基があり，還元 性を示す。

▶ スクロース $C_{12}H_{22}O_{11}$ は，α-グルコースとβ-フルクトースからなる二糖である。

▶ マルトース $C_{12}H_{22}O_{11}$ は，2つのグルコースからなる二糖である。

⚗ ビジュアル要点

● グルコース

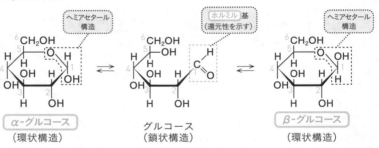

α-グルコース
（環状構造）

グルコース
（鎖状構造）

β-グルコース
（環状構造）

● フルクトース

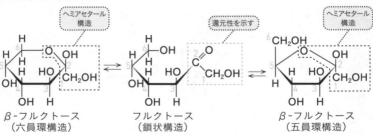

β-フルクトース
（六員環構造）

フルクトース
（鎖状構造）

β-フルクトース
（五員環構造）

● マルトース

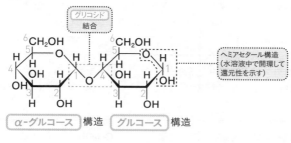

α-グルコース 構造　グルコース 構造

● スクロース

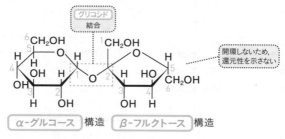

α-グルコース 構造　β-フルクトース 構造

物質の三態と
状態変化

熱化学

電気分解と
電池

化学反応と
平衡

無機化学

有機化学

高分子化合物

☑ 1362	糖類のうち、それ以上小さな糖類に加水分解されないものを単糖、単糖2分子が脱水縮合したものを□□□という。 (明治大)	二糖
☑ 1363	α-グルコースとβ-グルコースは、互いに（構造　立体）異性体である。 (センター試験)	立体
☑ 1364	α-グルコースは図のような構造をもつ。この環状構造中に含まれる不斉炭素原子はいくつか。 (広島大)	5個

☑ 1365 ☐	グルコースの水溶液は□性を示す。これは，水溶液中で一部分のグルコース分子が鎖状構造となっているためである。 （愛媛大）	還元
☑ 1366 ☐	グルコースは水溶液中でその一部が□基をもつ鎖状構造になるため，還元性を示す。 （鹿児島大）	ホルミル（アルデヒド）
☑ 1367 ▣	グルコースの鎖状構造を示した図の空欄に当てはまる原子または原子団を元素記号を用いて答えよ。 （首都大東京）	CHO
☑ 1368 ☐	グルコースの結晶は1個の酸素原子と5個の炭素原子が単結合で環状につながった構造で，そのうちの1個の炭素原子に−OHと−O−を1個ずつ含む□構造をもつ。 （熊本県立大）	ヘミアセタール
☑ 1369 ☐	単糖であるグルコースとフルクトースは，互いに（構造 立体）異性体である。 （センター試験）	構造
☑ 1370 ▣	グルコースとフルクトースの分子式はいずれも□と表され，互いに構造異性体の関係にある。 （宇都宮大）	$C_6H_{12}O_6$
☑ 1371 ☐	グルコースのような糖がアルドースと呼ばれるのに対し，フルクトースのような糖は□と呼ばれる。 （熊本県立大）	ケトース
☑ 1372 ☐	単糖類にはグルコース，フルクトース，ガラクトースなどがある。これらはいずれも□糖であるため，水溶液は銀鏡反応を示す。 （上智大）	還元

物質の三態と状態変化

熱化学

電池と電気分解

化学反応と平衡

無機化学

有機化学

高分子化合物

☑ 1373	フルクトースの水溶液を◯◯と反応させると，赤色の酸化銅(Ⅰ)が沈殿する。 (慶應義塾大)	フェーリング液
☑ 1374	酒を造る際にはグルコースからエタノールが得られる。この反応を◯◯と呼ぶ。 (県立広島大)	アルコール発酵
☑ 1375	日本酒の製造過程では，グルコース⟶エタノール＋◯◯の分解反応が起こるが，この反応は酵母によって行われる。 (旭川医科大)	二酸化炭素
☑ 1376	アルコール発酵の化学反応式を答えよ。 (県立広島大)	$C_6H_{12}O_6 \longrightarrow 2C_2H_5OH + 2CO_2$
☑ 1377	◯◯の分子式をもつ二糖類にはスクロース，マルトース，ラクトースなどがある。 (上智大)	$C_{12}H_{22}O_{11}$
☑ 1378	糖分子同士が結ばれる結合の名称を◯◯という。 (弘前大)	グリコシド結合
☑ 1379	◯◯は砂糖の主成分で，強い甘味をもつ。 (慶應義塾大)	スクロース
☑ 1380	スクロースを加水分解すると，◯◯とフルクトースになる。 (宇都宮大)	グルコース
☑ 1381	スクロースにインベルターゼなどの酵素を作用させることで，還元性を示すグルコースと◯◯に加水分解することができる。 (鹿児島大)	フルクトース

1382	スクロースを加水分解する酵素をア〜エから1つ選べ。 ア セルラーゼ　　イ インベルターゼ（スクラーゼ） ウ リパーゼ　　　エ カタラーゼ　　　　　　　（群馬大）	イ
1383	スクロースは天然に存在する二糖であり，その水溶液は銀鏡反応を（示す　示さない）。　　　　　　　（熊本大）	示さない
1384	スクロースはフェーリング液を還元（する　しない）。 （宇都宮大）	しない
1385	スクロースの加水分解反応の名称を[　　]という。 （横浜市立大）	転化
1386	スクロースを，希酸または酵素で加水分解するとグルコースとフルクトースの等量混合物になる。この混合物を[　　]といい，同量のスクロースより甘い。（福井大）	転化糖
1387	スクロースから得られる転化糖は，還元性を（示す　示さない）。　　　　　　　　　　　　　（センター試験）	示す
1388	化合物Aは天然に存在する二糖で，アミラーゼを用いてデンプンを加水分解することにより得られる。また，化合物Aの水溶液は銀鏡反応を示す。化合物Aの名称は，[　　]である。　　　　　　　　　　　　　　（熊本大）	マルトース
1389	マルトースは，デンプンをアミラーゼによって加水分解すると生じる二糖で，甘味料として用いられる。その水溶液は還元性を（示す　示さない）。　　　　（芝浦工業大）	示す

☑ 1390	単糖であるグルコースの分子式は$C_6H_{12}O_6$なので，グルコース単位からなる二糖のマルトースの分子式は，□□□となる。　　　　　　　　　　　　　（センター試験）	$C_{12}H_{22}O_{11}$
☑ 1391	デンプン水溶液に□□□を加えると，マルトースが生じる。　　　　　　　　　　　　　　　　　　（九州工業大）	アミラーゼ
☑ 1392	日本酒の製造過程では，マルトース→グルコースの加水分解反応が起こる。この反応を触媒する酵素の名称は，□□□である。　　　　　　　　　　　　（旭川医科大）	マルターゼ
☑ 1393	□□□は，セルロースをセルラーゼで加水分解すると生じる二糖で，整腸作用を示す。水にやや溶けにくいが，水溶液は還元性を示す。　　　　　　　　　　（芝浦工業大）	セロビオース
☑ 1394	異なる単糖からなる糖を，ア〜ウのうちから1つ選べ。 ア　ラクトース　　　イ　マルトース ウ　セロビオース　　　　　　　　　　（新潟大）	ア
☑ 1395	還元性を示さない二糖類はどれか選べ。 ア　マルトース　　　　　イ　グルコース ウ　フルクトース　　　エ　スクロース　　（広島市立大）	エ

THEME 65 アミノ酸

🔑 POINT

▶ 分子内に アミノ 基と カルボキシ 基をもつ化合物をアミノ酸という。

▶ アミノ酸は酸とも塩基とも反応する 両性 電解質である。水溶液中や結晶中では，正負の電荷を合わせもった 双性 イオンになることがある。

▶ アミノ酸の水溶液は，特定のpHで電荷の総和が全体として0になる。このときのpHをそのアミノ酸の 等電点 という。

🧪 ビジュアル要点

● α-アミノ酸

同一炭素原子にアミノ基−NH_2とカルボキシ基−COOHが結合したアミノ酸をα-アミノ酸という。α-アミノ酸は生体の タンパク質 を構成する。

〈アミノ酸の一般式〉

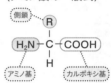

● 主なα-アミノ酸

分類	名称（略記号）	構造式	特徴
中性アミノ酸	グリシン (Gly)	H−CH−COOH 　　| 　　NH_2	最も簡単なアミノ酸。不斉炭素原子を もたない 。
	アラニン (Ala)	CH_3−CH−COOH 　　　| 　　　NH_2	多くのタンパク質に含まれる。
	セリン (Ser)	HO−CH_2−CH−COOH 　　　　　| 　　　　　NH_2	−OHをもつ。
	※フェニルアラニン（Phe）	⬡−CH_2−CH−COOH 　　　　　| 　　　　　NH_2	ベンゼン環をもつ。
	チロシン (Tyr)	HO−⬡−CH_2−CH−COOH 　　　　　　　| 　　　　　　　NH_2	ベンゼン環と−OHをもつ。

物質の三態と状態変化

熱化学

電池と電気分解

化学反応と平衡

無機化学

有機化学

高分子化合物

分類	名称（略記号）	構造式	特徴
中性アミノ酸	シ ステイン (Cys)	HS$-$CH$_2$$-CH-$COOH 　　　　　　\| 　　　　　　NH$_2$	$-$SH（チオール基）をもつ。
	※メチオニン (Met)	CH$_3$$-S-$(CH$_2$)$_2$$-CH-$COOH 　　　　　　　　　　\| 　　　　　　　　　　NH$_2$	$-$S$-$（チオ基）をもつ。
酸性アミノ酸	アスパラギン酸 (Asp)	HOOC$-$CH$_2$$-CH-$COOH 　　　　　　　\| 　　　　　　　NH$_2$	カルボキシ 基を2個もつ。
	グルタミン酸 (Glu)	HOOC$-$(CH$_2$)$_2$$-CH-$COOH 　　　　　　　　\| 　　　　　　　　NH$_2$	カルボキシ 基を2個もつ。
塩基性アミノ酸	※リシン (Lys)	H$_2$N$-$(CH$_2$)$_4$$-CH-$COOH 　　　　　　　　\| 　　　　　　　　NH$_2$	アミノ 基を2個もつ。

※はヒトの必須アミノ酸，■■■は共通部分

☑ 1396 ☐	カルボキシ基とアミノ基が同じ炭素原子に結合した化合物はアミノ酸と呼ばれ，生体の◻◻◻を構成する成分として知られる。　　　　　　　　　　　（大阪府立大）	タンパク質
☑ 1397 ☐	タンパク質の構成単位は◻◻◻である。　　　　（香川大）	α - アミノ酸
☑ 1398 ☐	タンパク質を構成するα-アミノ酸は一般式◻◻◻で表される。　　　　　　　　　　　　　　　　（群馬大）	RCH(NH$_2$)COOH
☑ 1399 ☐	α-アミノ酸は生体のタンパク質を構成する成分であり，一般式RCH(NH$_2$)COOHで表される。Rはアミノ酸の◻◻◻といい，一般に炭化水素基などを表す。（弘前大）	側鎖

☑ 1400	生体内のタンパク質を構成する主要なα-アミノ酸には，図のR部分の構造が異なる◻種類が存在する。 （富山大）	20
☑ 1401	アミノ酸のうち，最も簡単な構造のものは◻である。 （大阪府立大）	グリシン
☑ 1402	α-アミノ酸は一般式で$R-CH(NH_2)-COOH$と表される。Rがメチル基の場合は◻である。　（立命館大）	アラニン
☑ 1403	図に示したα-アミノ酸の名称は◻である。 （高知大）	セリン
☑ 1404	生体のタンパク質を構成するα-アミノ酸は20種類ある。このうち体内で合成されない，または合成されにくいものは，外部から摂取する必要があり，◻アミノ酸といわれる。 （島根大）	必須
☑ 1405	グリシンを除くα-アミノ酸には不斉炭素原子があるので，◻異性体が存在する。　（和歌山大）	鏡像 （光学）
☑ 1406	不斉炭素原子をもたないアミノ酸の示性式を示せ。 （富山大）	H_2NCH_2COOH
☑ 1407	グリシン（$C_2H_5NO_2$）とアラニン（$C_3H_7NO_2$）のうち，不斉炭素原子をもつアミノ酸はいずれか。　（広島市立大）	アラニン

α-アミノ酸分子
の示性式

物質の三態と状態変化

熱化学

電池と電気分解

化学反応と平衡

無機化学

有機化学

高分子化合物

☑ 1408	アミノ酸は，分子中に塩基性を示すアミノ基と酸性を示す▢基をもっている。　　　　　　（和歌山大）	カルボキシ
☑ 1409	アミノ酸はその分子内に塩基性の▢基と酸性のカルボキシ基をもち，水溶液中ではイオンとして存在している。　　　　　　（順天堂大）	アミノ
☑ 1410	アミノ酸は分子内に酸性のカルボキシ基と塩基性のアミノ基の両方をもち，酸・塩基のいずれとも反応する▢電解質である。　　　　　　（香川大）	両性
☑ 1411	アミノ酸は分子内にアミノ基とカルボキシ基をもつため，水中や結晶中では，アミノ酸は分子内に正と負の両電荷をもつことがある。このようなイオンを▢という。　　　　　　（広島市立大）	双性イオン
☑ 1412	グリシンを水に溶かすと，双性イオンとなって溶ける。この水溶液を酸性にするとグリシンは▢イオンとなる。　　　　　　（岐阜大）	陽
☑ 1413	アミノ酸は，結晶中または水溶液中のpHによっては，カルボキシ基の水素原子が水素イオンとなって▢に移り，分子内に正負の異なる電荷をもつ双性イオンになる。　　　　　　（弘前大）	アミノ基
☑ 1414	中性アミノ酸を希塩酸に溶かし，水酸化ナトリウム水溶液を少しずつ加え，塩基性にしていくとpHによって異なる割合で▢つのイオンの形をとる。　　　（埼玉大）	3
☑ 1415	各アミノ酸は，それぞれ特定のpHにおいて，正の電荷と負の電荷がつりあい，電荷の総和が0となる。このときのpHの値を▢という。　　　　　　（立命館大）	等電点

☑ 1416 ☐	グルタミン酸は側鎖に[　　　]基をもつ酸性アミノ酸であり，不斉炭素原子が1個あるので一対の鏡像異性体が存在する。　　　　　　　　　　　　　　　（慶應義塾大）	カルボキシ
☑ 1417 ▥	不斉炭素原子をもち，塩基性アミノ酸でも酸性アミノ酸でもないアミノ酸はどれか。 ア　HO−CH₂−CH−COOH 　　　　　　　│ 　　　　　　　NH₂ イ　H₂N−CH₂−CH₂−COOH ウ　H₂N−(CH₂)₄−CH−COOH 　　　　　　　　　　│ 　　　　　　　　　　NH₂ エ　HOOC−CH₂−CH−COOH 　　　　　　　　│ 　　　　　　　　NH₂　　　（センター試験）	ア
☑ 1418 ☐	アラニンの等電点は6.0である。このため，pH 10の緩衝液で湿らせたろ紙の中心にアラニン水溶液をつけて直流電圧をかけると[　　　]極側に移動する。　（鹿児島大）	陽
☑ 1419 ☐	pHを7に調整したシステインの水溶液に直流電圧を印加したとき，システインは陽極側に移動することが確認できる。これはシステインの等電点が[　　　]側にあるためである。　　　　　　　　　　　　（横浜国立大）	酸性
☑ 1420 ☐	pH 6.0の緩衝液で湿らせたろ紙にアミノ酸Xを置き電気泳動するとアミノ酸Xは陽極側へ移動した。アミノ酸Xの陽極側への移動の原因となる官能基は[　　　]である。　　　　　　　　　　　　　　　　（岩手大）	カルボキシ基
☑ 1421 ☐	pH 9の緩衝液で湿らせたろ紙の両端に電極をつけ，ろ紙の中心にグリシン水溶液を塗布した。これに直流電圧をかけ，電気泳動を行った結果，グリシンは[　　　]極側に移動した。　　　　　　　　　　　　　　　　（香川大）	陽

物質の三態と状態変化

熱化学

電池と電気分解

化学反応と平衡

無機化学

有機化学

高分子化合物

□ 1422 ☑	アラニンを溶かした水溶液のpHを5.0に調整した後、直流電圧をかけて電気泳動を行った。アラニンについて最も適切な挙動を、次のア〜ウのうちから1つ選べ。 ア　陽極に向けて移動する。 イ　陰極に向けて移動する。 ウ　どちらの電極に向けても移動しない。 （富山大）	イ
□ 1423 ☑	アミノ酸水溶液にある試薬を加えて加熱すると、加えた試薬がアミノ基と反応し、溶液が赤紫〜青紫色を呈する。この反応名を⬚という。　　　　（弘前大）	ニンヒドリン反応
□ 1424 ☑	チロシンとリシンに⬚水溶液を添加して加熱するとそれぞれ青紫色を呈した。　　　　（宮崎大）	ニンヒドリン
□ 1425 ☑	アラニンは、⬚基と反応する試薬を吹きつけて加温することで発色させることができる。この呈色反応をニンヒドリン反応という。　　　　（鹿児島大）	アミノ
□ 1426 ☑	アミノ酸をアルコールに溶かし濃硫酸を少量加えて加熱するとカルボキシ基が⬚化され酸の性質が失われる。　　　　（順天堂大）	エステル

THEME 66 多糖類

🔑 POINT

▶ デンプン（$C_6H_{10}O_5)_n$は，[α-グルコース]が重合した[アミロース]と[アミロペクチン]からなる。[アミロース]は直鎖状構造をもつ。一方，[アミロペクチン]は直鎖状構造に加えて枝分かれ構造ももつ。

▶ デンプンに[アミラーゼ]という酵素を作用させると二糖のマルトースになる。さらに[マルターゼ]という酵素を作用させると単糖のグルコースになる。

▶ セルロース（$C_6H_{10}O_5)_n$は，[β-グルコース]が直鎖状に重合した多糖である。[セルラーゼ]という酵素を作用させると，二糖のセロビオースになる。

🧪 ビジュアル要点

● デンプンの構造

デンプンは水に[可溶]なアミロースと水に[不溶]なアミロペクチンからなる。いずれもらせん構造をしているため，ヨウ素デンプン反応を[示す]。

アミロース　　　　　　　　　　　　　　アミロペクチン

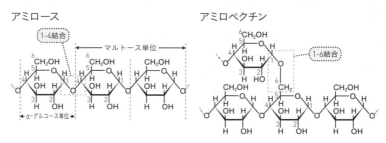

● デンプンの加水分解

物質の三態と状態変化

熱化学

電池と電気分解

化学反応と平衡

無機化学

有機化学

高分子化合物

● **セルロースの構造**

鎖状構造をしているため，ヨウ素デンプン反応を 示さない 。

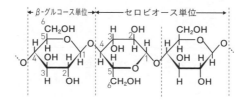

● **セルロースの加水分解**

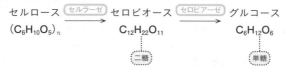

☑ 1427 ▢	単糖は縮合により重合して_____をつくる。 （弘前大）	多糖
☑ 1428 ▣	天然高分子化合物であるデンプンは植物の光合成によってつくられ，分子式_____で表される多糖類である。 （千葉大）	$(C_6H_{10}O_5)_n$
☑ 1429 ▢	α-グルコース分子が縮合してできるデンプンは，お湯に可溶なアミロースと不溶な_____に分けられる。 （名古屋工業大）	アミロペクチン
☑ 1430 ▢	アミロースは，α-グルコースの1位と_____位のヒドロキシ基がグリコシド結合で重合した直鎖状構造になっている。 （山梨大）	4

☑ 1431 ☐	アミロペクチンは，アミロースと同様に α-グルコースが縮合して直鎖状になっているが，ところどころで α-グルコースの1位と 位で縮合した枝分れ構造をもっている。　　　　　　　　　　　　　　（熊本県立大）	6
☑ 1432 ☐	デンプンを検出するのに用いられる呈色反応名を， という。　　　　　　　　　　　　　　　　　（千葉大）	ヨウ素デンプン反応
☑ 1433 ☐	アミロースとアミロペクチンはどちらも 構造をとっており，ヨウ素溶液により，アミロースは濃青色，アミロペクチンは赤紫色を呈する。　　　　（名古屋工業大）	らせん
☑ 1434 ☐	日本酒の製造過程では，米のデンプン→マルトースの加水分解反応が起こる。この反応を触媒する酵素の名称を という。　　　　　　　　　　　　　（旭川医科大）	アミラーゼ
☑ 1435 ☐	デンプンを希酸で加水分解すると，デンプンより分子量のやや小さな を経て，二糖のマルトースとなり，さらにグルコースとなる。　　　　　　　（熊本県立大）	デキストリン
☑ 1436 ☐	ご飯の主成分であるデンプンは，ヒトの唾液やすい液に含まれるアミラーゼによってデキストリンや に分解される。　　　　　　　　　　　　　　（群馬大）	マルトース
☑ 1437 ☐	次式の空欄に当てはまる適切な語を答えよ。　　　　　　　アミラーゼ　　　　　　デンプン ——→ マルトース ——→ グルコース　　　　　　　　　　　　　　　　　　（弘前大）	マルターゼ
☑ 1438 ☐	デンプンを希硫酸中で加熱した後に中和すると，デンプンを構成する が得られる。　　　　　　（広島大）	グルコース

物質の三態と状態変化

熱化学

電池と電気分解

化学反応と平衡

無機化学

有機化学

高分子化合物

☑ 1439	デンプンのヒドロキシ基をすべて［　　　　］化した後，希硫酸で加水分解して得た生成物を分析すると，デンプンの枝分かれの度合いを求めることができる。　（広島大）	メチル
☑ 1440	［　　　　］は，多数のグルコースが脱水縮合した天然高分子化合物であり，動物のエネルギー貯蔵物質で，動物デンプンともいう。　（山形大）	グリコーゲン
☑ 1441	グリコーゲンはアミロペクチンと同様，［　　　　］構造を有するが，その数はアミロペクチンよりも多く，球状である。　（東京農工大）	枝分かれ
☑ 1442	多数のβ-グルコースが縮合重合した直鎖状の構造をもつ高分子化合物を［　　　　］という。　（愛媛大）	セルロース
☑ 1443	セルロースは［　　　　］が脱水縮合して直鎖状に連なった構造である。　（金沢大）	β-グルコース
☑ 1444	セルロースは，β-グルコースが1位と［　　　　］位のヒドロキシ基でグリコシド結合した構造である。　（山梨大）	4
☑ 1445	セルロースは植物の［　　　　］の主成分で，植物体の30～50％を占めている。　（熊本県立大）	細胞壁
☑ 1446	セルロースをセルラーゼのような酵素によって加水分解すると，2分子のグルコースが縮合した［　　　　］が生成する。　（熊本県立大）	セロビオース

□ 1447 ☐	パルプの主原料である天然高分子から工業的に合成される高分子化合物を，次のア～エのうちから選べ。 ア　アミロース　　　　　イ　アミロペクチン ウ　ニトロセルロース　　エ　ビニロン (上智大)	ウ
□ 1448 ☐	セルロースに無水酢酸と酢酸および濃硫酸を作用させ，得た化合物のエステル結合の一部を加水分解し，アセトンに溶解後，紡糸したものが◻◻◻である。　(広島大)	アセテート繊維 (アセテート)
□ 1449 ☐	セルロースに硫酸存在下で無水酢酸を反応させて◻◻◻とした後，一部を加水分解させる。このアセトン溶液を細孔から暖かい空気中に押し出すとアセテート繊維が得られる。　(工学院大)	トリアセチルセルロース
□ 1450 ☐	セルロースに硫酸の存在下で無水酢酸を作用させると，すべてのヒドロキシ基が◻◻◻化される。　(千葉大)	アセチル
□ 1451 ☐	セルロースを化学的に処理し，そのヒドロキシ基の一部を変化させた繊維は◻◻◻繊維と呼ばれる。　(広島大)	半合成
□ 1452 ☐	木材パルプなどから得られるセルロースを◻◻◻試薬に溶解させ，この溶液を細孔から希硫酸中に押し出すと，銅アンモニアレーヨンが得られる。　(工学院大)	シュワイツァー (シュバイツァー)
□ 1453 ☐	セルロースをシュワイツァー試薬に溶かしたのちに，希硫酸中に押し出すと繊維として再生することができる。この再生繊維は◻◻◻と呼ばれ，衣服の裏地などに用いられる。　(明治大)	銅アンモニアレーヨン (キュプラ)
□ 1454 ☐	セルロースを水酸化ナトリウムで処理した後，二硫化炭素と反応させ，アルカリ水溶液に溶かすと，粘性の高い◻◻◻と呼ばれる溶液が得られる。　(九州工業大)	ビスコース

☑ 1455 ☐	セルロースをアルカリで処理してから二硫化炭素と反応させて，これを希硫酸中に押し出したものが_____である。 (広島大)	ビスコースレーヨン (レーヨン)
☑ 1456 ☐	ビスコースからセルロースを膜状に再生すると_____が得られる。 (群馬大)	セロハン
☑ 1457 ☐	セルロースを適当な試薬で化学的に処理して，これを再び紡糸した繊維は_____繊維と呼ばれる。 (広島大)	再生
☑ 1458 ☐	アミロース，アミロペクチン，セルロースのそれぞれの水溶液にヨウ素ヨウ化カリウム水溶液を加えた場合，呈色反応を示さないものはどれか。 (山梨大)	セルロース
☑ 1459 ☐	枝分かれ構造をもつ糖を，ア～エのうちから1つ選べ。 ア スクロース イ セルロース ウ グリコーゲン エ セロビオース (新潟大)	ウ

物質の三態と状態変化

熱化学

電池と電気分解

化学反応と平衡

無機化学

有機化学

高分子化合物

THEME 67 タンパク質

POINT

▶ アミノ酸どうしのアミド結合を ペプチド結合 という。この結合をもつ化合物をペプチドといい，多数のアミノ酸が鎖状に結合したペプチドを ポリペプチド という。

▶ タンパク質水溶液に水酸化ナトリウム水溶液と硫酸銅(Ⅱ)水溶液を少量加えると， 赤紫 色を呈する。この反応を ビウレット 反応という。

▶ タンパク質水溶液に濃硝酸を加えて加熱すると 黄 色を呈し，冷却後，アンモニア水などを加えて塩基性にすると 橙黄 色を呈する。この反応を キサントプロテイン 反応という。

ビジュアル要点

● ペプチド

カルボキシ基−COOHとアミノ基−NH₂との間で 脱水縮合 が起こってつくられる−CO−NH−の結合を一般にアミド結合という。

アミノ酸どうしのアミド結合をとくにペプチド結合といい，この結合をもつ化合物を ペプチド という。

$$H_2N-\overset{\overset{\displaystyle R^1}{|}}{\underset{\underset{\displaystyle H}{|}}{C}}-\overset{\overset{\displaystyle O}{\|}}{C}-OH \ + \ H-\overset{\overset{\displaystyle }{|}}{\underset{\underset{\displaystyle H}{|}}{N}}-\overset{\overset{\displaystyle R^2}{|}}{\underset{\underset{\displaystyle H}{|}}{C}}-\overset{\overset{\displaystyle O}{\|}}{C}-OH$$

アミノ酸　　　　　　　　　アミノ酸

ペプチド結合

$$\longrightarrow \ H_2N-\overset{\overset{\displaystyle R^1}{|}}{\underset{\underset{\displaystyle H}{|}}{C}}-\overset{\overset{\displaystyle O}{\|}}{C}-\overset{}{\underset{\underset{\displaystyle H}{|}}{N}}-\overset{\overset{\displaystyle R^2}{|}}{\underset{\underset{\displaystyle H}{|}}{C}}-\overset{\overset{\displaystyle O}{\|}}{C}-OH \ + \ H_2O$$

ジペプチド

アミノ酸2分子からなるペプチドをジペプチド，3分子からなるペプチドを トリペプチド，多数のアミノ酸からなるペプチドを ポリペプチド という。

物質の三態と状態変化

熱化学

電池と電気分解

化学反応と平衡

無機化学

有機化学

高分子化合物

● タンパク質の構造

・一次構造：アミノ酸の配列順序。

・二次構造：ペプチド結合部分で 水素 結合ができることによって形成される立体構造。らせん構造の α-ヘリックス とジグザグ構造の β-シート がある。

・三次構造：S-S結合（ジスルフィド結合）などによって形成される複雑な立体構造。

・四次構造：複数の三次構造をもつポリペプチド鎖が，一定の立体的配置で存在する状態。

α-ヘリックス

β-シート

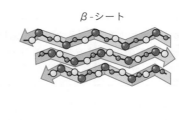

☑ 1460	α-アミノ酸のアミノ基と，別のα-アミノ酸のカルボキシ基の間で脱水縮合すると，アミド結合が生成する。α-アミノ酸同士のアミド結合を特に ☐ 結合という。 (高知大)	ペプチド
☑ 1461	アミノ酸同士が脱水縮合して生じる ☐ 結合は特にペプチド結合と称される。 (鹿児島大)	アミド
☑ 1462	タンパク質は多数のアミノ酸が ☐ 重合してできた高分子化合物であり，アミノ酸とアミノ酸の間の結合をペプチド結合という。 (岩手大)	縮合
☑ 1463	α-アミノ酸の分子間で，一方のカルボキシ基と，もう一方のアミノ基が脱水縮合して生じる化合物は，☐ と総称される。 (立命館大)	ペプチド

☑ 1464 ☐	アミノ酸は，他のアミノ酸分子と縮合反応をしてペプチド結合をもった化合物を生じる。アミノ酸2分子が縮合したものを　　　　　という。　　　　　　　　　　　（和歌山大）	ジペプチド
☑ 1465 ☐	脱水縮合によりアミノ酸3分子が縮合した分子を，　　　　　という。　　　　　　　　　　　　　　　　　　　（山形大）	トリペプチド
☑ 1466 ☐	多数のアミノ酸分子が縮合して生じたものを　　　　　という。　　　　　　　　　　　　　　　　　　　　（立命館大）	ポリペプチド
☑ 1467 ☐	タンパク質を構成するアミノ酸の配列順序はタンパク質ごとに一定であり，これをタンパク質の　　　　　構造という。　　　　　　　　　　　　　　　　　　　（岩手大）	一次
☑ 1468 ☐	の配列順序を一次構造という。　　（東京理科大）	アミノ酸
☑ 1469 ☐	ポリペプチド鎖では，ペプチド結合の部分で水素結合が形成されて，α-ヘリックス構造やβ-シート構造などの　　　　　構造がつくられることが多い。　　　（埼玉大）	二次
☑ 1470 ☐	タンパク質は部分的に　　　　　結合により安定化されたα-ヘリックス構造やβ-シート構造などの二次構造をとる。　　　　　　　　　　　　　　　　　　　　（金沢大）	水素
☑ 1471 ☐	タンパク質に含まれるポリペプチド鎖は，＞N－Hと＞C＝Oの間で分子内水素結合を形成して　　　　　と呼ばれるらせん構造をとることが多い。　　（名古屋工業大）	α-ヘリックス
☑ 1472 ☐	ポリペプチド鎖の側鎖間での相互作用や結合により，タンパク質が特有の折りたたみ構造を有しているものを　　　　　構造という。　　　　　　　　　　　（東京理科大）	三次

物質の三態と状態変化

熱化学

電池と電気分解

化学反応と平衡

無機化学

有機化学

高分子化合物

☑ 1473	ケラチンは側鎖に硫黄原子を含むシステインと呼ばれるアミノ酸に富み，その側鎖が酸化されることによって，硫黄原子同士が共有結合した□□□結合が形成されている。 （横浜国立大）	ジスルフィド
☑ 1474	三次構造を形成したポリペプチド鎖がいくつか集合して複合体をつくることがある。このような構造をタンパク質の□□□構造という。 （埼玉大）	四次
☑ 1475	アミノ酸だけで構成されているタンパク質を□□□タンパク質という。このタンパク質を構成する成分元素の質量百分率（％）は，タンパク質の種類によらず，ほぼ同じ値を示す。 （茨城大）	単純
☑ 1476	加水分解したとき，□□□のみが得られるタンパク質を単純タンパク質と呼び，糖やリン酸などの物質もあわせて得られるタンパク質を複合タンパク質と呼ぶ。 （滋賀県立大）	α-アミノ酸
☑ 1477	タンパク質を加水分解したとき，α-アミノ酸以外に糖・リン酸・核酸・色素などの物質も同時に生成するタンパク質を□□□タンパク質という。 （島根大）	複合
☑ 1478	タンパク質は，その形状から球状タンパク質と□□□タンパク質に大別される。 （金沢大）	繊維状
☑ 1479	単純タンパク質は形状から分類できる。アルブミンは□□□タンパク質である。 （東京理科大）	球状
☑ 1480	毛髪や爪に含まれるケラチンや，皮膚や骨，靭帯を構成するコラーゲンは，□□□タンパク質の一つである。 （香川大）	繊維状

☑ 1481 ☐	タンパク質を酸や酵素を用いて[ ]すると，α-アミノ酸が得られる。 （富山大）	加水分解
☑ 1482 ☐	タンパク質の水溶液を加熱したり，酸，塩基，重金属イオンなどを加えたりすると，沈殿や凝固が見られる。この現象をタンパク質の[ ]と呼ぶ。 （滋賀県立大）	変性
☑ 1483 ☐	タンパク質の水溶液に，水酸化ナトリウム水溶液を加えて塩基性にしたのち，少量の硫酸銅(Ⅱ)水溶液を加えると，赤紫色になる。この反応名を答えよ。 （茨城大）	ビウレット反応
☑ 1484 ☐	卵白水溶液を塩基性にした後，[ ]水溶液を加えると赤紫色に呈色する。この反応をビウレット反応という。 （徳島大）	硫酸銅(Ⅱ)
☑ 1485 ☐	タンパク質溶液を一部試験管に取り，水酸化ナトリウム水溶液を加えて塩基性にし，硫酸銅(Ⅱ)水溶液を加えたところ，[ ]色になった。これをビウレット反応という。 （愛媛大）	赤紫
☑ 1486 ☐	ビウレット反応は，タンパク質中のペプチド結合がCu^{2+}と[ ]を形成することにより起こる。 （愛媛大）	錯イオン（錯体，錯化合物，配位結合）
☑ 1487 ☐	卵白水溶液に濃硝酸を加えて加熱すると黄色になる。さらに冷却してからアンモニア水を加えて塩基性にすると橙黄色になるこの反応を[ ]反応という。 （徳島大）	キサントプロテイン
☑ 1488 ☐	多くのタンパク質は，その水溶液に[ ]を加えて加熱すると黄色になり，これを冷却してからアンモニア水を加えて塩基性にすると，橙黄色になる。 （島根大）	濃硝酸

物質の三態と状態変化

熱化学

電池と電気分解

化学反応と平衡

無機化学

有機化学

高分子化合物

☑ 1489 ☐	α-アミノ酸Aの水溶液に濃硝酸を加えて加熱すると黄色を呈した。この反応から，α-アミノ酸Aは□□□をもっていることがわかる。 (滋賀県立大)	ベンゼン環
☑ 1490 ☐	キサントプロテイン反応が起こるのは，タンパク質にベンゼン環をもつアミノ酸が含まれ，それが□□□化されることが原因である。 (徳島大)	ニトロ
☑ 1491 ☐	タンパク質中の□□□原子の存在を確かめるために，タンパク質溶液に水酸化ナトリウムを加えて加熱し，酢酸鉛(Ⅱ)水溶液を加える方法がある。 (横浜国立大)	硫黄
☑ 1492 ☐	タンパク質溶液に水酸化ナトリウムを加えて加熱した後，酢酸鉛(Ⅱ)水溶液を適量加えたところ□□□色沈殿が生じたことから，硫黄原子が含まれることがわかった。 (愛媛大)	黒
☑ 1493 ☐	卵白の水溶液に，固体の水酸化ナトリウムを加えて加熱し，酢酸鉛(Ⅱ)水溶液を加えると，黒色沈殿が生じる。この沈殿の化学式を答えよ。 (茨城大)	PbS
☑ 1494 ☐	タンパク質水溶液に，□□□を加えて加熱し，生じる気体に赤色リトマス紙を近づけると青変する。 (立教大)	水酸化ナトリウム
☑ 1495 ☐	生体内で触媒の機能をしているタンパク質は□□□と呼ばれ，アミノ酸が数百個結合しているものが多い。 (東京農業大)	酵素
☑ 1496 ☐	酵素が触媒として作用する物質を□□□という。 (静岡大)	基質

☑ 1497 ☐	酵素が作用する物質を基質という。酵素は，基質と立体的に結合して反応を起こす□□□と呼ばれる特定の分子構造をもつ。 (神戸大)	活性部位（活性中心）
☑ 1498 ☐	酵素はそれぞれ決まった基質にしか作用せず，これを酵素の□□□と呼ぶ。 (群馬大)	基質特異性
☑ 1499 ☐	酵素が最もよく働く温度を□□□といい，これより高温になると多くの酵素は触媒作用を示さなくなる。 (神戸大)	最適温度
☑ 1500 ☐	各酵素には，最もよく働くpHが存在し，これを□□□という。 (工学院大)	最適pH
☑ 1501 ☐	だ液に含まれるアミラーゼは，デンプンを加水分解する触媒として働く。アミラーゼが触媒として最もよく作用する条件を，次のア～ウのうちから1つ選べ。 ア pH＝1.0～2.5　　イ pH＝6.0～7.5 ウ pH＝8.0～9.5 (静岡大)	イ
☑ 1502 ☐	ペプシンは胃液中で働き，トリプシンはすい液中ではたらく。図の曲線A，Bのうちペプシンはどちらか。 (工学院大)	A
☑ 1503 ☐	酵素の触媒作用がなくなることを□□□と呼ぶ。 (静岡大)	失活
☑ 1504 ☐	脂肪を分解する酵素をア～エから1つ選べ。 ア セルラーゼ　　イ インベルターゼ(スクラーゼ) ウ リパーゼ　　エ カタラーゼ (群馬大)	ウ

☑ 1505 ☐	タンパク質は胃液に含まれる[　　　]や，すい液・腸液に含まれるトリプシンやペプチダーゼなどの酵素によってアミノ酸に分解され，吸収される。 　　　(昭和大)	ペプシン
☑ 1506 ☐	尿素を分解する酵素をア～エから1つ選べ。 ア　セルラーゼ　　イ　ウレアーゼ ウ　リパーゼ　　　エ　カタラーゼ 　　　(群馬大)	イ

物質の三態と状態変化

熱化学

電池と電気分解

化学反応と平衡

無機化学

有機化学

高分子化合物

THEME 68 核　酸

🔑 POINT

- ▶ 核酸の構成単位は，糖に リン酸 と塩基が結合した ヌクレオチド である。
- ▶ 糖として デオキシリボース をもつ核酸をDNAという。DNAは，分子内に アデニン，グアニン，シトシン， チミン の4種類の塩基をもつ。
- ▶ 糖として リボース をもつ核酸をRNAという。RNAは，分子内にアデニン，グアニン，シトシン， ウラシル の4種類の塩基をもつ。

🧪 ビジュアル要点

● ヌクレオチド

核酸の構成単位はヌクレオチドである。ヌクレオチドは，糖部分の3位の−OH とリン酸の−OHの間で縮合重合して ポリヌクレオチド をつくる。

〈DNA（デオキシリボ核酸）のヌクレオチド〉

〈RNA（リボ核酸）のヌクレオチド〉

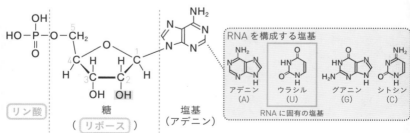

物質の三態と状態変化

熱化学

電池と電気分解

化学反応と平衡

無機化学

有機化学

高分子化合物

● DNAの構造

2本のポリヌクレオチド間のアデニンと チミン , グアニンと シトシン の部分で水素結合をつくり, 二重らせん 構造を形成している。

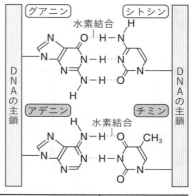

☑ 1507	生物の遺伝に中心的役割を果たしているのは◻◻◻であり，DNAとRNAに大別される。　　　　（徳島大）	核酸
☑ 1508	核酸を構成する繰り返し単位となる物質は◻◻◻と呼ばれる。これは5個の炭素からなる糖類に，環状構造の塩基とリン酸が結合した化合物である。　　　　（九州工業大）	ヌクレオチド
☑ 1509	核酸は糖とリン酸と◻◻◻からなるヌクレオチドが縮合してできた高分子化合物である。　　　　（青山学院大）	塩基（有機塩基）
☑ 1510	細胞には，遺伝情報を伝達するための核酸が存在する。核酸の単量体はヌクレオチドといい，五炭糖に有機塩基と◻◻◻が結合した構造をもつ。　　　　（金沢大）	リン酸
☑ 1511	核酸は，ヌクレオチド同士が糖部分の−OHと，リン酸部分の−OHとの間で◻◻◻重合した鎖状の高分子化合物である。　　　　（千葉大）	縮合
☑ 1512	核酸はヌクレオチドが脱水縮合した高分子であり，◻◻◻とRNAが知られている。　　　　（九州工業大）	DNA

☑ 1513	核酸には構成成分の糖が ☐ であるDNAとリボースであるRNAがある。 （埼玉大）	デオキシリボース
☑ 1514	核酸には糖部分がデオキシリボースでできているDNAと，☐ でできているRNAがある。 （青山学院大）	リボース
☑ 1515	ヌクレオチドは糖の構造の違いから，リボヌクレオチドと ☐ ヌクレオチドに大別される。 （金沢大）	デオキシリボ
☑ 1516	図は，ヌクレオチドの2種類の糖のうちの一つ，☐ の構造式である。 （金沢大）	リボース
☑ 1517	RNAを構成するリボースについて，塩基で置き換わるヒドロキシ基を，基が結合する炭素の番号で答えよ。 （富山大）	1
☑ 1518	DNAとRNAの塩基はそれぞれ4種類存在し，そのうち ☐ 種類が共通である。 （埼玉大）	3
☑ 1519	DNAを構成する核酸塩基は4種類あり，アデニン，グアニン，シトシン，☐ と呼ばれる。 （九州工業大）	チミン
☑ 1520	RNAを構成するヌクレオチドの塩基はアデニン，グアニン，シトシン，☐ の4種類である。 （青山学院大）	ウラシル

☑ 1521	核酸は，（窒素　リン　硫黄）を含む環状構造の塩基をもつ。　　　　　　　　　　　　　　（センター試験）	窒素
☑ 1522	DNA中には4種類の核酸塩基があり，□□□□とチミン，グアニンとシトシンがそれぞれ水素結合を形成する。　　　　　　　　　　　　　　（日本医科大）	アデニン
☑ 1523	DNAの二重らせん構造において，アデニンは□□□と2本の水素結合で塩基対をつくる。　　（青山学院大）	チミン
☑ 1524	デオキシリボ核酸とも称されるDNA分子は，4種の塩基がアデニンとチミンの間，□□□□とシトシンの間でそれぞれ特定の塩基対を形成できる性質をもつ。　（富山大）	グアニン
☑ 1525	デオキシリボヌクレオチドが縮合重合したものは遺伝子の本体で，アデニンとチミン，グアニンとシトシンの間で水素結合をつくって安定化された□□□□構造を形成する。　　　　　　　　　　　　　　　　　（金沢大）	二重らせん
☑ 1526	DNAの二重らせん構造では，一方のポリヌクレオチドの塩基が，他方のポリヌクレオチドの塩基と相補的な□□□□結合によって選択的に引き合って塩基対を形成している。　　　　　　　　　　　　　（九州工業大）	水素
☑ 1527	DNAの塩基情報を写し取る形でRNAが合成され，そのRNAの塩基配列に基づいて□□□□が合成される。　　　　　　　　　　　　　　（山形大）	タンパク質

物質の三態と状態変化

熱化学

電池と電気分解

化学反応と平衡

無機化学

有機化学

高分子化合物

THEME 69 高分子化合物の構造と性質

🔑 POINT

▶ 高分子化合物の構成単位となる小さい分子を 単量体 （またはモノマー）
といい，生成した高分子化合物を 重合体 （またはポリマー）という。

▶ 高分子化合物を構成する繰り返し単位の数を 重合度 という。

▶ 付加反応によって高分子化合物ができる反応を 付加重合 ，縮合反応に
よって高分子化合物ができる反応を 縮合重合 という。

🧪 ビジュアル要点

● 高分子化合物の分類

有機高分子化合物		無機高分子化合物
天然 高分子化合物	合成 高分子化合物	
多糖：デンプン, セルロース タンパク質：ケラチン, 　　　　　　　コラーゲン 核酸：DNA, RNA 天然ゴム	合成繊維：ナイロン, 　　　　　　ポリエステル 合成樹脂：ポリ塩化ビニル, 　　　　　　フェノール樹脂 合成ゴム：ブタジエンゴム, 　　　　　　クロロプレンゴム	二酸化ケイ素：石英, 　　　　　　　　水晶 ケイ酸塩：ガラス, 　　　　　　雲母

● 重合の種類

・ 付加 重合：二重結合や三重結合などの不飽和結合をもつ単量体の間で，次々
　　　　　　　と付加反応が起こって，高分子化合物ができる。

・ 縮合 重合：単量体の分子間から水のような小さな分子がとれて結合する反応
　　　　　　　（縮合）が次々と起こって，高分子化合物ができる。

物質の三態と状態変化

熱化学

電池と電気分解

化学反応と平衡

無機化学

有機化学

高分子化合物

・ 開環 重合：環状構造をもつ単量体が環を開いて結合する反応が次々と起こって，高分子化合物ができる。

計算問題は，特に指定のない場合は四捨五入により有効数字
2桁で解答し，必要があれば，次の値を使うこと。
$H=1.0$，$C=12$，$N=14$，$O=16$

1528	一般に分子量が1万を超えるような巨大な分子を高分子といい，その化合物を ___ という。 （岩手大）	高分子化合物
1529	高分子化合物はおよそ ___ 以上の大きな分子量をもつ分子の総称である。 （上智大）	1万
1530	高分子化合物は炭素原子を骨格とする ___ と，炭素以外の原子を骨格とする無機高分子化合物に大別される。 （札幌医科大）	有機高分子化合物
1531	セルロース，デンプンやタンパク質などの自然界から得られる高分子化合物を ___ という。 （埼玉大）	天然高分子化合物
1532	高分子化合物のうち，天然に存在せず，人工的につくられたものを ___ という。 （京都工芸繊維大）	合成高分子化合物
1533	合成高分子化合物は ___ などを原料として合成され，その形態や機能によって合成繊維，合成樹脂，合成ゴムなどに分類される。 （岩手大）	石油

☑ 1534 ☐	合成高分子化合物は，低分子量の分子である[　　　]を多数結合させてつくられる。この反応過程を重合という。 (京都工芸繊維大)	単量体 (モノマー)
☑ 1535 ☐	合成高分子化合物の構成単位となる小さい分子を単量体（モノマー）といい，小さな構成単位が次々に結合する反応を[　　　]という。 (群馬大)	重合
☑ 1536 ☐	重合体を構成する繰り返し単位の数を[　　　]という。 (杏林大)	重合度
☑ 1537 ☐	重合には，単量体がもつ不飽和結合を開きながら反応が進む[　　　]などがある。 (京都工芸繊維大)	付加重合
☑ 1538 ☐	重合には，単量体どうしの間で水のような簡単な分子がとれて結合する[　　　]などがある。 (京都工芸繊維大)	縮合重合 (重縮合)
☑ 1539 ☐	単量体が環状構造を含む分子であり，その環が開きながら連なる反応を[　　　]という。 (杏林大)	開環重合
☑ 1540 ☐	合成高分子化合物の中には，付加重合と縮合重合が組み合わさった，[　　　]によってつくられるものもある。 (京都工芸繊維大)	付加縮合
☑ 1541 ☐	付加重合には，（飽和結合　不飽和結合）をもつ化合物が用いられる。 (秋田大)	不飽和結合
☑ 1542 ☐	長い鎖状の合成高分子化合物の特徴として[　　　]部分が多いので，加熱していくとある温度で軟らかくなって変形するものが多い。 (杏林大)	非晶 (無定形，非結晶)

物質の三態と状態変化

熱化学

電池と電気分解

化学反応と平衡

無機化学

有機化学

高分子化合物

| ☑ 1543 | 熱可塑性樹脂が明確な融点を示さない一つの理由は，樹脂が結晶部分と無定形部分からなるからである。結晶部分の割合が高くなると，変形する温度は（高く　低く）なる。 (新潟大) | 高く |

| ☑ 1544 | 高分子化合物の分子の大きさを表すために，個々の高分子の分子量を平均した　　　　が用いられる。 (愛知教育大) | 平均分子量 |

| ☑ 1545 | 平均分子量が4.86×10^5のデンプン1分子の平均の重合度（繰り返し単位の数）を求めよ。 (広島大) | 3.0×10^3 |

解説 デンプンは $(C_6H_{10}O_5)_n$ と表せる。この繰り返し単位$C_6H_{10}O_5$の式量は **162**なので，平均の重合度は，$\dfrac{4.86 \times 10^5}{162} = 3.0 \times 10^3$

| ☑ 1546 | ポリエチレンの構造式を示す。平均分子量5.6×10^5のポリエチレンについて，平均の重合度を求めよ。 (富山大) | 2.0×10^4 |

$$\begin{bmatrix} H & H \\ | & | \\ C-C \\ | & | \\ H & H \end{bmatrix}_n$$

解説 ポリエチレンのこの繰り返し単位C_2H_4の式量は**28**なので，平均の重合度は，$\dfrac{5.6 \times 10^5}{28} = 2.0 \times 10^4$

| ☑ 1547 | ε-カプロラクタムを開環重合すると繰り返し単位が $-NH-(CH_2)_5-CO-$ の高分子化合物が得られる。この高分子化合物の平均分子量が113000であった。この場合の平均の重合度を答えよ。 (琉球大) | 1.0×10^3 |

解説 ナイロン6の繰り返し単位$-NH-(CH_2)_5-CO-$の式量は**113**なので，平均の重合度は，$\dfrac{113000}{113} = 1.0 \times 10^3$

THEME **70** 合成繊維

🔑 POINT

▶ ナイロン66 は，ヘキサメチレンジアミンとアジピン酸の縮合重合により得られる。

▶ ポリエチレンテレフタラート(PET) は，エチレングリコールとテレフタル酸の縮合重合により得られる。

▶ ポリ酢酸ビニルを，水酸化ナトリウム水溶液でけん化すると，ポリビニルアルコール が得られる。この水溶液を細孔から硫酸ナトリウム水溶液中に押し出し，さらにホルムアルデヒドで アセタール 化すると ビニロン が得られる。

🧪 ビジュアル要点

● **ナイロン66（6,6-ナイロン）**

$$n\ \text{H}_2\text{N}-(\text{CH}_2)_6-\text{NH}_2\ +\ n\ \text{HO}-\underset{\underset{\text{O}}{\|}}{\text{C}}-(\text{CH}_2)_4-\underset{\underset{\text{O}}{\|}}{\text{C}}-\text{OH}$$

ヘキサメチレンジアミン　　　　　　アジピン酸

アミド 結合

$$\xrightarrow{\text{縮合 重合}} \left[\begin{matrix}\text{N}-(\text{CH}_2)_6-\text{N}-\underset{\underset{\text{O}}{\|}}{\text{C}}-(\text{CH}_2)_4-\underset{\underset{\text{O}}{\|}}{\text{C}}\\|\qquad\qquad\quad|\\ \text{H}\qquad\qquad\ \ \text{H}\end{matrix}\right]_n\ +\ 2n\ \text{H}_2\text{O}$$

ナイロン66(6,6-ナイロン)

● **ナイロン6（6-ナイロン）**

$$n\ \begin{matrix}\text{CH}_2-\text{NH}-\text{CO}-\text{CH}_2\\|\qquad\qquad\qquad\ |\\ \text{CH}_2\text{———}\text{CH}_2\text{———}\text{CH}_2\end{matrix}\ \xrightarrow{\text{開環 重合}}\ \left[\begin{matrix}\text{N}-(\text{CH}_2)_5-\underset{\underset{\text{O}}{\|}}{\text{C}}\\|\\ \text{H}\end{matrix}\right]_n$$

ε－カプロラクタム　　　　　　　　　ナイロン6

● ポリエチレンテレフタラート（PET）

$$n\ HO-(CH_2)_2-OH\ +\ n\ HO-\underset{O}{C}-\text{[benzene ring]}-\underset{O}{C}-OH$$

エチレングリコール　　　　　　　テレフタル酸

エステル結合

$$\xrightarrow{\text{縮合 重合}} \left[O-(CH_2)_2-O-\underset{O}{C}-\text{[benzene ring]}-\underset{O}{C}\right]_n\ +\ 2n\ H_2O$$

ポリエチレンテレフタラート

● ポリエチレン

$$n\ \underset{H}{\overset{H}{C}}=\underset{H}{\overset{H}{C}} \xrightarrow{\text{付加 重合}} \left[CH_2-CH_2\right]_n$$

エチレン　　　　　　　　　ポリエチレン

● ポリアクリロニトリル

$$n\ \underset{H}{\overset{H}{C}}=\underset{CN}{\overset{H}{C}} \xrightarrow{\text{付加 重合}} \left[\begin{array}{c}CH_2-CH\\ | \\ CN\end{array}\right]_n$$

アクリロニトリル　　　　ポリアクリロニトリル

● ビニロン

$$n\ CH_2=\underset{OCOCH_3}{CH} \xrightarrow{\text{付加 重合}} \left[\begin{array}{c}CH_2-CH\\ | \\ OCOCH_3\end{array}\right]_n \xrightarrow[\text{けん化}]{NaOH} \left[\begin{array}{c}CH_2-CH\\ | \\ OH\end{array}\right]_n$$

酢酸ビニル　　　　　　　　　　ポリ酢酸ビニル　　　　ポリビニルアルコール

$$\xrightarrow{\text{紡糸・乾燥}} \xrightarrow[\text{アセタール 化}]{HCHO} \cdots -CH_2-CH-CH_2-CH-CH_2-CH-\cdots$$

$$\begin{array}{ccc} & O-CH_2-O & OH \end{array}$$

ビニロン

物質の三態と状態変化

熱化学

電池と電気分解

化学反応と平衡

無機化学

有機化学

高分子化合物

計算問題は，特に指定のない場合は四捨五入により有効数字
2桁で解答し，必要があれば，次の値を使うこと。
H＝1.0, C＝12, N＝14, O＝16

☑ 1548

一般に，鎖状の合成高分子化合物を繊維状にしたものを
□□□□という。　　　　　　　　　　　　　（札幌医科大）

合成繊維

☑ 1549

合成繊維は，再生繊維，半合成繊維とともに□□□□と
呼ばれる。　　　　　　　　　　　　　　　　　　（群馬大）

化学繊維

☑ 1550

二価アミンと二価カルボン酸を反応させると，水分子が
次々と取れて多数のアミド結合を生じ，鎖状の重合体が
生成する。この重合体は□□□□と呼ばれ，繊維として
用いられる。　　　　　　　　　　　　　　　　　（群馬大）

ポリアミド

☑ 1551

ナイロンはケラチンやフィブロインなどのタンパク質と
同じ□□□□結合をもち，絹と似た性質をもつ。（高知大）

アミド

☑ 1552

一般に，単量体が縮合重合して－CO－NH－結合でつな
がった合成繊維を□□□□繊維という。　　　　（長崎大）

**ポリアミド系合成
（ポリアミド系）**

☑ 1553

図の化合物（ナイロン
66）は□□□□結合で
単量体をつなげている。

$$\left[\begin{matrix} O \\ \| \\ C \end{matrix} -(CH_2)_4- \begin{matrix} O \\ \| \\ C \end{matrix} - \begin{matrix} H \\ | \\ N \end{matrix} -(CH_2)_6- \begin{matrix} H \\ | \\ N \end{matrix} \right]_n$$

（上智大）

アミド

☑ 1554

縮合重合によってつくられる□□□□は，ヘキサメチレ
ンジアミンおよびアジピン酸を原料とする熱可塑性樹脂
である。　　　　　　　　　　　　　　（京都工芸繊維大）

**ナイロン66
（6,6-ナイロン）**

物質の三態と状態変化

熱化学

電池と電気分解

化学平衡と反応

無機化学

有機化学

高分子化合物

☑1555 ☐	分子式$C_6H_{10}O_4$で示されるジカルボン酸の◯◯◯とヘキサメチレンジアミンの混合物を加熱して反応させると縮合重合が起こり，ナイロン66を生じる。　（大阪府立大）	アジピン酸
☑1556 ☐	ジカルボン酸であるアジピン酸とアミノ基を有する◯◯◯を加熱しながら，生成する水を除去すると縮合重合が起こり，ナイロン66が得られる。　（静岡大）	ヘキサメチレンジアミン
☑1557 ☐	ナイロン66は，ヘキサメチレンジアミンとアジピン酸の◯◯◯重合によって得られる合成高分子化合物である。　（山形大）	縮合
☑1558 ☐	ナイロン66の構造式として正しいものをア～エから1つ選べ。 ア $\left[\begin{array}{c}N-(CH_2)_6-\overset{\overset{\displaystyle O}{\|}}{C}-N-(CH_2)_6-\overset{\overset{\displaystyle O}{\|}}{C}\\ \underset{H}{\|}\qquad\qquad\underset{H}{\|}\end{array}\right]_n$ イ $\left[\begin{array}{c}N-(CH_2)_6-N-\overset{\overset{\displaystyle O}{\|}}{C}-(CH_2)_6-\overset{\overset{\displaystyle O}{\|}}{C}\\ \underset{H}{\|}\qquad\underset{H}{\|}\end{array}\right]_n$ ウ $\left[\begin{array}{c}N-\overset{\overset{\displaystyle O}{\|}}{C}-(CH_2)_6-N-(CH_2)_6-\overset{\overset{\displaystyle O}{\|}}{C}\\ \underset{H}{\|}\qquad\qquad\underset{H}{\|}\end{array}\right]_n$ エ $\left[\begin{array}{c}N-(CH_2)_6-N-\overset{\overset{\displaystyle O}{\|}}{C}-(CH_2)_4-\overset{\overset{\displaystyle O}{\|}}{C}\\ \underset{H}{\|}\qquad\underset{H}{\|}\end{array}\right]_n$ （センター試験）	エ

☑ 1559 洗

113 gのナイロン66を得るために必要な，ヘキサメチレ
ンジアミンの質量〔g〕を求めよ。　　　　（京都工芸繊維大）

58 g

Q 解説

ナイロン66の繰り返し単位の式量は226，ヘキサメチレンジアミンの
分子量は116なので，求める質量は，

$$\frac{113}{226} \times 116 = 58 \text{ g}$$

☑ 1560 洗

分子量3.3×10^4のナイロン66がある。この分子1個の中
には何個のアミド結合が含まれるか。　　　　（大阪府立大）

2.9×10^2 個

Q 解説

ナイロン66の繰り返し単位の式量は226で，重合度は

$$\frac{3.3 \times 10^4}{226} \fallingdotseq 146$$

繰り返し単位の中にアミド結合が1個，さらに繰り返し単位間にアミ
ド結合が1個できるので，分子1個に含まれるアミド結合の数は

$$146 + (146 - 1) = 291$$
$$\fallingdotseq 2.9 \times 10^2 \text{個}$$

☑ 1561

◻ はε-カプロラクタムの開環重合によって得ら
れる。　　　　（横浜国立大）

ナイロン6
（6-ナイロン）

☑ 1562

日本で開発された合成繊維であるナイロン6は◻
の開環重合により合成される。　　　　（秋田大）

ε-カプロラクタ
ム
（カプロラクタム）

☑ 1563 洗

ナイロン6は，ε-カプロラクタムに少量の◻を加
えて加熱することにより合成される。　　　　（長崎大）

水

物質の三態と状態変化

熱化学

電池と電気分解

化学反応と平衡

無機化学

有機化学

高分子化合物

☑ 1564 ☑	ナイロン6の原料（単量体）はどれか選べ。 ア $CH_2-CH_2-C{\overset{O}{\lVert}}$ 　　CH_2-CH_2-NH イ $H_2C{\overset{CH_2-CH_2-C{\overset{O}{\lVert}}}{\underset{CH_2-CH_2-NH}{}}}$ ウ $\overset{CH_3}{\underset{}{CH_2=C-COOH}}$ エ $\overset{CH_3}{\underset{}{CH_2=C-COOCH_3}}$ 　　　　　　　　　（センター試験）	イ
☑ 1565 ☑	芳香族ジアミンと芳香族ジカルボン酸ジクロリドを用いてつくられるポリアミド繊維は特に◯◯◯繊維と呼ばれ，高い強度を示す。　　　　　　（横浜国立大）	アラミド
☑ 1566 ☑	エステル結合によって多価アルコールと多価カルボン酸が多数連なった高分子を◯◯◯という。　（京都産業大）	ポリエステル
☑ 1567 ☑	ポリエチレンテレフタラート（PET）繊維は，分子内にエステル結合をもっているので，◯◯◯繊維と呼ばれる。　　　　　　　　　　　　　　　　（杏林大）	ポリエステル系合成 **(ポリエステル系)**
☑ 1568 ☑	PET(右図)は◯◯◯結合で単量体をつなげている。　（上智大） $\left[\begin{array}{c} \overset{O}{\underset{\lVert}{C}}{-}\!\!\!\!{-}\!\!\!\!{-}\!\!\!\!{-}\overset{O}{\underset{\lVert}{C}}{-}O{-}(CH_2)_2{-}O \end{array}\right]_n$	エステル
☑ 1569 ☑	ジカルボン酸であるテレフタル酸とヒドロキシ基を有するエチレングリコールの縮合重合は，合成繊維やペットボトルなどにも用いられる◯◯◯を生成する。（静岡大）	ポリエチレンテレフタラート **(PET)**
☑ 1570 ☑	二価アルコールである◯◯◯とテレフタル酸を重合させると，エステル結合を多数もつ高分子化合物のPET（合成繊維などの原料）が生じる。　　　（京都産業大）	エチレングリコール **(1,2-エタンジオール)**

☑ 1571 ☐	p-キシレンを酸化して得られる［　　　　］をエチレングリコールと反応させると，繊維や飲料用容器などの樹脂として使用されるPETが得られる。　　　　　（千葉大）	テレフタル酸
☑ 1572 ☐	PETの原料となる単量体を，次の①～⑥のうちから2つ選べ。 ① $HO-\underset{\overset{\|}{O}}{C}-(CH_2)_4-\underset{\overset{\|}{O}}{C}-OH$　　② $CH_2=CH\\ \qquad\qquad CN$ ③ $HO-(CH_2)_2-OH$　　④ $CH_2=CH\\ \qquad\qquad Cl$ ⑤ $\underset{CH_2-CH_2-CH_2}{CH_2-\overset{H}{N}-\overset{O}{C}-CH_2}$　　⑥ $OH-\underset{\overset{\|}{O}}{C}-\underset{}{\bigcirc}-\underset{\overset{\|}{O}}{C}-OH$ 　　　　　　　　　　　　　　　　　　　　（杏林大）	③と⑥
☑ 1573 📖	PETの繰り返し単位の式量を計算し，整数値で答えよ。 　　　　　　　　　　　　　　　　　　　　（岩手大）	192
🔍 解説	PETの繰り返し単位は $-O-(CH_2)_2-O-CO-\bigcirc-CO-$ なので，この式量は， $\qquad 12\times 10+1.0\times 8+16\times 4=192$	
☑ 1574 📖	PETの平均分子量が1.0×10^4のとき，平均重合度を求めよ。　　　　　　　　　　　　　　　　　　（金沢大）	52
🔍 解説	PETの繰り返し単位の式量は192なので，平均重合度は $\qquad \dfrac{1.0\times 10^4}{192}≒52$	
☑ 1575 ☐	エチレン同士が重合すると［　　　　］が生成する。エチレンの重合は，エチレンの炭素原子間の二重結合が開かれて次々と付加反応が繰り返し起こることで進む。（群馬大）	ポリエチレン

物質の三態と状態変化

熱化学

電池と電気分解

化学反応と平衡

無機化学

有機化学

高分子化合物

☑ 1576 ☁	ポリアクリロニトリルを主成分とする合成繊維は□□□と呼ばれ，柔軟で軽く，毛織物の風合いがある。（秋田大）	アクリル繊維
☑ 1577 ☁	□□□は，アクリル繊維の主成分である。（センター試験）	ポリアクリロニトリル
☑ 1578 ☁	アクリロニトリルを□□□重合させると，衣料・毛布・敷物などに用いられる合成繊維の主成分が得られる。（横浜国立大）	付加
☑ 1579 ☁	エチレンの水素の一つを□□□基で置き換えた化合物を付加重合するとアクリル繊維が得られ，衣料などに用いられる。（長崎大）	シアノ
☑ 1580 ☁	次のア〜エのうち，□□□は付加重合することにより高分子化合物をつくることができる。ただし，この重合体を主成分とした繊維はアクリル繊維と呼ばれ，衣料繊維として利用される。 ア　$CH_2=CH_2$　　イ　$CH_2=CHOH$ ウ　$CH_2=CHCH_3$　エ　$CH_2=CHCN$（明治大）	エ
☑ 1581 ☁	主成分であるアクリロニトリルにその他の単量体を混ぜて重合してできる合成繊維を総称して□□□繊維という。（杏林大）	モダクリル
☑ 1582 ☁	2種類以上の単量体を混合して重合する□□□重合は，それぞれの単量体の性質に由来する機能をあわせもつ新しい高分子を合成する方法として重要である。（福井大）	共
☑ 1583 ☁	□□□は，2種類以上の単量体が重合することで得られる。（センター試験）	共重合体

1584 ☑ ☐	アクリル繊維を不活性ガス中において高温で炭化して得られる繊維は□と呼ばれ，軽量で強度や弾性に優れており，航空機の機体などに利用される。　(秋田大)	炭素繊維（カーボンファイバー）
1585 ☑ ☐	ビニロンは□の付加重合で得たポリ酢酸ビニルを加水分解し，ポリビニルアルコールとした後，ホルムアルデヒドを含む水溶液を作用させて得られる。　(高知大)	酢酸ビニル
1586 ☑ ☐	ポリ酢酸ビニルは水酸化ナトリウムでけん化すると，水溶性高分子である□になる。　(岐阜大)	ポリビニルアルコール
1587 ☑ ☐	酢酸ビニルを付加重合させた後，<u>水酸化ナトリウム水溶液と反応させるとポリビニルアルコールを生じる</u>。下線部の反応は，次のうちのどれか。 ア　けん化　　イ　脱水　　ウ　還元　　エ　酸化 　(大阪市立大)	ア
1588 ☑ ☐	ポリビニルアルコールの水溶液を細孔から硫酸ナトリウム水溶液中に押し出し，繊維状のポリビニルアルコールを得る。これをさらに□の水溶液で処理しビニロンが得られる。　(群馬大)	ホルムアルデヒド
1589 ☑ ☐	ポリビニルアルコールをホルムアルデヒドの水溶液で処理すると，ヒドロキシ基の一部がアセタール化されて，□が得られる。　(センター試験)	ビニロン
1590 ☑ ☐	水に溶けやすいポリビニルアルコールに酸性条件でホルムアルデヒドを反応させることで，□化が起こり，水に溶けにくいビニロンが得られる。　(横浜国立大)	アセタール

あるポリビニルアルコールの平均分子量は2.20×10^4であった。このポリビニルアルコールの1分子中にヒドロキシ基は平均何個あるか，整数で答えよ。　（大阪市立大）

5.0×10^2 個

🔍解説　ポリビニルアルコールの繰り返し単位の式量は44で，繰り返し単位1個にヒドロキシ基は1個存在するので，ヒドロキシ基の数は

$$\frac{2.20 \times 10^4}{44} = 500 \text{個}$$

1592 ポリビニルアルコールの30％をアセタール化してビニロンを得るとする。理論上，172gのポリ酢酸ビニルから何gのビニロンが得られるか。　（山口大）

9.2×10 g

🔍解説　ポリ酢酸ビニルの繰り返し単位の式量は86である。また，ポリビニルアルコールの繰り返し単位の式量は44であり，これを完全にアセタール化すると繰り返し単位あたり式量は6.0増加する。

よって，理論上得られるビニロンの質量は

$$\frac{172}{86} \times \left(44 + 6.0 \times \frac{30}{100}\right) \fallingdotseq 9.2 \times 10 \text{ g}$$

1593 同じ質量のPET，ポリエチレン，ポリプロピレン，ポリスチレンを完全に燃焼したとき，生成する二酸化炭素の物質量が最も少ないものはどれか答えよ。　（岩手大）

PET

THEME 71 合成樹脂

POINT

- 加熱すると軟らかくなり，冷却すると再び硬くなる高分子化合物を 熱可塑性 樹脂という。
- 加熱により硬化する性質をもつ高分子化合物を 熱硬化性 樹脂という。
- 酸または塩基触媒を用いて，フェノールとホルムアルデヒドを付加縮合させると， ノボラック や レゾール という中間生成物を生じ，これを加圧・加熱すると フェノール 樹脂になる。

ビジュアル要点

● 熱硬化性樹脂

・フェノール樹脂（ベークライト）

・アミノ樹脂

尿素 樹脂（ユリア樹脂）
（尿素＋ホルムアルデヒド）

メラミン 樹脂
（メラミン＋ホルムアルデヒド）

物質の三態と状態変化

熱化学

電池と電気分解

化学反応と平衡

無機化学

有機化学

高分子化合物

・アルキド樹脂

グリプタル樹脂（無水フタル酸＋グリセリン）

● 熱可塑性樹脂

・ 付加 重合によってつくられる合成樹脂

$$n \begin{array}{c} H \\ \\ H \end{array} C=C \begin{array}{c} H \\ \\ X \end{array} \longrightarrow \left[\begin{array}{c} CH_2-CH \\ | \\ X \end{array} \right]_n$$

> Xの違いにより，さまざまな熱可塑性樹脂がある。

〈付加重合によってつくられる主な熱可塑性樹脂〉

$$\left[CH_2-CH_2 \right]_n$$

ポリエチレン

$$\left[\begin{array}{c} CH_2-CH \\ | \\ CH_3 \end{array} \right]_n$$

ポリプロピレン

$$\left[\begin{array}{c} CH_2-CH \\ | \\ \text{（ベンゼン環）} \end{array} \right]_n$$

ポリスチレン

$$\left[\begin{array}{c} CH_2-CH \\ | \\ Cl \end{array} \right]_n$$

ポリ塩化ビニル

〈縮合重合によってつくられる主な熱可塑性樹脂〉

$$\left[\begin{array}{c} N-(CH_2)_6-N-C-(CH_2)_4-C \\ | \quad\quad\quad\quad | \quad \| \quad\quad\quad\quad \| \\ H \quad\quad\quad\quad H \quad O \quad\quad\quad\quad O \end{array} \right]_n$$

ナイロン66(6,6-ナイロン)

$$\left[O-(CH_2)_2-O-C-\text{（ベンゼン環）}-C \\ \quad\quad\quad\quad\quad\quad \| \quad\quad\quad\quad\quad\quad \| \\ \quad\quad\quad\quad\quad\quad O \quad\quad\quad\quad\quad\quad O \right]_n$$

ポリエチレンテレフタラート

> ナイロンやポリエチレンテレフタラートは，合成繊維としても合成樹脂としても利用される。

1594 ☑ ☪	熱や圧力を加えて成形することができる合成高分子化合物のことを　　　　という。これは，さらに熱可塑性樹脂と熱硬化性樹脂に分類される。　　　　（京都工芸繊維大）	合成樹脂（プラスチック）
1595 ☑ ☪	加熱により軟化する高分子化合物を　　　　と呼ぶ。　　　　（愛知教育大）	熱可塑性樹脂
1596 ☑ ☪	合成樹脂の成形・加工は，熱や力を加えて行われており，金属やセラミックスの成形・加工よりも容易である。このような合成樹脂は，　　　　状構造をもつことが多い。　　　　（群馬大）	鎖
1597 ☑ ☪	熱硬化性樹脂は，重合度が低くて軟らかい段階で成形し，そののちに加熱することで　　　　状の構造が発達して硬化する。　　　　（京都工芸繊維大）	立体網目（三次元網目）
1598 ☑ ☪	樹脂は，フェノールとホルムアルデヒドを酸や塩基を用いて反応させて，ノボラックやレゾールと呼ばれる中間生成物を経て合成される。　　　　（群馬大）	フェノール
1599 ☑ ☪	フェノール樹脂は，フェノールとホルムアルデヒドが付加反応と縮合反応を繰り返すことで得られる。このような重合反応を　　　　という。　　　　（九州産業大）	付加縮合
1600 ☑ ☪	フェノールは，酸を触媒としてホルムアルデヒドと反応することにより，中間生成物である　　　　となる。これに硬化剤を加えて加熱すると，フェノール樹脂となる。　　　　（岐阜大）	ノボラック
1601 ☑ ☪	酸触媒を用いて，フェノールと　　　　を反応させると，ノボラックと呼ばれる軟らかい固体の中間生成物を生じ，これに硬化剤を加えて加熱するとフェノール樹脂となる。　　　　（千葉大）	ホルムアルデヒド

☑ 1602	フェノールとホルムアルデヒドから塩基を触媒として付加縮合させると◯◯が合成される。これを熱すると硬化し、フェノール樹脂になる。 （慶應義塾大）	レゾール
☑ 1603	レゾールを加熱すると、ベンゼン環の間を◯◯基で架橋した立体網目構造をもつフェノール樹脂になる。 （同志社大）	メチレン
☑ 1604	付加縮合によってつくられるフェノール樹脂は、（熱可塑性 熱硬化性）樹脂である。 （京都工芸繊維大）	熱硬化性
☑ 1605	◯◯樹脂は、尿素をホルムアルデヒドと付加縮合させることによりつくられている。 （九州産業大）	尿素（ユリア）
☑ 1606	メラミンとホルムアルデヒドが付加縮合して得られる◯◯樹脂は、一度硬化すると加熱しても再び軟化することはなく、熱硬化性樹脂という。 （金沢大）	メラミン
☑ 1607	尿素樹脂とメラミン樹脂は総称して◯◯と呼ばれる。 （九州産業大）	アミノ樹脂
☑ 1608	無水フタル酸とグリセリンとの反応により、熱硬化性樹脂の1つである◯◯樹脂が得られる。 （関西大）	グリプタル（アルキド）
☑ 1609	尿素樹脂、アルキド樹脂などは（熱可塑性 熱硬化性）樹脂である。 （横浜国立大）	熱硬化性

☑ 1610 ☆	次のア～エの合成樹脂のうち，縮合重合で得られるものを1つ選べ。 ア　ポリスチレン イ　尿素樹脂 ウ　ポリエチレンテレフタラート エ　メラミン樹脂 <div align="right">（広島市立大）</div>	ウ
☑ 1611 ☆	ポリエチレンテレフタラートやナイロン66は，加熱すると軟らかくなり冷却すると再び硬くなるため，（　　　）樹脂に分類される。<div align="right">（金沢大）</div>	熱可塑性
☑ 1612 ☆	ア～ウのうち，熱可塑性を示すものはどれか。 ア　ナイロン66　　　　イ　尿素樹脂 ウ　フェノール樹脂<div align="right">（東京都市大）</div>	ア
☑ 1613 ☆	付加重合で得られる高分子は，一般に（熱硬化性　熱可塑性）である。<div align="right">（秋田大）</div>	熱可塑性
☑ 1614 ☆	ポリエチレン，ポリ酢酸ビニル，ポリスチレンなどはそれぞれの単量体の（　　　）重合によって得られる合成高分子化合物である。<div align="right">（岐阜大）</div>	付加
☑ 1615 ☆	付加重合を起こすエチレン，プロペン（プロピレン），スチレンに共通する基は，次のうちどれか。ア～エのうちから1つ選べ。 ア　エチル基　　　　イ　ビニル基 ウ　フェニル基　　　エ　ヒドロキシ基<div align="right">（富山大）</div>	イ
☑ 1616 ☆	分子構造に枝分れが多く，結晶領域の（多い　少ない）低密度ポリエチレンは，ポリ袋などに用いられている。<div align="right">（岐阜大）</div>	少ない

物質の三態と状態変化

熱化学

電池と電気分解

化学反応と平衡

無機化学

有機化学

高分子化合物

1617	$CH_2=CH-CH_3$ の付加重合によってつくられる合成樹脂は, ___ と呼ばれ, 熱可塑性である。 （名古屋市立大）	ポリプロピレン
1618	塩化ビニルは, 適当な条件の下では, 同じ分子同士の間で次々と付加反応を起こし, 分子量の大きな ___ になる。 （日本女子大）	ポリ塩化ビニル
1619	ポリ酢酸ビニルはどのような用途に用いられているか。 ア 釣り糸　　イ 水道パイプ ウ 接着剤　　エ レンズ　　（秋田大）	ウ
1620	ポリスチレンは, ベンゼン環を（含む　含まない）高分子化合物である。 （センター試験）	含む
1621	スチレンを付加重合させると, 鎖状の高分子化合物である ___ が生成する。これは熱可塑性樹脂に分類される。 （岡山大）	ポリスチレン
1622	図の高分子化合物を合成するのに適した単量体を, 次のア〜エのうちから1つ選べ。 ア 安息香酸　　イ エチレン ウ スチレン　　エ フェノール （上智大）	ウ

THEME 72 機能性高分子化合物

🔑 POINT

▶ 陽イオン交換樹脂は，樹脂中の $\boxed{H^+}$ と水溶液中の $\boxed{陽}$ イオンを交換することができる。

▶ 陰イオン交換樹脂は，樹脂中の $\boxed{OH^-}$ と水溶液中の $\boxed{陰}$ イオンを交換することができる。

▶ 機能が低下した陽イオン交換樹脂と陰イオン交換樹脂は，それぞれ $\boxed{強酸}$ と $\boxed{強塩基}$ の水溶液を流すことによりもとの状態に戻すことができる。

🧪 ビジュアル要点

● イオン交換樹脂

スチレンと $\boxed{p\text{-ジビニルベンゼン}}$ を共重合させ，この中のベンゼン環の−Hを，酸性または塩基性の官能基で置換することによりイオン交換樹脂を得る。

Xが $\boxed{酸}$ 性の官能基である場合，陽イオン交換樹脂になる。$\boxed{塩基}$ 性の官能基である場合，陰イオン交換樹脂になる。

物質の三態と状態変化

熱化学

電池と電気分解

化学反応と平衡

無機化学

有機化学

高分子化合物

● 陽イオン交換樹脂

スルホ基－SO_3Hなどの酸性の官能基を導入したイオン交換樹脂。この樹脂に塩化ナトリウム水溶液を通すと，樹脂中の H^+ と水溶液中の Na^+ が交換される。

陽イオン交換樹脂　　塩化ナトリウム水溶液

$$\cdots -CH-CH_2- \cdots$$

　　　　　　　　　　+　Na^+　+　Cl^-

$SO_3^-H^+$　　　　交換

$$\longrightarrow \quad \cdots -CH-CH_2- \cdots$$

　　　　　　　　　　　　　　　　　　　塩酸

　　　　　　　　　　　　　　+　H^+　+　Cl^-

$SO_3^-Na^+$

● 陰イオン交換樹脂

アルキルアンモニウム基－$N^+(CH_3)_3OH^-$などの塩基性の官能基を導入したイオン交換樹脂。この樹脂に塩化ナトリウム水溶液を通すと，樹脂中の OH^- と水溶液中の Cl^- が交換される。

陰イオン交換樹脂　　塩化ナトリウム水溶液

$$\cdots -CH-CH_2- \cdots$$

　　　　　　　　　　+　Na^+　+　Cl^-

$H_2CN^+(CH_3)_3OH^-$　　交換

$$\longrightarrow \quad \cdots -CH-CH_2- \cdots$$

　　　　　　　　　　　　　　水酸化ナトリウム水溶液

　　　　　　　　　　　　　　+　Na^+　+　OH^-

$H_2CN^+(CH_3)_3Cl^-$

☑ 1623 ☐	合成高分子化合物のうち，特別な機能を備えたものを，□□高分子化合物と呼ぶ。 (愛媛大)	機能性
☑ 1624 ☐	機能性高分子化合物の1つである□□樹脂は，水溶液中のイオンを交換することなどに使用する合成樹脂である。 (上智大)	イオン交換
☑ 1625 ☐	溶液中のイオンを別のイオンと交換する働きをもつ合成樹脂をイオン交換樹脂といい，樹脂本体にはスチレンと□□の共重合体がよく使用される。 (岩手大)	p-ジビニルベンゼン
☑ 1626 ☐	スチレンに少量のp-ジビニルベンゼンを加えて共重合させると立体網目構造をもつ高分子化合物が生成する。これを濃硫酸で処理すると□□化が起こる。 (岡山大)	スルホン
☑ 1627 ☐	酸性のスルホ基を導入したイオン交換樹脂を塩化ナトリウム水溶液に浸すと，スルホ基のH^+とNa^+が交換される。このような樹脂を□□樹脂と呼ぶ。 (愛媛大)	陽イオン交換
☑ 1628 ☐	イオン交換樹脂中のベンゼン環に□□基などの酸性の官能基を導入したものは陽イオン交換樹脂となる。空欄に当てはまる官能基名を，ア〜エのうちから1つ選べ。 ア スルホ　　　　イ ニトロ ウ ヒドロキシ　　エ アルキルアンモニウム (岩手大)	ア
☑ 1629 ☐	塩化ナトリウム水溶液を，陽イオン交換樹脂を詰めたカラムに通じると□□が流出する。 (岩手医科大)	塩酸 (HCl)
☑ 1630 ☐	スチレンに少量のp-ジビニルベンゼンを加えて，付加重合により共重合させたものに，アルキルアンモニウム基$-N^+R_3OH^-$を導入したものを□□樹脂という。 (上智大)	陰イオン交換

物質の三態と状態変化

熱化学

電池と電気分解

化学反応と平衡

無機化学

有機化学

高分子化合物

□1631	イオン交換樹脂中のベンゼン環に◯◯◯基などの官能基を導入したものは陰イオン交換樹脂となる。空欄に当てはまる官能基名を，ア〜エのうちから1つ選べ。 ア　スルホ　　　　　イ　ニトロ ウ　ヒドロキシ　　　エ　アルキルアンモニウム （岩手大）	エ
□1632	塩化ナトリウム水溶液を，陰イオン交換樹脂を詰めたカラムに通じると◯◯◯が流出する。　（岩手医科大）	水酸化ナトリウム水溶液 （NaOHaq）
□1633	陽イオン交換樹脂の機能が低下した場合，多量の酸を流すと，その機能はもとに戻る。この操作をイオン交換樹脂の◯◯◯という。　（上智大）	再生
□1634	陽イオン交換樹脂の性能が低下した場合，多量の（塩酸　水酸化ナトリウム水溶液）を作用させることで，性能が回復する。　（横浜国立大）	塩酸
□1635	陰イオン交換樹脂は，（強酸　強塩基）の水溶液で処理することにより再生できる。　（センター試験）	強塩基
□1636	陽イオン交換樹脂と陰イオン交換樹脂を組み合わせて，海水などの水溶液を処理すると，純粋な水が得られる。このような水を◯◯◯という。　（愛媛大）	イオン交換水 （脱イオン水）
□1637	大量の水を吸収し，保持する機能をもつ高分子を◯◯◯と呼び，紙おむつなどに利用されている。　（新潟大）	吸水性高分子 （高吸水性樹脂）
□1638	ポリ乳酸は◯◯◯高分子の一種であり，自然界では微生物によって最終的に水と二酸化炭素に分解される。　（センター試験）	生分解性

THEME 73 天然ゴムと合成ゴム

🔑 POINT

▶ 天然ゴム（生ゴム）は，イソプレンが付加重合したポリイソプレンである。

▶ 天然ゴムに数％の硫黄を加えると，分子内のところどころに硫黄原子による架橋構造が生じて，ゴムの弾性が向上する。この操作を加硫という。

▶ 天然ゴムに30〜40％の硫黄を加えて長時間加熱すると，エボナイトという黒色の硬い樹脂状の物質が得られる。

🧪 ビジュアル要点

● 天然ゴム（生ゴム）の構造

イソプレン　付加重合／乾留　ポリイソプレン

● 主な合成ゴム

名称（略称）	単量体	特徴	用途
ブタジエンゴム（BR）	ブタジエン $CH_2=CH-CH=CH_2$	耐寒性，耐摩耗性	タイヤ，ホース
クロロプレンゴム（CR）	クロロプレン $CH_2=CCl-CH=CH_2$	耐熱性，難燃性	ベルト，被覆材
スチレン-ブタジエンゴム（SBR）	スチレン ⬡$-CH=CH_2$　ブタジエン $CH_2=CH-CH=CH_2$	耐摩耗性，耐熱性，耐老化性	タイヤ，工業用品
アクリロニトリル-ブタジエンゴム（NBR）	アクリロニトリル $CH_2=CH-CN$　ブタジエン $CH_2=CH-CH=CH_2$	耐油性，耐摩耗性，耐熱性	シール，ホース
シリコーンゴム（Q）	ジクロロジメチルシラン $(CH_3)_2SiCl_2$	耐油性，耐老化性，耐薬品性	シール，ホース，医療材料

1639 ☑ ♡	ゴムの木から得られる白い樹液を◯◯◯◯という。これはコロイド溶液であり，これに酸を加えて凝析させたものを天然ゴム（生ゴム）という。　　　　　　（上智大）	ラテックス
1640 ☑ ♡	ゴムの木の樹皮に切り傷をつけると，ラテックスが流れ出てくる。これを集めて酸を加えると，凝固して◯◯◯になる。　　　　　　　　　　　　　（群馬大）	天然ゴム（生ゴム）
1641 ☑ ♡	天然ゴム（生ゴム）は，イソプレンが◯◯◯重合したポリイソプレンである。　　　　　　　　　　　（岐阜大）	付加
1642 ☑ ◼	天然ゴムは，イソプレンが付加重合した構造をもち，◯◯◯の分子式で表される。　　　　　　　　　　（上智大）	$(C_5H_8)_n$
1643 ☑ ◼	ポリイソプレンの化学構造式を，ア～エのうちから1つ選べ。 ア $\left[\begin{array}{c} CH_2-CH \\ \quad\quad\mid \\ \quad\quad CH_3 \end{array}\right]_n$ イ $\left[\begin{array}{c} CH_2-C=CH-CH_2 \\ \quad\quad\mid \\ \quad\quad CH_3 \end{array}\right]_n$ ウ $\left[\begin{array}{c} CH_2-CH \\ \quad\quad\mid \\ \quad\quad OCOCH_3 \end{array}\right]_n$ エ $\left[\begin{array}{c} \quad\quad\quad\quad\quad\quad H \quad\quad\quad\quad H \\ C-(CH_2)_4-C-N-(CH_2)_6-N \\ \parallel \quad\quad\quad\quad \parallel \\ O \quad\quad\quad\quad O \end{array}\right]_n$ 　　　　　　　　　　　　　　　　　（山口大）	イ
1644 ☑ ♡	空気を遮断して天然ゴム（生ゴム）を加熱分解したときに生じる物質の名称は◯◯◯である。　　　　（岩手大）	イソプレン

☑ 1645 🏛	天然ゴムを乾留して生じるイソプレンには，二重結合が◯◯つある。 （自治医科大）	2
☑ 1646 🏠	天然ゴムの弾性力はC＝C結合の部分が（シス　トランス）形であることによりもたらされる。 （東邦大）	シス
☑ 1647 🏠	イソプレンや1,3-ブタジエンを用いたゴムは◯◯にさらされると徐々に弾性を失って劣化する。 （岐阜大）	空気 （酸素，オゾン）
☑ 1648 🏛	天然ゴムおよび天然ゴムと類似した化学構造をもつ合成ゴムは空気中に放置すると徐々に弾性を失う（老化）。これらのゴムの老化の原因となる化学構造を答えよ。 （岩手大）	二重結合
☑ 1649 🏠	天然ゴムに硫黄を加えて加熱することにより，弾性の高いゴムをつくることができる。このような操作を◯◯という。 （群馬大）	加硫
☑ 1650 🏠	天然ゴムに硫黄を5〜8％加えて熱すると，ポリイソプレン分子鎖間に◯◯構造を形成し，弾性や硬度を増すことができる。このような操作を加硫という。 （岐阜大）	架橋
☑ 1651 🏠	天然ゴムに硫黄を加えて加熱すると架橋構造が形成される。この操作を加硫という。加硫によってゴムの弾性が大きくなり，生じたゴムを◯◯という。 （上智大）	弾性ゴム
☑ 1652 🏠	天然ゴムに硫黄を数十％加えて長時間加熱すると架橋が進み，◯◯と呼ばれる硬いプラスチック状の材料となる。 （京都工芸繊維大）	エボナイト

物質の三態と状態変化

熱化学

電池と電気分解

化学反応と平衡

無機化学

有機化学

高分子化合物

☑ 1653 ☐	合成ゴムは，1,3-ブタジエンやクロロプレンなどイソプレンに似た構造の単量体を[　　　]重合して得られる。 (上智大)	付加
☑ 1654 ☐	代表的な合成ゴムである[　　　]ゴムは，1,3-ブタジエンの付加重合により生成される。 (長崎県立大)	ブタジエン
☑ 1655 ☐	クロロプレンを付加重合させると[　　　]ゴムが得られる。 (自治医科大)	クロロプレン
☑ 1656 ☐	タイヤなどに使われる[　　　]はスチレンと1,3-ブタジエンを共重合させることで得られる合成ゴムである。 (横浜国立大)	スチレン - ブタジエンゴム **(SBR)**
☑ 1657 ☐	合成ゴムの一種であるスチレン-ブタジエンゴム (SBR) は，[　　　]と1,3-ブタジエンの二種類の単量体の共重合で得られる。 (岐阜大)	スチレン
☑ 1658 ☐	アクリロニトリルとブタジエンを共重合させると[　　　]ゴムが得られる。 (センター試験)	アクリロニトリル - ブタジエン
☑ 1659 ☐	空気中で最も老化しにくいゴムを，次のア〜エのうちから1つ選べ。 ア　ブタジエンゴム イ　クロロプレンゴム ウ　スチレン-ブタジエンゴム エ　シリコーンゴム (岩手大)	エ

高校化学 一問一答 さくいん

※この本に出てくる用語を 50 音順に配列しています。
※数字は用語の掲載ページ数です。

MEMO

PROFILE

照井 俊 Shun Terui

元・学校法人「河合塾」の化学科超人気講師。
「遊び心で化学する」をモットーに模型を多用するなど視覚にうったえる
授業を展開している。ニックネームは"ラビット"。
東京工業大学大学院博士課程修了：工学博士
著書に「照井式解法カードシリーズ」「照井式問題集シリーズ」（学研），
「理系　化学精鋭」（河合出版）など。

ランク順 高校化学 一問一答　改訂版
PRODUCTION STAFF

ブックデザイン
高橋明香(おかっぱ製作所)，
小林祐司

キャラクターイラスト
関谷由香理

監修
照井俊

制作
(株)オルタナプロ

校正
鈴木康通，出口明憲，
TKM合同会社

企画編集
樋口亨

編集協力
高木直子

図版制作
(株)アート工房

組版
(株)四国写研

印刷
(株)リーブルテック